Gänseruf und Keilerfährte

Leo Banny

Gänseruf und Keilerfährte

KOSMOS

Inhalt

Vorwort

Aus dem Niederösterreichischen, von der March mit ihren sattgrünen Auen, wispernden Weiden und Pappeln, endlos weiten, goldgelben, im heißen, flirrenden Sommerwind wie ein Meer wogenden Getreidefeldern und den herbstlichen Niederwildjagden, verschlug es mich vor 20 Jahren ins mittlere Burgenland. „Verschlug es mich“, dachte ich damals, im wahrsten Sinne des Wortes. Dort sollte es nur öde Felder, einige Hasen, wahrscheinlich Wildenten und Gänse geben. Ein Teil sollte sogar kroatisch besiedelt sein. Wein war auch da. Ja, und Franz Liszt war in Raiding geboren. Mit dieser vagen Vorstellung wurde ich damals Burgenländer. Jahre vergingen. Auf der Fahrt nach Wien nützte ich im vergangenen Herbst wieder einmal die Chance und machte einen Umweg über Hainburg. Oben am Braunsberg wehte mir der Nordwind, eben war er noch „daheim“ im Marchfeld gewesen, durch die Haare. Die untergehende Sonne stand wie ein riesiger glühender Ball über den Wienerwaldbergen, und das reiche Marchfeld lag wie ein Gruß vor mir. Das Herz schlug wehmütig in der Brust und ich dachte, wo ist denn nun die wahre Heimat. Und rückblickend nach Süden wusste ich, dass ich dort, wo sich der Horizont im flachen, grauen, endlosen Dunst der Ebene verlor, zu Hause bin. Dort irgendwo mussten der Pauliberg mit seinen grünen Tannen, die tiefen weiten Wälder der Rosalia und der Ödenburger Höhenzüge sein, in denen Hochwild und Reh und Sau ihre Fährte ziehen. Ja, ein Paradies lag dort. Die einfachen, arbeitsamen und offenherzigen Menschen sind meine Freunde.

Auch hier haben Technik und Fortschritt unbarmherzig Einzug in die Natur gehalten. Die Motorsägen fressen sich in den Wald, und die ehedem großen, geheimnisvollen Wälder, nach denen wir Jäger uns so sehnen, werden immer zugänglicher.

Poldl, der große Realist, fiel mir ein, wie er mir in einer stillen Stunde gestand, dass er keinen sehnlicheren Wunsch hätte, als einmal lautlos wie ein großer Vogel durch die tiefen, heimatlichen Wälder, über Schläge und Schneisen, durch Gräben und über Dickungen zu streichen. Um das Wild, das dort daheim ist, nur einmal zu schauen. Bloß einen Augenblick lang. Einmal nur die kapitalen Hirsche, die starken Keiler und alten Böcke zu sehen.

Nun, mir geht es genauso. Manche Menschen brauchen den Wind im Gesicht, das Rauschen der tiefen Wälder zur inneren Einkehr, zum endlich freien Schwingen der Seele. Ich gehöre dazu. Und von diesen urwüchsigen, ehrlichen Menschen, die mir begegnet sind, vom im hintersten Winkel steckenden, so heißersehnten Wild in dieser neuen Heimat, dem mittleren Burgenland, soll dieses Buch erzählen.

Lackenbach, im Herbst 1972 *Leo Banny*

Die Zeit mit Geza

Es ist nun einmal so im menschlichen Leben, dass man Zeiten voller Glück und Seligkeit meist erst viel später als solche erkennt. Aber dann sind sie unwiederbringlich dahin.

Das Schicksal hatte mich, wie schon gesagt, ins Burgenland „verschlagen"! Mit der vagen Vorstellung von trostloser Ebene, wenig Wald und schlechten Straßen kam ich an. Und was fand ich staunend vor? Eine wundervolle Hügellandschaft mit schier endlosen, herrlichen Wäldern und schlichten, arbeitsamen Menschen. So fiel mir das Eingewöhnen nicht schwer, und bald waren die ersten Kontakte hergestellt. An einem Winterabend weilte ich in einem freundlichen Hause zu Gast. Draußen herrschte klirrende Kälte. Zwei vermummte Jäger stapften in die Stube. Der eine mit einem Rucksack, aus dem zwei Dackel zum Vorschein kamen. Bei einem heißen Grog verfluchte der jüngere – er war mittelgroß, kräftig gebaut und hatte dunkle, flinke Augen, die mich offen musterten – dann alle Füchse und Dachse der Gegend. Er, ein Förster, war mit seinen Begleitern den ganzen Tag auf den Läufen gewesen, um, die Neue nutzend, alle Baue des Reviers zu kontrollieren. An die fünfzehn Kilometer durch Wald und Schnee, die Dackel im Rucksack. Irgendwo hatte das Jägerduo einen Marder erlegt, aber den Rotröcken vermochte es diesmal nicht beizukommen. Während der natürlich nicht ausbleibenden „Fachsimpelei" lud mich der jüngere der beiden Grünröcke ein, doch einmal mitzukommen. Ich verbarg mein Herzklopfen und schlug freudig ein. Das war der Beginn meiner Freundschaft mit Geza Drenovacz, Förster von fürstlichen Gnaden. Ein Zungenbrechername, wie mir schien, sich aber aus der dreifachen Sprachgrenze hier, nämlich deutsch, kroatisch und ungarisch, anscheinend wie von selbst ergebend. Fuchssprengen und Dachsgraben zählten zu Gezas Spezialitäten, wofür ein Berg von Bälgen und Schwarten Zeugnis gab. Doch zur wahren Leidenschaft brachte er es beim Marderausgehen. In seinem Revier konnte man einen Marder auch ruhig ausgehen, und das will was heißen.

Als ich dann später schon allein im schier endlosen Revier umherstreifen konnte und mir die Zähne an manch einem Gelbhals ausbiss – ich landete in der Regel ohne Beute abends bei Geza und war den ganzen Tag grabenauf und grabenab im Hochwald hinter den Mardern her gewesen –, zeigte mir Geza kommentarlos einen Karton mit Marderbälgen. Wahrscheinlich muss ich recht dämlich dreingeschaut haben, denn seine Frau bereitete gleich lachend Tee. Die Jagd war damals noch nicht vom Auto verdorben, das hieß Anmarsch ins Revier, so an die vier Kilometer, Leckennachsehen, Fährtenlesen, Wildbeobachten oder gar mit den Hunden jagen, hieß so seine fünf bis zehn Kilometer zurücklegen. Und dann kam abends der Heimmarsch im Dunkel auf schlechten Wegen mit knietiefen Wagenspuren. Holzabfuhr bedeutete dort in meinen Augen die reinste Schinderei für Mensch und Tier, denn das einzig mögliche Vehikel war das Pferdefuhrwerk. Manchmal, bei Schönwetter, fuhren wir mit dem Motorrad, als aber einmal im Winter das Vorhersehbare eintraf, wir auf einer vereisten Stelle zu Boden gingen und dabei der Schaft von Gezas Sauer-&-Sohn-Drilling brach, gaben wir diese Methode auf. Außerdem vergrämte man sich mit dem Motorgebrumm sein Wild.

Wie wehmütig schleicht's einem da heute ums Herz, wo Kraftfahrzeuge und Motorsägen den Wald niedergezwungen haben. Geza standen außer seinen Holzhauern noch drei weitere Faktoten zur Verfügung. Sie sind es wert, aufgezählt zu werden: Zwei davon waren sogenannte Wegmacher, ältere Männer, die ihr Leben im und für den Wald verbracht hatten. Ihre Aufgabe bestand hauptsächlich darin, in sumpfigen Revierteilen Knüppeldämme anzulegen, um das Befahren durch Fuhrwerke überhaupt zu ermöglichen. Der eine von ihnen trug einen Vollbart und gab gut und gern

50 Meter gegen den Wind seine Wittrung ab. Vom Mund bis zur Brust war alles bräunlich verfärbt. Kautabak! Mich schaudert's heute noch. Der zweite war ein hagerer, unauffälliger Typ, von dem ich nur noch weiß, dass er sich immer mit irgendetwas beschäftigte. Pause kannte er keine. Diese beiden meldeten aber jede Spur und Fährte, derer sie ansichtig wurden, und davon verstanden sie eine ganze Menge. Auf ihr Urteil konnte man sich richtig verlassen.

Der dritte in diesem Reigen war jedoch Gezas „zweiter Fährtenhund" (der erste war „Pagat", ein Hannoveraner), nämlich der „Polli", ein ehemaliger Besenmacher, der ohne Wald und Wild krank wurde. Für Essen und Trinken und vielleicht etwas Brennholz blieb Polli im Herbst von Freitagnachmittag bis Montag früh im Revier, schlief, nur mit einer Decke zugedeckt – manchmal sogar ohne diese –, in irgendeiner Hüttenecke. War zeitig früh, noch im Dunkeln, verschwunden, um spätestens um acht Uhr zu melden, wie viel es mit den Hirschen und Böcken geschlagen hätte. Als ich einmal mit ihm pirschte, musste ich staunend erkennen, dass er mit seinen Genagelten viel leiser ging als ich auf Gummisohlen.

Außerdem kam noch ab und zu Gezas weitschichtiger Onkel Peter ins Revier. Er mochte so an die 55 Lenze zählen. Die Jagd übte dieser gute Mensch mehr als eine Art Hobby aus. Doch es zog ihn natürlich immer wieder in den Wald, zumal er danach über seine fast überreiche Erfahrung plaudern konnte. Dies war insofern oft sehr interessant, als er beim Lächeln seine fünf Zähne blitzen ließ. Es gab einfach nichts, die Jagd betreffend, worüber er nicht Bescheid wusste. Und Erinnerungen hatte er, mit denen hätte man Bände füllen können! Bei irgendeiner jagdlichen Neuheit oder Nachricht sagte er sofort, den Kopf leicht seitlich drehend: „Ah, do schaut's her!" – und in Sekunden wusste er schon von einem ähnlichen, meist weit zurückliegenden Fall derart ausführlich und anschaulich zu erzählen, dass uns des Öfteren Zweifel kamen und wir einander verstohlen anblickten und augenblicklich nicht wussten, wie wir dran wären. Doch ich muss sagen, dass er ein netter, bescheidener, wenn auch schrulliger Typ war, mit dem wir oft viel Spaß hatten. Im Übrigen auch er mit uns. Man konnte ihm in keiner Situation böse sein. Das Revier war so an die 1000 Hektar groß, leicht hügelig und bestand aus gut zwei Drittel Laub- und einem Drittel Mischwald. Fichte, Föhre, Lärche und ab und zu eine Tanne. Mit zum Bezauberndsten dieses jagdlichen Kleinods zählten die plätschernde Bäche umsäumenden Wiesen, die sich kilometerweit im Revier hinzogen. Es gab im Frühsommer nichts Schöneres, als nach der Morgenpirsch im hohen Gras zu liegen, die Bussarde im Blau des Himmels kreisen zu sehen und im Gedanken bei der Geliebten oder beim Abendansitz zu sein. In solch stillen Stunden wurden einem der Schwarzspecht mit seinem laut schallenden „Kliöh“ oder der Ringeltauber mit seinem verliebten Rucksen wahre Freunde. An schönen Tagen setzte dann abends ein fast überlautes Insektenkonzert ein. Brauste aber einmal stärkerer Wind oder Sturm übers Revier, so fühlte ich es wie einen Gruß, wenn ich hinaus durfte und mich das Rauschen der Buchen, das Sausen und Brausen der Fichten und Tannen umfing. Bei Regen und des Nachts war dann die Riegler-Hütte da, nach einem ehemaligen Förster Riegler benannt. Ganz aus Holz, mit zwei Räumen, einem rundlichen, bullernden Ofen, Abstellraum für Futter und Gerät und im Fußboden mit einem Versteck für Speis und Trank. Hier konnte einem wahrlich das Herz übergehen.

Das Revier kannte ich schon einigermaßen, kannte Bründlwiese, Schwarzen Herrgott, Dicke Buche, Grünen Weg und Toten Mann. Hatte auf der Großen Schussstatt auf Schnepfen geschossen (aber leider daneben), im Pötschegraben die Hirsche beäugt und im Langen Graben vorm Bau die Reinekes gezehntet. Da gab mir Geza einen Bock frei. Zu all dem muss ich noch bemerken, dass Geza zwar ein weiches Herz hatte, doch manchmal, vorsichtig ausgedrückt, einen äußerst rüden Ton an den Tag legte. Zerfuhren ihm die Bauern oder sonst wer nach einem Regen die Wege, und ertappte er den Missetäter, so schien es am besten, lautlos zu verschwinden, um nicht als Zeuge vor Gericht erscheinen zu müssen. Es dauerte eine Weile, bis ich dahinterkam, dass er es nicht so wortwörtlich meinte und die Fuhrleute eine unheimlich dicke Haut an den Tag legten. Immerhin wusste ich vom Hörensagen, dass die beiden Nachbarförster diesbezüglich ein weit, weit reichhaltigeres Vokabular ihr Eigen nannten. Ich hatte mich für die Freigabe des Bockes kaum bedankt, als Geza, noch durchs Fenster der Hütte blickend und ein sich näherndes Pferdegespann erspähend, sein Gesicht verzog und wie beiläufig hinzufügte: „Kannst dir diesen Bock holen, wo du willst, kennst dich ja aus im Revier, aber schieß nicht an der Grenze, und wenn kein richtiger Abschussbock auf der Decke liegt, so war's dein letzter!" Nun, ich kannte schon einige Böcke im Revier, die Rehbrunft stand vor der Tür, und das Herz schlug mir hoch. Immerhin mochte Geza ein gutes Vorbild sein, er hatte eine Menge Böcke frei, schoss aber selbst jährlich fast nie mehr als zwei. Aber solche, dass man beim Anblick der guten Trophäen den Kopf schüttelte.

Der Lange Graben, eine Art Schlucht, von einem Bach gebildet, war einige Hundert Meter lang, so zwischen 100 und 200 Meter breit, an die 30 Meter tief und stellenweise dschungelartig verwachsen. Die Ränder fielen zumeist ganz steil ab. Die eine überhöhte Seite begrenzte Hochwald, während die andere, tiefere von einem riesigen, etwa fünfjährigen Schlag gebildet wurde. Geza hatte dort vor Jahren einen wahrhaft Kapitalen erlegt. So an die 26 Zentimeter hoch und gut ausgelegt. Das Gebiet lag so abseits, dass sich nach meiner stillen Meinung Fuchs und Has gute Nacht sagten. Damals gab es dort noch keine Sauen. Es wäre der ideale Einstand gewesen. Im Frühjahr, gegen Ende der Schnepfenschusszeit, hatte ich es im Langen Graben einmal auf die Langschnäbel versucht und dabei etliche Rehe in Anblick bekommen. Darunter einen etwa sechsjährigen, kapitalen Bock. Damals natürlich noch mit blassem Geweih. Ich hatte ihn nicht vergessen können. Den wollte ich mir holen.

Über einem der geräumigen Talkessel wusste ich einen Felsblock mit guter Einsicht in den Graben und hinüber in den Schlag. Waldschwarz schlich ich noch im Dunkel zu meinem Morgenansitz. Kein Laut störte das Tageserwachen. Im ersten Grau lag dann der Graben im dunstigen Morgenschleier vor mir, und als sich dieser hob, wurde ich von einem mich umturnenden Marder und einer Gais mit zwei Kitzen, die sich unter mir niedergetan hatten, entschädigt. Von Böcken aber keine Spur! Die Sonnenstrahlen trafen wärmend meinen Rücken, und erst das an Lachen gemahnende Rufen eines Grünspechtes riss mich aus dem Dösen und ließ mir bewusst werden, dass inzwischen der Tag die Nacht besiegt hatte.

Aus diesem Ansitz wurden zwei. Als ich jedoch beim zweiten Ansitz ein Stück Hochwild in Anblick bekam, kehrte ich immer wieder. Kahlwild stand fast immer da, meist auch zwei geringe Hirsche. Und allesamt begeisterten mich! Allein, der gute Sechserbock blieb verschollen. Nur einige junge Böcke waren da. Auch fiel mir auf, dass alle Rehe sehr unruhig schienen.

Dieses Gebiet, das forstlich dem Nachbarförster zugehörte, wurde nur von uns bejagt. Der zuständige Förster T. übte die Jagd überhaupt nicht aus und hatte Geza das Gebiet mit dem Gedanken, doch ab und zu Wildbret ohne Jagd und Mühe zu bekommen, gerne überlassen. Eine bescheidene Zeit!

Die Theorie, ein nicht bejagtes Gebiet erfreue sich nur in den ersten Jahren einer höheren Wilddichte, dass aber dann die alten, mürrischen, eifersüchtigen Gaisen und die griesgrämigen, grauhäuptigen Böcke ihren Einstand energisch behaupten und damit den Nachwuchs vertreiben, schien sich zu bestätigen.

Zweimal schon war mir im Dunkel vom benachbarten Grünen Weg ein nur kurz und ganz tief schreckendes Stück Rehwild abgesprungen. Ich ging der Sache nach und fand in den feuchten Stellen des Grabens die Fährte eines starken Rehes. Am Wunschmaisrand hatte ein Bock auf gut armdicken Fichten umhergefetzt. Im Stangenholz ließ sich aber keine einzige Fegstelle finden. Als ich dann eines Mittags die diesen Mais durchziehende Allee kontrollierte und dort das Gleiche fand, wusste ich Bescheid. Der Bock – und es schien nach den Fegstellen kein schlechter zu sein – musste in diesem Mais stecken. Ob es der von mir gesuchte Sechser war? Hatte er sich vielleicht hierher überstellt? Die Wunschallee schnitt den ansteigenden Mais in zwei gleich große Teile, und man hatte so die Chance, bei genügender Ausdauer jedes Stück Wild, das sich in dem etwa zehnjährigen Bestand befand, in Anblick zu bekommen.

Alles gut und schön, aber jetzt musste das Waffenproblem gelöst werden. Ich hatte vermeint, im Langen Graben leicht vom Rand hinunter und damit auf nur kurze Distanz schießen zu können. Außerdem kam dazu, dass man dort oben leicht die Stellung entlang des Steilabfalls hätte wechseln können. Auf der Wunschallee aber gab es nur eine Möglichkeit, nämlich vom fast am Alleeende stehenden Hochsitz aus die Kugel anzutragen. Von Kugelwaffen waren damals nur Kipplaufwaffen erlaubt. Doch besaß solche fast niemand. Der Krieg und die Besatzungsmacht hatten ihren Tribut gefordert. Die übliche Waffe war das Schrotgewehr mit Flintenlaufgeschoss. Zielfernrohre gab es praktisch nur in den entsprechenden Fachbüchern. Mich traf dieser Zustand besonders hart, wog und wiegt mir doch ein sauberer Kugelschuss gut und gern 50 Schrotschüsse auf. So nannte ich, der Not gehorchend, zwei silbergraue Gefährten mein Eigen: Eine Browningflinte Kai. 12. Alt, aber gut! Mit dem Austria-Flintenlaufgeschoss traf ich auf 50 Gänge einen handtellergroßen Kreis mit jedem Schuss. Der zweite Freund war ein persönlich „umgemodelter“ K 98, dessen Lauf so manche Rostnarbe aufwies. Mit diesem Repetierer sollte ich übrigens kein einziges Stück Wild erlegen. Der Besitz solch einer Waffe war, wie schon gesagt, von der Besatzungsmacht verboten. Wer sie besaß, stand mit einem Fuße zwar nicht im Grabe, aber doch in Sibirien. Also gar kein so großer Unterschied! Noch mehr Schwierigkeiten bereitete es natürlich, diese Waffe zu führen. Heute, wo der Waffenschrank gewehrgespickt dasteht, muss ich bekennen, dass das Jagen damals noch manchen Reiz mehr bot. In gewissen Situationen konnte man eben nicht mehr schießen. Und damit blieb die vielleicht größte Freude, die Vorfreude, erhalten.

Beim ersten Ansitz abends an der Wunschallee zog schon nach einer Viertelstunde auf gute 250 Meter ein schwacher Hirsch über die Allee. Ein Schmaltier folgte. Nach ungefähr der gleichen Zeit schien sich auf etwa 100 Meter eine junge Lärche am Alleesaum zu bewegen. Glas an die Augen. Nun konnte ich ausnehmen, dass sie nicht ein bisschen, sondern ganz kräftig geschüttelt wurde. Mit einem Male stand die Lärche wieder ganz ruhig – dafür bebte der Feldstecher in meiner Hand. Ein im Wildbret sehr starker, dunkelroter Bock stand auf der Allee. Wie auf einem Präsentierteller. Träger ganz kurz und stark. Haupt eisgrau. Alle paar Sekunden warf der Bock auf. Weiter forschte das Glas: Trophäe gut. Zurückgesetzter Sechser, links nur noch angedeutete Enden. Fast parallel standen die starken Stangen gut vier Fingerbreit über die zuckenden Lauscher. Nein, jener vom Frühjahr war es nicht, aber diesen Bock musste ich haben.

Wieder blickte ich durchs Glas. Heiliger Hubertus, diese Perlung und wie der nervös tat. Jetzt fand ich auch die Erklärung, warum hier so wenig andere Böcke in Anblick kamen. Der konnte ja in seinem Einstand keinen anderen Rivalen dulden! Mit Gewalt riss ich mich von dem faszinierenden Bild los. Junge, Junge, wie sollte ich den bekommen? Ich hatte die Browning mit, hoffentlich kam der Bock näher. Kaum hatte ich das Glas wieder vor den Augen, zog er schon am anderen Maisrand ein. Aus!

Jetzt verspürte ich erst Spannung und Enttäuschung in mir. Ein nochmaliges Absuchen des Alleerandes ergab das gleiche Resultat. Der Bock war und blieb verschwunden. Vergebens wartete ich bis in die tiefe Dämmerung. Nicht mehr, um zu schießen, nur um die Bestätigung zu finden, dass dieses Schemen dagewesen, also Wirklichkeit war. Als mich dann zwei Nachtschwalben neugierig und flügelklatschend umgaukelten, setzte ich mich ab – und sah beim Heimmarsch den kapitalen Bock wie ein Phantom immer wieder vor meinem geistigen Auge.

Jeden Tag dachte ich an den dunkelroten alten Herrn, und als ich dann nach einer Woche wieder zwei Tage Zeit hatte, mich ihm zu widmen, saß ich mit dem Mauser auf der Wunschallee. Bei vier Ansitzen sah ich den Kämpen dreimal, einmal sogar ganz nahe, keine 50 Gänge, und einmal so weit, dass ich ihn gerade noch ansprechen konnte. Aber immer nur für Sekunden. Setzte ich das Glas ab und griff ums Gewehr, so war der unruhige Geist auch schon wieder weg. Geza fragte mich einmal maliziös lächelnd, was denn die Böcke so trieben. Ich antwortete säuerlich, dass sie ohnehin nur auf meine Kugel warteten.

Unruhig wälzte ich mich in der Hütte hin und her. Draußen rabenschwarze Nacht. Ich rieb die Augen und blickte aufs Leuchtzifferblatt der Armbanduhr. Es war Zeit, wollte ich im Morgengrauen schon auf dem Alleesitz sein. Als ich mich schlaftrunken angezogen hatte, wollte ich um den hinter einem Wandbrett verstauten K 98 greifen. Dann sah ich die Browning glänzend im Kerzenschimmer auf dem Tisch liegen. „Heute gehst du mit", sann ich hinüberblickend. Komisch, heute weiß ich, was ich damals nicht bedachte, denn logisch hatte ich mit dem Flintenlaufgeschoss weniger Chancen als mit der 8 x 57. Im Grunde genommen liebte ich jagdliche Schwierigkeiten. Ein Schluck Kaffee, einige Bissen Brot mit Fleisch, und der Hüttenschlüssel lag in seinem Versteck. Voll Erwartungen atmete ich draußen die kühle, feuchte Nachtluft. Vom Tau bis über die Knie durchweicht, erreichte ich noch vor Büchsenlicht meinen Sitz. Das so oft erlebte und doch immer faszinierende Spiel der Farben begann. Zuerst ganz schwarzgrau, immer intensivere Farbtöne annehmend, begrüßte mich der Wald. Ein Hase hoppelte einige Schritt hinter mir vorüber. Glas vor die Augen. Da, ganz oben das Tier. Kein Reh! Die Zeit verging. Irgendetwas brach da unten in dem alleeüberquerenden Graben, war aber nicht einzusehen. Wahrscheinlich Hochwild, aber nur ein einziges Stück. Bis die Sonne hochkam, hatte ich außer einer Schmalgais und einem Dachs nichts mehr in Anblick bekommen. Ich schaute vom Sitz hinunter, die Erdbeeren leuchteten rot und verlockend in der Morgensonne. Ich bäumte ab und naschte daran. Wie das belebte! Schade, dass der graugesichtige Teufel nicht gekommen war. Denn zweifellos, wenn's kein Teufel war, so musste er zumindest mit diesem verwandt sein. Mich so auf die Folter zu spannen! Die Sonne brachte wohlige Wärme, und ich setzte mich, mit dem Rücken an den Hochsitz gelehnt, auf den Boden. Zeit hatte ich heute genug. Das Dösen in der Sonne erquickte. Als ich den Kopf – wie schon so oft! – Richtung Allee hob, riss es mich herum. Am linken Rand der Allee stand auf kaum 50 Meter ein Reh und sicherte zu mir her.

Mein Bock! Diesmal ging es ums Ganze. Alles kam blitzschnell und instinktiv. Als der Schuss brach, war mir, als ob ich ganz leicht etwas hinter dem Blatt abgekommen wäre. Der Grauhäuptige fuhr im Knall wie der Blitz hoch, kurze Flucht und die Bühne war leer. Nur ein paar Lärchenzweige schaukelten noch am Rand der Allee. Dann völlige Stille. Als ob alles ein Traum gewesen wäre. Bloß die ausgeworfene Hülse lag rechts neben mir und zeugte von der Wirklichkeit. Abgekommen war ich gut, und mit dem Geschoss musste der Bock liegen. Da gab es keine Zweifel. Das Schemen, dem ich so viel Zeit und Mühe geopfert hatte, existierte nicht mehr. Hier, ganz leicht, hatte ich plötzlich den Bock vor mir gehabt. Hatte ich nun alles zerstört, wie man mit ungestümer Hand ein taufunkelndes Spinnennetz zerreißt? War das Erjagen nicht das Schönste am ganzen Weidwerk?

Ein Habicht strich über die Allee, und wie Herbstlaub von einem jähen Windstoß waren die Reminiszenzen wieder weggeblasen. Wie würde die Trophäe sein? Freudig stellte ich sie mir nun in all ihren Einzelheiten vor. Die blitzenden Enden, die Perlen und Rosen. Obwohl ich mir ganz sicher war, pirschte ich nach einer geraumen Weile mit entsichertem Gewehr zum Anschuss. Lunge und Leber, dachte ich, nach den Schusszeichen zu schließen. Hob den Blick – und hinter der Lärche lag verendet mein Bock im Farn. Glücklich griff ich ins Geweih.

Ein alter Kampel war's. Gut acht, neun Jahre. Die Kugel hatte ganze Arbeit geleistet. Ich setzte mich zum Erlegten und hielt ihm die Totenwacht.

Bei der Hütte wurde er dann vermessen und gewogen. Beide Stangen 22 Zentimeter hoch, Wildbretgewicht 22 Kilo aufgebrochen. Selbst Geza, in weidmännischen Dingen manchmal fast starrköpfig übergenau, konnte da nichts finden. Ein Bruch mit festem Händedruck vor der Riegler-Hütte bekräftigte unsere Freundschaft. Von da an hatte ich freie Büchse auf Kahlwild.

Daheim zeigte ich dem Peter-Onkel freudig die Trophäe. Er wog sie ehrfürchtig in den Händen, entbot mir, mit dem Kopf beistimmend nickend, ein Weidmannsheil und hatte – wie konnte es anders sein – schon wieder ein Gespräch aus vergangenen Tagen parat. „Nämlich, wia mia die Jogd g'hobt hoben, wor do a ein soicha am Hosenberg.

I sog Ihna, des wor einer, aber der hot die ganzen Böck vertrieben. Und wia der schlau woa! Da gehn ma' einmal mit mein Schwager nauf (der Selige hatte, wie ich wusste, einmal aus Prestigegründen eine Jagd, krümmte aber keinem Wesen ein Haar), do steht der Teufel in de Wacholderstauden. Wie angenagelt. Der Matthias hebt das Gewehr. Schuss!“ Das letzte Wort hatte er so scharf ausgesprochen, dass ich schier erschrocken auswich. Jetzt erwartete ich natürlich voll Spannung die Schilderung der außergewöhnlichen, erbeuteten Trophäe. Doch was folgte: „Der Bock wirft auf – und weg woa er. Nie mehr g'sehn! Schod!“

Eines Tages kam Förster T. zu uns und fragte, wie es mit Wildbret stünde. Ich sollte doch einmal mit ihm vom Toten Mann zum Langen Graben pirschen. Er kenne da einen Bock. Natürlich wusste ich, dass er sich für Wild überhaupt nicht interessierte. Er war ein herzensguter Mensch, der, was mich so erstaunte, so ab und zu fehlerfreies Latein sprach. Von den Grünröcken, die ich damals kennenlernte, hatte jeder eine eigene Note. Das war eben seine. Am Beginn des Langen Grabens sprang ein Reh ab. Gais. Vom Pirschen konnte keine Rede sein. Ununterbrochen erzählte mir Förster T. von seiner Gattin und wie die wohl kochen könne. Pikant, mild, scharf und natürlich auch ungarisch. Auf Wildbret wäre sie regelrecht spezialisiert. Das Wort „spezialisiert“ sagte er besonders laut und richtig zischend, dabei hob er andächtig den Zeigefinger. Ich glaubte es. Wie lange mochte der Arme schon auf sein Wildbret warten. Ich meinte förmlich zu hören, wie ihm schon das Wasser im Munde zusammenlief. Nach 200 Metern flüchtete ein Reh aus dem Graben die jenseitige Steilwand empor. Ein schwacher Bock, dünner Träger, ruppig. Ich wollte genauer ansprechen, als er oben am Rand verhoffte. T. stieß mich in die Seite und zischte durch die Zähne: „Jesus Maria, schießn! Schießn!“ Natürlich war der Kümmerer weg. Tiefe Resignation ergriff nun meinen Begleiter. Er brauchte gar kein ganzes Reh, nur den Rücken, den Rest könnte ich behalten. „Wissen Sie“, meinte er, „so mit Speck und Zwiefl und Apfl und Rahm. Meine Frau ist do nämlich spezialisiert. I söge Ihnen jo, den Rest können S' beholten.“ Das wollte ich übrigens gar nicht. Wir waren, ich seinen Kochrezepten lauschend, weitergepirscht und genau meinem ehemaligen Ansitzfelsen gegenüber angelangt. Ich gebot T. mit dem Finger Stille und spähte mit dem Glas in den unter uns liegenden Kessel. Da riss es mich herum. Schreckend sprang aus den Himbeeren ein starker Bock ab. Ich hatte sofort erkannt, dass es sich um den starken Sechser vom Frühjahr handelte. Handbreit über die Lauscher hatte er auf, aber zwischen diesen war alles zu. T. hatte auch das Stück als besonders starken Bock angesprochen und presste wieder durch die Zähne: „Schauen S' doch den on. Des is a Teufel. Jetzt schießn! Schießn!“ Den Mauser im Anschlag suchte ich den Bock. Wenn der nur auch am Grabenrand drüben verhoffen würde. Spielend nahm er jedoch die jenseitige Wand und war auch schon, bevor ich richtig Blatt gefasst hatte, verschwunden. Jetzt überkam mich erst das Jagdfieber, doch ich versuchte, es vor Förster T. zu verbergen. Der Bock wäre zu schnell gewesen, versuchte ich T. beizubringen, und er stimmte mir, wenn auch aus anderen Beweggründen, zu. Ein schlecht geschossenes Stück hätte nämlich einen etwas zu starken Wildgeschmack. Aber er brauchte nicht ein Fetzerl von so einem Bock, Hauptsache, ich würde einmal einen mit einer guten Trophäe erlegen. Seine Frau hätte schon mit den beiden Keulen und dem Träger eine Freude. Eventuell noch eine Schulter, aber mit dem Rest könnte ich machen, was ich wollte. Und nach einer Weile fügte er hinzu, ob ich schon einmal eine Rehleber auf richtig ungarische Art gegessen hätte. Ich hatte nicht. Förster T. sprach und sprach, er kam so in Fahrt, dass ihm wieder das Wasser im Mund zusammenlief. Allein, meine Gedanken waren bei der kapitalen Trophäe. Also war er doch da! Mein Gott, wenn ich den bekäme! Dagegen verblasste der von der Wunschallee dermaßen, dass ich meinte, er wäre nie gewesen. Der Mensch ist eben unbescheiden.

Eine Woche danach erlegte ich in der Früh auf dem Weg zur Dicken Buche einen Knopfspießer. T. hatte nun seinen Bock, und zwar ganz. Seine glücklich leuchtenden Augen sehe ich heute noch. Beruflich konnte ich mich eine Weile nicht loßreißen. Die Rehbrunft war da. Auf meinem Felsensitz versuchte ich es nun mit dem Blatten. In zwei Tagen sprangen mir drei Zukunftsböcke, die ich bisher alle noch nicht in Anblick bekommen hatte. „Meiner" aber blieb verschwunden. Freilich, kein Wunder, wenn man den riesigen Jungmais über dem Graben, umschlossen von Stangenholz, ins Kalkül zieht. Da mochten wohl etliche Schmalgaisen stecken.

Die köstlichen Himbeeren waren reif geworden. Einmal wollte ich es noch auf meinem Felssitz beim Langen Graben versuchen.

Das Wochenende kam, und ich hatte bis Dienstag früh frei. Am Sonntagvormittag wollte ich mit Geza über die kommende Woche sprechen. Nach der Kirche hocken die Männer immer im Gasthaus. Als ich Geza in dem Raum unter den rauchgebeizten Geweihen suchte, fand ich ihn in Gesellschaft des Peter-Onkels. Ein herzliches Wiedersehen. Das Erste, was mir auffiel: Gezas Onkel nannte statt deren fünf nur noch vier Zähne sein eigen. Er ging aber wortlos über diesen Verlust hinweg. Gentlemanlike schwieg auch ich. Beim Rotwein besprachen wir vergangene und kommende Böcke. Geza hatte schon einige Achterl „gepackt", und das Planen nahm kein Ende. Das Thema wandte sich auch den Saugartenböcken zu. Der Saugarten war ein der Gemeindejagd benachbarter Revierteil, durch den die sogenannte erste und zweite Allee zogen. Der Peter-Onkel hörte „Zweite Allee" und hob abwehrend die Hände. „Jo wos glaubt's denn, durt hob ma vielleicht wos erlebt, knapp vorm Kriag." Es konnte sich natürlich nur um eine besondere jagdliche Sensation handeln, und Geza und ich drängten den Peter-Onkel zum Erzählen. Ja, es wäre da, als er, der Peter, bei der Jagd so ab und zu geholfen hätte, einmal ein Gast zur Forstverwaltung vermittelt worden. Aus Wien. Seidenhändler oder so. Jedenfalls ein „reicher Kampel", und der Forstmeister hätte einen guten, bestätigten Bock für diesen Gast gebraucht. Versteht sich, nur was Besonderes! Der damalige Förster wäre zum Peter gekommen und hätte von einem sehr guten Sechser berichtet, auf der zweiten Allee usw., und dass dort und dort ein Hochsitz hinmüsste. Peter und noch ein Helfer zogen aus, und in einem Tag wäre der Hochsitz fertig gewesen. Ein Meisterwerk, mitten im besten Revierteil, mit Aussicht auf den oberen und unteren Alleeteil. Und rundum die Platz- und Fegstellen des Sechsers. Zwei Tage Ruhe, und dann wäre der Gast mit dem Zug gekommen. Karierte Hose, Damenbegleitung und ein ganz, ganz feines Gewehr hätte er gehabt. Dazu nickte der Peter-Onkel wissend einige Male mit dem Kopf, bis ihn Geza anstieß: „Und dann?“ Ja, am ersten Abend wäre er schon auf den guten Sechser zu Schuss gekommen, auf der Hochstandbrüstung hätte er aufgelegt. Der Peter-Onkel kniff die Augen zusammen: „Überschossen!“ Eine Rekonstruktion der Tat hätte nur einen Höhenunterschied von fünfzehn Zentimetern ergeben, aber am nächsten Morgen hätte der Seidenhändler geschäftehalber wieder weg müssen, hätte jedoch ein Wiederkommen versprochen. Na ja und nach drei Tagen wäre ein Telegramm von ihm zur Forstverwaltung gekommen: „Komme morgen Abend, bis dahin Hochstand auf zweiter Allee zuverlässig um 20 Zentimeter höher setzen.“ So laut wie damals hatte ich schon lange nicht gelacht. Geza hieb auf den Tisch, als der Onkel dabei blieb, dass dies die reine Wahrheit wäre. Da schlug es vom Glockenturm zwölf Uhr. Ich verabschiedete mich von beiden, denn eine zweite jagdliche Lektion dieser Art wäre mir zu viel gewesen.

Am nächsten Tag stieg ich mittags von der Riegler-Hütte zum Grünen Weg auf und pirschte von dort zu meinem Felsensitz. Ein richtiger Hundstag. Es war so heiß und schwül, dass der Schweiß in Bächen floss. So um sechzehn Uhr herum trieb, für mich unsichtbar, ein Bock keuchend seine Gais irgendwo hinter mir im Stangenholz. Ich hörte nur das Prasseln im dürren Unterholz und das Keuchen des Bockes. In einem weiten Bogen ging die Hochzeit ober mir stürmisch in den Graben hinein. Nichts zu sehen! Gottlob, dass es so windstill war. Kaum hatte ich mich wieder zurechtgesetzt, als die wilde Jagd unter mir in den Himbeeren weiterging. Näher, jetzt in meinen Kessel hinein. Zwei rote Rehe hetzten um die Himbeerstauden herum, hin und her, über den Kohlgrabenbach und zurück, und ich erkannte mit weit aufgerissenen Augen im hinteren roten Fleck, der jetzt anhielt, den so lange und so sehnsüchtig gesuchten, reich geperlten Sechser. Zur Bestätigung das Glas an die Augen. Die Gais begann, keine zehn Meter vor ihm, an den Himbeeren zu naschen, und als ob mir Diana noch einmal huldvoll eine Chance bieten wollte, verhielt der Bock brettelbreit vor mir. Den Feldstecher noch immer vor Augen, bebte mir das Herz, jetzt, als die Trophäe wie selten noch im vollen Sonnenlicht förmlich aufleuchtete. Der Bock äugte zur Gais hin, und ich, 100 Gänge schräg ober ihm, griff nach dem Mauser. Sicherungsflügel herum, die Knie angezogen und angelegt. „Wumm", und der Bock überfiel die Himbeerhecke vor ihm aus dem Stand und fuhr wie ein roter Blitz durch Brennnesseln und Heckenrosen rauf auf die Böschung und hinein in den Mais. Die Gais folgte. Als ich repetiert hatte, war der Bock auch schon verschwunden, und instinktiv fühlte ich, dass der Traum ein Traum geblieben. So konnte nur ein gesunder Bock wegflüchten. War's die verflixte abgelegene Militärmunition? Wer weiß!

Nach geraumer Weile begann ich nachzusuchen. Ein faustgroßes Loch am Bachufer zeigte mir alles. Der Schuss musste tatsächlich glatt danebengegangen sein. War ich zu aufgeregt gewesen? Es ließ mir trotzdem keine Ruhe. Ich hatte noch genügend Zeit, und noch vor dem Dämmern stand ich mit Gezas Dackeln wieder am Anschuss. Nichts, rein nichts, und als mir gar kein Zweifel mehr daran blieb und es dämmerte, setzte ich mich müde oben auf meinen Fels. Endlich war mir der Geperlte schussbar gekommen, und ich Stümper hatte ihn verblitzt. Jetzt tat's mir leid, dass ich mir nicht mehr Zeit gelassen hatte. Nur das konnte der Fehler gewesen sein. Aber zu spät. Das Zwielicht schwand. Die Dackel lagen bei meinen Füßen, und irgendwo rechts oben schrie eine Eule. Als ich den Kopf wandte, wurde durch die schwarzen Fichten in meinem Rücken eine silberne, schmale Sichel sichtbar. Der Mond war aufgegangen, und mit einem Blick zu den immer zahlreicher auffunkelnden Sternen erhob ich mich und trat bedrückt den Heimweg an.

Der Sommer ging vorbei. Die Hirsche waren frei, und die ersten einzeln stehenden Buchen auf den Schlägen flammten, schon vom September gezeichnet, wie lodernde Fackeln auf. Am Abend wehte ein weicher, kühler Hauch durch die Täler, und die Nächte waren hell und klar und voll von funkelnden Sternen. Am Morgen stand der zarte Nebel wie ein vergessener Schleier über den Wiesen; die schönste Zeit für den Jäger, der Herbst, war angebrochen. Eigentlich wäre ich durch Rheumatismus zu meinem ersten Hochwildabschuss gekommen. Ich hatte mich nun einigermaßen in die Gegend eingelebt und fand so ohne jegliche Absicht Kontakt mit einem Förster, der drei Ortschaften weiter Pächter der Gemeindejagd war. Dieser vom Rheuma arg Geplagte bot mir ganz überraschend – „wenn ich Lust hätte, und weil er sowieso keinen Schritt ins Revier machen könne“ – einen Hirschabschuss an. Was das wohl kosten würde? Gelächter! Gar nichts natürlich, ich sollte aber ja aufpassen, denn erstens müsse der Hirsch die Kugel „gut oben haben“, Schlumpschüsse gäbe es in seinem Revier nicht, zweitens möchte er keinen Zukunftshirsch vorgelegt bekommen. Selige Gefühle stiegen in mir auf. Natürlich wäre ich am liebsten gleich barfuß ins Revier gerannt, es war aber leider schon Abend.

Am nächsten Tag besah ich mir die gegebenen Möglichkeiten an Ort und Stelle. Das Revier bestand je zur Hälfte aus Wald und Feld, war leicht hügelig, ein gemütliches Gemeindejagdl. Dahinter Wald, Wald und nochmals Wald. Hier im Revier gab's damals im Oktober Hochwildfährten jeder Art und Menge. Eines wusste ich von vornherein ganz bestimmt: Ich würde mich anständig anstrengen müssen! Im südlichen Teil des Reviers schoben sich einige Gräben und Jungmaise über den Waldrand hinaus. An solch einem Grabenrand stand ein Kirschbaum. Mit einem luftigen Sitz darauf. Dort saß ich eine runde Woche lang früh und abends an. Rehe gab es genug, Hochwild kam fast täglich in Anblick, aber zumeist handelte es sich um Kahlwild oder junge Hirsche. Langsam begann ich die Stücke schon kennenzulernen.

Mitten im Revier, vom Hochwald umschlossen, lag ein etwa zehnjähriger, quadratischer Mais, den ein Abfuhrweg durchquerte.

Dort fand ich eine Fährte, vor der ich gleich in die Knie ging, um sie sehr genau zu betrachten. Ein wahrhaft Kapitaler war da darübergewechselt, dann durch den Hochwald und über eine Schneise auf die Felder gezogen. Wie ein Schweißhund hing ich der Fährte nach. Da hatte ich sie neuerlich vor mir, und keine zwei Meter daneben führte sie parallel in Richtung Einstand zurück. Am nächsten Tag suchte ich auf dem Abfuhrweg nach der Fährte – die frischen Trittsiegel blickten mir an der gleichen Stelle wieder entgegen. Um mein Gemüt noch mehr zu belasten, erzählte mir ein Holzknecht auch noch davon. „Jo, dos is schon a ganz guater Hirsch, der hot die Kirn (Geweih) net a so, sondern a so“, und dabei zeigt er mir in wirksamer Mimik mit den Händen „so“ und „a so“. Bei „so“ hob er sie steil empor, und bei „a so“ hielt er sie fast waagrecht. Der Eindruck auf mich war überaus nachhaltig; ich sah fortan im Geist nur noch den Holzknecht mit den drastisch erhobenen und waagrecht gehaltenen Händen. Dazu hatte der jagdpassionierte Mann noch wild mit den Augen gerollt! Da musste was dran sein, der Hirsch musste her!

Nun gab es für mich nur noch die Schneise. An die drei Wochen saß ich fast täglich, bei jedem Wetter, dort auf einem rasch errichteten Behelfssitzl an. Kannte schon sechs Böcke nach dem Gwichtl und fünf Ortschaften nach dem Glockengeläut. Pardonierte Tiere, Sechser, Achter, Zehner. Aber mein Hirsch kam nicht. Seine Trittsiegel jedoch fand ich fast täglich auf dem gleichen Wechsel. Es war zum Verzweifeln. Dieser Hirsch musste ganz gerieben, vielleicht sogar vergrämt sein. Warum sonst zog er immer erst so spät, für mich also unsichtbar, aus?

Nun nannte ich, wie schon erwähnt, ein recht einfaches Schießzeug mein Eigen. Natürlich ohne Optik. Und da kam das Unglück in Gestalt meines Freundes Geza. Er hatte schon das „Neueste“ erworben, ein Zielfernrohr mit Blaubelag. Das war damals ungefähr so etwas wie heute eine Art Satellit zur Wildbeobachtung. „Also“, erklärte er stolz, „wenn's a bissl dumper wird oder gor an Dunst oder an Nebl gibt, ganz egal, do muaßt erst amol durchgschaut hobn!“ Ich schaute durch und war zutiefst beeindruckt. Und da er mir seinen Drilling mit dem sagenhaften Glas fast aufdrängte, hatte ich diesen auch schon am nächsten Abend mit. Das war halt wirklich was, damit konnte man Freude haben!

Wieder saß ich auf meinem Schneisensitz, es dämmerte schon. Noch einmal probierte ich das Glas. Eine gute Viertelstunde mochte es wohl noch gehen, falls ... Ein Hase hoppelte vorbei. Da, jetzt höre ich es ganz deutlich, am Ende der Schneise bricht ein Ast, dann tapp, tapp, tapp, dumpf und gleichmäßig: Hochwild. Das kann nur „mein Hirsch" sein! Jetzt Stille. Mir klopft das Herz zum Hals. Wieder Geräusche. Der Drillingslauf ist auf den Wechsel am Schneisenrand gerichtet und – da steht mein Kapitaler auf keine 40 Gänge und verhofft. Ganz ruhig bin ich. Nur nicht bewegen. Auch der Wind steht gut. Der Hirsch ist tatsächlich nicht ohne, Wildbret enorm, und die Stangen scheinen mir besser als alle, die ich bisher sah. Ein ungerader Zwölfer ist es, mit ganz massigem Träger. Er windet nach der Seite, schon habe ich ihn im Fadenkreuz. Hochblatt, Blatt, so, jetzt gestochen. Knacks! Der Hirsch äugt sofort zu mir, steht aber gut breit. Jetzt, ein metallischer Klatsch, ein wildes Brechen – und mein Hirsch ist dahin.

Wie betäubt halte ich den Drilling noch immer im Anschlag, setze ab, wische mir über die Augen. Wirklich, der Hirsch ist weg! Langsam fasse ich mich. Mir wird so elend zumute. Ich öffne den Verschluss: Versager! Schwacher Schlagbolzen! Heim ging es im Torkelschritt. Ich weiß nur, dass ich das Gewehr unbedingt an einen Baum schlagen wollte. Zerknirscht lieferte ich am nächsten Morgen den Drilling bei Gezas Gattin Cilli ab. Mir war die Lust zu einem weiteren Jagdtrip zum Rheumaförster vergangen. Am selben Tag besuchte ich ihn und erstattete Bericht. Er lächelte nur verständnisvoll, wie mir schien. Ich glaube, er verstand mich endlich. Bei ihm bedankte ich mich noch herzlich, und seiner schlanken, blonden Tochter, die ich bei dieser Gelegenheit kennenlernte, brachte ich noch ein paar Mal Blumen. Sie wäre im rechten Alter gewesen. Aber beides, so verheißungsvoll, sollte eben nicht sein. Manchmal ist es im Leben so. Etwas nicht Fassbares, nicht Sichtbares ist dagegen. Über meine Freizeit hatte ich etwas zu großzügig verfügt, und nur so viel blieb von ihr noch, um nach einer Woche Geza in der Hütte zu besuchen. Ich sehnte mich danach, wieder durch die farbenfrohen Wälder streifen zu können. Die Herbstzeitlosen standen wie Feiertagskerzen auf den bunt umrahmten Herbstwiesen. Der Selitzabach im Revier plätscherte wie zum Gruß dahin, die Forellen schössen ob meines Schattens im glasklaren Wasser hin und her, und auf den Schlägen flammten die Buchen rot auf. Zeit der Hirschbrunft. Die Hütte lag vor mir. Der Polli war da und saß mit Geza bei einer Flasche Blaufränkischem. Eine jetzt um die Mittagszeit etwas ungewöhnliche Situation. Die Begrüßung fiel zwar herzlich aus, doch schienen mir beide recht müde und wortkarg. Polli hatte einen Bart wie ein Matrose auf der Bounty, und seine Schuhe standen kotig neben der Tür. Aus dicken Socken ragten zwei, drei Zehen frech hervor. Der musste schon mehrere Tage hier sein, und dass er weit durchs Revier marschiert war, lag ebenso auf der Hand. Nur Pagat, der Schweißhund, sprang gleich munter um mich herum. Da war doch etwas los. Wie ich es auch versuchte, denn mit der Tür wollte ich nicht ins Haus fallen, ich bekam nur ausweichende Antworten. Geza schlug mir betont den Pötschegraben zum Ansitz vor. Der lag am südlichen Ende des Reviers. Wahrscheinlich wollte Geza nach Norden. Natürlich wäre es mir recht. Aber es half nichts, ich musste gleich wieder heim. Erkundigte mich noch nach den letzten jagdlichen Erfolgen und was es sonst Besonderes gäbe. Über das eigene Revier erhielt ich von beiden nur karge Antworten, doch umso mehr überschütteten sie mich mit Tratsch aus den Nachbargefilden. Während Geza sprach, blickte er in die Luft. Wenn ich könnte, sollte ich ihn morgen früh, so um acht Uhr herum, mit dem Motorrad von der Hütte heimholen. Er wäre schon einige Tage hier und von den täglichen Strapazen reichlich müde. Ein leiser Unterton lag in seinen Worten, doch fiel mir das fast nicht auf. Wer weiß, welche Strapazen er zu ertragen hatte! Ja, und dann kam mir am nächsten Morgen bei der Heustadlbrücke, auf halbem Weg, Geza beschwingt und bestimmt nicht absolut nüchtern entgegen und stieß einen Juchzer aus, dass ich verdattert vor ihm abbremste.

„I hob eahm! Gestern am Abend hob ich bei der Grean Lockn an Dreistangenhirsch gschossn. Die Fuhrleit führn man nach Tschurndorf zur Schwiegermutter!" Verdattert gratulierte ich ihm und drängte zu weiterem Bericht. Aber dazu war er, wie ich erkennen musste, nicht ganz in der Lage. Man versteht, Blaufränkisch! Wenn alles stimmte, so konnte ich mir den Reim darauf machen. Wahrscheinlich saß Polli nun schwer bezecht beim „Hiasl" im Waldgasthaus Richtung Sieggraben. Von dort war ja die Grüne Lacke nicht weit. Geza brachte ich auf dem Sozius trotz Seegangs doch noch heim.

Cilli empfing uns ob der gegebenen Situation natürlich überfreundlich. Das konnte ich sowohl ob Gezas Schräglage als auch infolge meines Anblicks verstehen. Hatte ich doch vor einiger Zeit irgendwo eine FN-Parabellum eingetauscht und natürlich Geza gezeigt, der gleich zum Ausprobieren drängte. Ich suchte ein möglichst kleines Ziel, ein Holzscheit hinten im Hof könnte doch jeder treffen. Wir einigten uns endlich auf ein leeres Diana-Menthol-Flascherl, und Geza stellte es feierlich an die Wand. Wegen der Geller, wie ich fachmännisch erklärte, nahm ich es von dort weg und postierte es vor der Einschlupföffnung zum Hühnerstall. Gut und schön, ich musste anerkennen, Geza konnte was. Es war ein Volltreffer. Aber dann wankte eine durchlöcherte Bruthenne, immer leiser gackernd, heraus und fiel neben dem Rest des Diana-Flascherls um. Und nun war Cilli eben vergrämt. Man versteht das.

Geza musste ins Bett, aber vorher gab er mir noch die Hand und bat um Verständnis: „Fünf Tag san ma hinter dem Hirsch her gwesn. Verstehst?"

Mein erster Weg war, als ich aus Cillis Bereich mit vielem Zureden entweichen konnte, nach Tschurndorf. Dort standen schon eine Menge Leute im offenen Hof, und neben dem Brunnen lag der Hirsch. Ein Waldrecke war der beste Ausdruck, und drei Stangen hatte er tatsächlich. Eissprosszehner vom neunten bis zehnten Kopf, links Rosenstockgabelung mit zwei getrennten Stangen. Vom Staunen erholte ich mich ob der vielen fachmännischen Äußerungen der Umstehenden rasch. Waren ja durchwegs Landwirte und sahen bloß, wie viel Getreide, Kukuruz und Kartoffel der Hirsch wohl „vertilgt“ hätte. So ist das Leben nun einmal.

Beim Peter-Onkel daheim gab es ob der Nachricht natürlich ein großes Hallo, und er erklärte mir gleich, wie man am besten an so ein „Luada“ herankomme. Man müsse sich nämlich so viele Zweige umhängen, dass man einem Strauch ähnle. Dann könne man alles erreichen. Und seine Augen blitzten.

Als ich nach zwei Wochen wieder nur für einen Tag ins Revier kam, war die Brunft fast vorüber. Vor der Hüttentür auf der Bank lauschte ich nach den Hirschen, aber nur ab und zu orgelte noch ein Bass auf der Schussstatt, und irgendwo vom Schwarzen Herrgott kam das Echo eines schwächeren Rivalen zurück. Aber die Pausen dazwischen währten schon sehr lange. Viele Tausend Sterne funkelten in dieser wunderbar klaren Nacht, und der Himmel stand wie ein großes, dunkelsamtenes Zelt über dem Revier. Ein leiser, kühler Hauch strich durch die Fichtenwipfel ober mir und es war wie ein großes, tiefes Stöhnen ob der großen Sehnsucht Jagd.

Geza hatte zu einem kleinen Herbstjagdl geladen. Für mich ein glücklicher, erwartungsvoller Morgen. Angereiftes buntes Herbstlaub und ein windstiller, heller Tag umrahmten die Gruppe rund um das lustig flackernde Feuer bei der großen Buche. Ich war etwas später allein aus Lackenbach gekommen. Geza war mit dem Peter-Onkel und den beiden Dackeln, die quicklebendig an der Leine zerrten, schon vor mir da. Ein Sägewerksbesitzer und drei oder vier Holzhauer aus S. von Gezas Partie. Einen kannte ich namentlich: „UNRRA“ hieß er. Wie die damalige Hilfsaktion. Aber das war bloß sein Spitzname. Und natürlich der Polli mit seinen Brüdern, die er mir nun der Reihe nach vorstellte. Der Polli unbewaffnet, wie immer. Es musste da eine eigene Bewandtnis haben, doch ich kam nie dahinter. Die anderen aus seiner Sippe: ein großer, älterer mit Führerbart, ein mittlerer, unscheinbarer, der angeblich so gut Knopfharmonika spielen konnte, und ein jüngerer mit einer martialischen Damast-Büchsflinte, Bleigeschoss, so elf bis zwölf Millimeter. Geölte Rostnarben außen. Ein anerkennend sein sollendes Pfeifen entfuhr mir durch die Zähne, als ich auf das Ding tippte.

Der strahlende Besitzer bezog es anscheinend auf die Ballistik und nickte bestätigend, ich aber ob des Schützen Mut. Aber alle drei mitsamt dem Polli hatten die gleichen Augen: Kreuzung Habicht und Fuchs!

Der Peter-Onkel hatte hohe schwarze Stiefel an, trug seine vom Schwager frühzeitig ererbte Ferlacher Hahnbüchsflinte 8 x 57 IR. Den Grund, warum er meist knapp vor dem Schuss lud, erfuhr ich erst durch eigene Erfahrung später, als er mir das Zauberzeug für einige Zeit borgte. Sie ging halt gar so gerne ganz von selbst los. Nebenbei sollte die Büchsflinte angeblich eine abenteuerliche Vergangenheit haben. Aus der Zeit stammend, als man noch die Böcke nach Sechser oder Nichtsechser schoss, soll sie einmal der Besitzer als zwangsweisen Tausch von Wilderern (er selbst war ein sehr behäbiger Mann, der aber nach seinen eigenen Erzählungen ungemein viel erlebt haben musste) gegen ein funkelnagelneues Schrotgewehr erhalten haben. Ab und zu diente die Büchsflinte zum Hochzeitsschießen, und zu Kriegsende wurde sie eingegraben. Zeichen der Zeit waren darob genug sichtbar geblieben. Die Narben machten natürlich niemandem viel aus, nur die Hähne gingen gar so leicht. Immerhin muss ich aufrichtig sein, ich hätte sie damals auch gerne besessen. Was sollen aber Worte über Jagdwaffen in der damaligen Besatzungszeit.

Es wurde ein wunderbarer Jagdtag. Die Strecke blieb zwar, wie erwartet, bis zum Nachmittag bescheiden, aber die Dackel läuteten herrlich durch Leiten und Gräben. Die Holzhauer erwiesen sich als Spezialisten im Durchdrücken, und Pollis Sippe verhielt sich äußerst diszipliniert. Sie wäre für manchen „hohen" Jäger, was Rücksicht auf Nachbarschützen, Brauchtum, Weidgerechtigkeit und Bescheidenheit betraf, ein Vorbild für die späteren Jahre gewesen. Ein paar Hasen und zwei Füchse waren schon gestreckt. Aber alles war so gut organisiert, in den räumen Buchenwäldern sah man so weit aus, dass man fast immer am Erfolg des Nachbarn mit vollem Herzen teilnehmen konnte.

Vor dem letzten Trieb ermahnte uns Geza, als der Onkel schon ausgegangen war, diesem doch noch eine Chance zu geben. Die

Saugartenleiten wurde gejagt, und oben, im lichten Buchen- und Eichenbestand, standen der Peter-Onkel und Pollis jüngerer Bruder. Wir anderen flankierten. Die Holzhauer kamen von unten mit den Dackeln, und da ging es auch schon bei den Hunden lauthals los. Der Löffelmann kam uns wie in einem Hochzeitsspalier. Eine leichte Mulde zog sich bergan zum Peter-Onkel hin. Klar, der Lampe musste ihm, ob er wollte oder nicht, kommen. Und da schrie Geza unten schon gegen alle Regel: „Net schiaßn, losst's den Hosn em Peda!" Der Hase flitzte bei mir vorbei, die beiden Rauhaardackel läuteten gut 50 Gänge hinten nach. Und alles pfeilgerade auf Peter zu. Der sprang in Position, Gewehr an die Backe. Blitzschnell registrierte ich, wie ober mir alle vorgebeugt und gespannt warteten. Jetzt war der Augenblick da, der Lampe änderte seine Richtung nicht um ein Jota.

Da riss es den Onkel wie vom Rückstoß – aber kein Knall, kein Rauch, kein Blitz folgten und Löffelmann flüchtete unbeschadet neben dem Peter vorbei. Weg war er. Der Peter-Onkel setzte ab, brach die Büchsflinte und sah in die Patronenlager. Dann hob er die Büchsflinte, oben, fast am Horizont stehend, über den Kopf und rief uns nach unten, während der Hundelaut hinter ihm verklang, laut zu: „Net glodn!" (Nicht geladen). Und ich machte meinen Mund wieder zu. Das Leben ist eben manchmal unbarmherzig! Gefeiert haben wir aber abends doch fest miteinander.

Mit Geza habe ich noch viel erlebt, im Winter schoss ich im Nebel den mich keckernd anlaufenden räudigen Fuchs, ein paar Rehkronen aus jenen Tagen hängen daheim an der Wand. Auf dem großen Schlag beim Schwarzen Herrgott übernachtete ich mit Peter-Onkels Büchsflinte nachts im alten Schützenloch. Wo ich hinsah, standen um mich die Hirschtiere. Bis zu den Waden strolchte ich durchs braune Herbstlaub von Hang zu Hang und stand plötzlich im Hirschrudel. Einmal wartete ich beim „Hiasl", um Geza heimzuholen, und der spielte schon den zweiten Tag ununterbrochen Tarock mit dem schreienden Nachbarförster. Und gemeinsam bestaunten wir mit Glotzaugen die busengewaltige Holzhändlerin aus der Stadt, zu der der UNRRA nur Messalina sagte.

Die Zeit mit Geza, Wald und Wild wäre zu schön gewesen. Bald musste ich aber erkennen, dass die Welt nicht nur aus Freundschaft, herrlicher Natur und weidvollen Tagen, sondern auch aus Missgunst und Neid bestand. Noch dazu bekam Geza einen unerklärlichen kleinen Tick zur Politik, er verlor unerwartet sein Paradies und so verschlug es ihn ins Niederösterreichische. Jetzt sind schon viele Jahre vergangen, aber für mich bleibt er immer, was er war: „der Geza“.

Gänseruf und Keilerfährte

Im wallenden Nebel des Herbstes verirrten sich ab und zu ein paar Gänse zu uns. Ihr heiseres Rufen muss irgendetwas Magisches, zutiefst in die Seele Dringendes an sich haben, denn rufen die Gänse irgendwo in den nebligen Schwaden über den Dächern, so starrt jedermann himmelwärts. Dieser kehlige Laut reißt den Landmenschen aus seinem Sinnen.

An einem wunderbar klaren Herbsttag sah ich sie daheim vom Fenster aus. Hoch in den Lüften zogen die Gänse in Keilformation dahin. Ich dachte an meine Heimat, das Marchfeld. Mit seiner stillen Weite, den wogenden, im flirrenden Sonnenglast schier zitternden, goldgelben, weiten Ährenfeldern, den Staubfahnen auf den manchmal bis zum Horizont laufenden Feldwegen und den Marchauen mit ihrer beschaulichen Ruhe, den stillen, träumenden Flussarmen, die im Frühjahr die Blütenwolle der Weiden wie mit einem silbernen Teppich bedeckte. Um diese Zeit leuchteten auch die Wiesen dort gelb vom Hahnenfuß und dann rosa von den Kuckuckslichtnelken. Die Gänse waren weg, und ich starrte noch immer ins leere Blau, als wollte ich sie zurückholen. Es läutete. Ein Patient trat ein – und damit hatte mich die raue Wirklichkeit wieder. Aus Deutschkreutz, etwa dreizehn Kilometer östlich von hier, kam der Mann. Im Nu drehte sich das Gespräch um die Gänse, obwohl die bestimmt nichts mit einer Behandlung zu tun hatten. Bei ihm zu Hause, erzählte er, gäbe es heuer so viele Gänse wie schon lange nicht. Und im selben Atemzug ergab es sich, dass er vom dortigen Förster sprach. Dieser musste wohl ein Freund von ihm sein, denn ganz enthusiastisch schilderte er mir das Revier mit Gans und Hase, mit Reh und Hirsch und auch mit Sau und

Ente und Schnepfe. Natürlich zog er mich in seinen Bann. Schier sagenhafte Dinge musste es dort geben. Erst als der Mann fort war, hatte ich ihn ein klein wenig in Verdacht, dass er mich mit seinen Erzählungen von der Behandlung ablenken wollte.

Nach einer Woche kam dann der „Sagenförster" in persona mit einer geschwollenen Wange in die Ordination. Des einen Leid, des anderen Freud! Auf Anhieb ein sympathischer Typ, untersetzt, stämmig, gute, aber listige Augen und einen kurzen, „militärischen" Haarschnitt. Nun, ich habe mich bestimmt sehr bemüht. Er hatte schon von meinem jagdlichen Interesse gehört und lud mich zu sich nach Deutschkreutz ein. Ja, und eines Tages wagte ich es und besuchte ihn. Es sollte der Beginn einer jahrelangen Freundschaft werden. In Fürstlich Eszterhazyschen Jagd- und Forstdiensten stehend, fungierte er in Deutschkreutz auch als Jagdaufseher der riesigen, halbkreisförmigen, an Ungarn grenzenden Gemeindejagd, bestehend aus drei Revieren. Alles in allem etwa 4000 Hektar groß.

Beim Förster B. zu Hause – er stammte aus einer jahrhundertealten Försterfamilie – wurde ich herzlich bewirtet, und als der gute Mann merkte, dass mich die ebenso zahlreichen wie kapitalen Hirsch- und Rehtrophäen faszinierten, schleifte er mich, ob ich wollte oder nicht, zum Jagdpächter, und ich war auf Gänse herzlichst eingeladen. Aus dem einen Besuch wurden deren viele. Wer sagt schon im Marchfeld zu jemandem Leopold? Das ist dort der Poldl oder Lepold. Und wer sagt hier schon Ladislaus? So wurde Förster B. der Lazi oder der Laz.

Deutschkreutz hat eine mittlere Seehöhe von 200 Metern. Und nicht einmal vier Kilometer Luftlinie vom nordöstlichsten Revierwinkel entfernt beginnt in Ungarn der südliche, kilometerbreite Schilfgürtel des Neusiedler Sees. Hier, in dieser pannonischen, durch die Seenähe noch begünstigten Flora und Fauna gediehen Feld und Wald und Wild selbstredend bestens. Natürlich sah man im Feld auf Schritt und Tritt die umsichtige Hand des Jagdpächters, eines wahren Hegers. Das Gleiche galt im Wald. Konnte man im Herbst auf den Feldern Rehe in Rudeln bis zu 40 Stück zählen, so standen im Wald die besten Hirsche der Gegend. Zudem wurde infolge der Nähe des Neusiedler Sees die Niederwildjagd durch Gänse und Enten ungemein bereichert. Der Anblick verschiedenartigsten Wasserwildes schien alltäglich, und die Vielzahl der Gänse überwältigte mich. 200 bis 300 bei einem Reviergang wurde beinahe zur Selbstverständlichkeit. Nur klappte es nicht so, wie ich gemeint hatte, immer hielten sie den nötigen Respektabstand. Aber der Anblick und das heisere Rufen waren Entschädigung genug.

Eines Tages im November hatte ich mich wieder einmal bei Laz angesagt. Es war schon spät am Nachmittag, und das Wetter ganz ruhig, mit leichtem Hochnebel. Laz hatte im Wald forstlich sehr viel Arbeit und bemerkte nur so nebenbei, dass er heute ungemein viele Gänse rufen gehört hätte. Zwischen „Listen und Baumfeld" fuhren wir hinaus zur „Kathlacke", einem kleinen Teich, um dort in der Nähe auf den Abendstrich zu warten. Bauern begegneten uns auf dem zu dieser Jahreszeit schmierigen und kotigen Feldweg und winkten uns freundlich zu. Rübenzeit! An einem etwas erhöhten Punkt auf dieser riesigen Feldtafel hielten wir an. Hier schienen wir die einzigen Menschen zu sein. Durchs Glas die Gegend absuchend, zuckte ich zusammen. Vor uns, auf gut 200 Schritt, ästen auf der Saat bestimmt 50 Gänse. Auch Laz hatte sie bemerkt. Vier lange Hälse kennzeichneten die „Aufpasser vom Dienst". Ein Wunder, dass sie uns noch nicht wahrgenommen hatten. Was tun? Ein Näherkommen schien ob der Wachposten unmöglich, ein Abwarten sinnlos. Zudem war die Sonne schon im Untergehen. Wie eine rote flammende Scheibe stand sie genau hinter den Gänsen riesengroß über dem Landseer Horizont.

Nun, Laz hatte heute auch seinen Mannlicher-Schönauer im Kaliber .30-06 mit und bot ihn mir seelenruhig an. Zeit wollte ich keine verlieren, heute musste es gelingen!

Niedergesetzt und auf den Knien aufgestützt, visierte ich die mir am nächsten scheinende Gans an. Wie ein Blitz löste sich der Schuss. Viel zu früh! Zum Teufel, eben fremdes Gewehr und ungewohnt, registrierte ich noch. Und dann begann in der nächsten Sekunde das atemberaubendste Schauspiel, das Laz und ich je erlebt hatten. Ein vieltausendfacher heiserer Gänseruf brandete immer wieder, nicht enden wollend an unsere Ohren, und dort im Westen, vor dem untergehenden Feuerball, etwa 500 Meter entfernt, hob sich brausend eine Wand, eine richtige Wand aus Gänsen. Sauerbrunn, Kath, Listen, wie eine riesige Wolke nahmen sich Hunderte, nein, Tausende Gänse auf, begannen rufend zu kreisen und sich zu formieren. Immer mehr wurden es.

Vergessen mein Fehlschuss, vergessen die Jagd! Gebannt genossen wir dieses grandiose Schauspiel. Auf einer Breite von gut einem Kilometer war der westliche Himmel jetzt von Gänsen bedeckt! Laz stieß mich an und sagte immer wieder: „Mann, Mann, sind das Gänse!" Und mir hatte es die Rede verschlagen. Was da abstrich, war nicht mehr Flug neben Flug, das war Schar an Schar! Nur nicht bewegen, vielleicht kommen sie tiefer. Klar wollten die jetzt zum See und wir standen dazwischen. Wir begannen sie zu zählen. So viel waren zehn. Und zehnmal so viel waren 100. Und wieder zehnmal so viel waren 1 000. Laut schrien wir einander zählend zu: 2 000, 5 000, 7 000 ... Bei 16 000 konnten wir aufhören. So viele etwa mussten es sein. Die ersten waren schon weit über uns hinweg, viel zu hoch. Rufend folgten immer weitere, mit brausendem Schwingenschlag durchs Abendrot in den grauen Himmel steigend. Auf einige schossen wir, in der Annahme, sie treffen zu können, und überwältigt von der Anzahl. Eine alte Jägerweisheit hier sagt, dass man die „Pratscherl", die Ruder mit den Schwimmhäuten, bei der streichenden Gans sehen müsse, sonst wäre der Schuss sinnlos. Aber ganz so nahe strich keine vorbei. Sogar die Schrote hörte man prasseln, doch trotz geschätzter 16 000 Gänse kehrten wir an diesem Novembertag des Jahres 1956 beutelos nach Hause zurück. Das machte uns allerdings nichts aus, denn dieser einmalige Anblick hatte uns auch später für vieles entschädigt.

Ich konnte nicht anders, schon am nächsten Tag war ich wieder da, aber weder damals noch später hatten wir je wieder so viele Gänse vor uns. Fast überkam mich deswegen so etwas wie Enttäuschung. Wieder einige Tage danach. Mittags in Deutschkreutz. Laz hatte auf der Heimfahrt vom Forst eine Schar Gänse auf Schussentfernung neben der Straße gesehen. Wohlweislich war er weitergefahren. Scheinheilig, könnte man sagen. Also in den Wagen und mit ihm zurück zu den Grauhälsen. Richtig, sie waren noch da. Diesmal führte ich die jüngst erworbene Hornet. Vielleicht gelang es damit. Immer langsamer fuhren wir, hielten schließlich am Straßenrand an und hatten die Gänse jetzt auf 150 Meter vor uns in der Saat. Nur keine Hast! Auf der den Gänsen abgewandten Autoseite steige ich aus. Die ersten nehmen sich auf. Verflixt! Laz wird ganz nervös. Abseits stehen noch ein paar mit langen Hälsen. Soll ich es wagen? Von der Straßenböschung visiere ich an, jetzt sind nur noch zwei auf dem Boden. Schon bin ich mitten drauf. Tusch! Die Federn fliegen. Aber was ist das? Die Gans torkelt hin und her, läuft und nimmt sich, hin- und herpendelnd, auf. Wie ein vollbeladener Bomber streicht sie schwer und tief den anderen in Richtung Wald nach. Für die Hornet ist die Korrektur solcher Dinge natürlich unmöglich. Laz, der durchs Glas zusah, bestätigt, dass ich mitten drauf war. Er springt aus dem Wagen, um zu beobachten, wohin „das Luder", wie er sagt, streicht. Und wir sehen die Gans ohne Schwingenschlag im Gleitflug Richtung Frauenbrunn abstreichen. 100, jetzt bestimmt schon 200 Meter hinter ihrer Sippe. Nun geht sie immer tiefer. Entfernung gut 400 bis 500 Meter. Durchs Glas sehen wir, dass die Gans plötzlich gerade dort, wo ein paar Leute auf einem Rübenfeld arbeiten, zu Boden fällt. Na bitte! Nichts wie hin! Ich sehe nur noch, wie die Frauen zur Gans laufen. Ein Geschenk des Himmels! Aber Laz und ich sind auch noch da! Nach einer Viertelstunde sind wir auf dem breiigen Feldweg dort. Die Frauen arbeiten wie die Analphabeten und beachten uns nicht. Und die Gans ist weg. Ja Menschenskind, meine einzige Gans, nach so viel Mühe! Komisch, dass die Leute nur zögernd grüßen, obwohl sie Laz natürlich gut kennen. „Wo ist die Gans?" „Mir hab'n keine g'sehn." Gebücktes Weiterarbeiten. Laz geht zum ersten Rübenhaufen, stößt mit dem Fuß hinein, und dann zum zweiten. Die Rübenweiber starren uns missmutig an, wie die Eingeborenen am Kongo die weißen Eindringlinge. Und im vierten Haufen ist die Gans. Da lachen sie alle, die sieben, acht Frauen, und die älteste erklärt, absolut im Ernst, es wäre alles nur ein Scherz gewesen. Na ja, Laz kennt seine Pappenheimer und gibt mir einen Wink. Uns bleibt nichts übrig, als auch milde zu lächeln.

Glücklich übernehme ich den Langhals von Laz. Und stolz halte ich sie nur für mich hoch. Endlich! Der Schuss ist unglaublich, knapp unter dem Schwingenansatz, glatt durch und hat Lunge gefasst. Ein Bilderbuchschuss! Nicht zu glauben, dass die Gans da trotzdem noch abstreichen konnte.

Es muss da mit den Gänsen und mir etwas nicht stimmen, denn als wir die Gans gehörig totgetrunken hatten und ich sie am nächsten Tag mit meiner Assistentin Marlies eigens im Revier – ganz klar, der Originalhintergrund muss her! – feierlich fotografierte, sicherheitshalber in Farbe, ja da wurde aus dem Film nichts. Filmfehler, wie mir später die Fotofirma mitteilte.

Essen konnten wir die Gans übrigens auch nicht. Obwohl sich meine bessere Hälfte redlich plagte, die Gans blieb so zäh wie ein gebratener Thermophor. Sie muss ein Methusalem gewesen sein. Dezember schrieben wir, und der Pächter, Kommerzialrat K., war mit dem Abschuss arg im Rückstand. So bot er mir einen Hirschabschuss an. Zuerst verschlug es mir die Sprache, aber dann jubelte ich richtig. Mit dem Revier schon einigermaßen vertraut, fährtete ich die Sache einige Male ab. Der Girmer Wald, eine Art Waldinsel, etwa 130 Hektar groß, lag fast mitten im Revier, und dort rundum standen auch die meisten Fährten. Mehrmals setzte ich mich am Waldrand in der Nähe meines Gänseabenteuers mit dem Methusalem an. Bekam aber nur Tiere und einmal zwei Achter, die reinste Jugend, in Anblick. Ich hatte mir ausgebeten, Georg, meinen Freund aus unserem Wohnort, mitnehmen zu dürfen. Er sollte auf der anderen Waldseite ansitzen und mir dann seinen Anblick mitteilen, denn ich konnte, jetzt Anfang Dezember, den Abschuss nicht auf die lange Bank schieben! Ergänzend dazu sei noch gesagt, dass ich inzwischen „aufgerüstet" hatte, und zwar sehr gut.

Das kam so. Dem Abzug der Besatzungstruppen folgte die große Zeit der sogenannten „umgebauten Repetierer", K 98er, die meist billig erstanden worden waren und von Fachleuten (aber auch anderen!) zu Jagdwaffen verarbeitet wurden. Ich nannte damals wohl einen K 98 – den in Gezas Revier geführten – mein Eigen, aber der Blick durch den Lauf war ob der narbigen Düsternis immer wieder so jede Illusion raubend, dass ich das Ding verschenkte, um zu weit Besserem zu gelangen. Eines Tages kam da nämlich ein Bekannter und bot sich an, mir einen solchen Stutzen zu verschaffen. Der Preis war harmlos, und am nächsten Tag das Gewehr auch schon da. Ein Prachtstück, wie mir schien. Außen kein Kratzer zu sehen. Heute verkauft ein Altwagenhändler ja auch nur wenig, bloß von Frauenhand, von einem ganz, ganz seriösen Musiker usw. gefahrene Wagen. Entweder muss es sich bei dem Vorbesitzer um einen äußerst sensiblen Menschen oder um einen Generaldirektor handeln, der den Wagen lediglich aus Steuergründen weggibt.

So ähnlich verhielt es sich damals auch mit den Repetierern. Als Vorbesitzer wurde ein Großkaufmann (der nur sehr, sehr selten damit geschossen hätte!) angegeben. Grund des Verkaufes: Der im selben Haus wohnende Bruder, Onkel oder sonst wer war mondsüchtig, und jedermann fürchtete, dass dieser Süchtling mit dem Puffer einmal eine Wahnsinnstat begehen würde. Na, mir konnte das ja egal sein. Der Anblick der Waffe ließ das Herz regelrecht höher schlagen. Bei näherem Hinsehen allerdings schien der hochglanzpolierte Schaft gesprungen. Meine diesbezüglichen Bedenken wurden sofort durch einen Wortschwall hinweggefegt. Ich kaufte also das Glücksgewehr. In der Sandgrube schoss ich dann mit Freunden einmal Probe. Über Kimme und Korn. Die Streuung ähnelte der Spritzrose einer Gießkanne. Der Marti, ein bekannter Förster, riet mir, erst einmal ein Zielfernrohr montieren zu lassen. Erst dann würde man die Streuung richtig erkennen können. Einen großen Teil meiner Besitzerfreude hatte ich eingebüßt, und mit diesem Unding auf Wild zu schießen, schien mir einem Verbrechen gleich. Dem Marti nicht, denn er nahm im Stillen an, dass man damit gar keines treffen könnte.

Mein Besuch beim Büchsenmacher raubte mir den letzten Rest der Hoffnung. Als der gute Mann das Gewehr sah, glaubte ich, plötzlich eine gewisse Blässe in seinem Gesicht zu bemerken. Er wies darauf hin, dass die Kimme viel zu tief in den Lauf eingesetzt wäre und ich bei einem der nächsten Schüsse dieses Teufelsding mit zerfetztem Lauf in Händen haben müsste. Ich hatte genug und gab diese Feldschlange um den halben Preis – ungefähr so viel wie heute 20 Kugelpatronen kosten – als Dekorationsstück ab. Das Gewehr soll heute eine hohe Persönlichkeit besitzen.

Der Büchsenmacher nun hatte auch eine Werkstatt in Ferlach. Was sollen Worte, wir waren theoretisch bald handelseins. Meister Just lud mich nach Ferlach zu seinem Sohn ein, und natürlich konnte ich nicht mehr widerstehen und ließ mir eine Bockbüchsflinte 7 x 65 R/16 mit Schrotwechselläufen bauen. Darauf ein sechsfaches Hensoldt. Wer je eine Waffe bestellt hat oder bauen ließ, weiß, welche Qualen da in der Zwischenzeit auszustehen sind: Zum x-ten Mal wird ein Prospekt hervorgeholt, technische Details werden durchstudiert. Man kennt sie ohnedies schon im Schlaf auswendig. Alle Eventualitäten werden einkalkuliert. Die Ballistik des gewählten Kalibers wird noch einmal durchgeschaut und endlich alles beiseite gelegt. Mag kommen, was da wolle! Nächsten Tag ist man im Revier, und irgendwo in der Geografie steht da ein Reh, typisch alte Gais ohne Kitz. Das war was! Sofort geht die ballistische Rechnerei im Kopf aufs Neue los. Ja, bis dorthin schießt sie Fleck. Oder muss ich doch schon etwas mehr ins Wild hineinfahren? Zum Teufel, ich habe das Ding doch noch gar nicht!

Endlich nahte der versprochene Liefertermin. Auf den Tag genau hielt Meister Just Wort. Die Braut war da, das Beschauen und Betasten begann! Der Kersten-Verschluss schloss sich förmlich saugend und die Gravur der Seitenplatten begeisterte mich. Dazu das Schussbild par excellence. Herz, was willst du mehr!

Aber zurück zu Laz. In seinem Revier sitze ich – nun schon mit der neuen Bock – eines Abends am Rand des Girmer Waldes. Vor mir die riesigen, zur Hälfte bereits abgeernteten Ackerflächen. Da und dort sprießt schon die zarte Wintersaat. Hoch oben ziehen heute die zwei Gänseflüge vom Dienst. Diesmal in Richtung See. Langsam verklingen ihre heiseren, einzelnen Rufe.

Die Dämmerung bricht herein, und ich blicke gewohnheitsmäßig noch einmal in die Runde. Drei Rehe, zwei Rehe, da, ganz rechts, zieht etwas aus der Mulde bergan. Im Glas erkenne ich Hochwild: ein, zwei, sechs, elf Stück. Es sind ein paar ganz gute Hirsche dabei. Ich denke noch, dass ich heute zu Schuss kommen werde. Da, ein Nachzügler! Ein Mordskasten, dem Träger nach ein uralter Hirsch. Geweih? Etwas ragt wie ein Säbel vom Haupt senkrecht empor. Noch einmal durchs Glas geschaut, bevor es zu dunkel wird! Dieser Nachzügler muss eine Laufverletzung haben, er schaukelt im Abstand nur so hinten nach. Meine 7 x 65 R Bock gleitet wie von selbst an die Wange. Auf gut 200 Schritt habe ich jetzt das Rudel ums Fadenkreuz. Der Starke mit der seltsamen Trophäe ist wirklich nicht ohne! Einen Augenblick verhofft er wie ermattet, ich bin schon am Blatt, steche und höre auch gleich Schuss und Kugelschlag. Das Rudel fährt mit Gepolter ab, durch das Glas sehe ich, dass mein Hirsch liegt. Dann beutelt mich das Jagdfieber. Instinktiv fühle ich, dass der Schuss in Ordnung, dass aber an dem Hirsch etwas nicht in Ordnung ist. Zum Warten muss ich mich richtig zwingen. Schritte zeigen mir an, dass Freund Georg kommt. Er lacht schon: „Was ist los?“ „I waß net, i hob an Hirsch g'schossn, so wos hob i no net g'sehn.“ Gelächter! Beschwörend hebe ich die Hände. „Tatsache, dort liegt er!“ Georg nimmt das Glas, schaut und schaut. Dann sagt er: „Los, geh'n ma' hin!“ Was mag das nur für ein Hirsch sein? Dass es sich um einen sicheren Abschüssler handelt, ist klar. Aber das Geweih? Endlich stehen wir vor ihm, auf keine 20 Schritt. Der Todwunde will noch hoch werden, hat aber dazu nicht mehr die Kraft. Mein Fangschuss erlöst ihn. Wortlos treten wir heran und ziehen den Hut. Ein uralter Recke liegt da vor uns. Und die Trophäe? Eine einzelne, glatte Stange steht wie ein Säbel senkrecht auf der Stirn. Nur der Augspross ist zweifingerbreit angedeutet. Stangenlänge 75 Zentimeter. Ein Vorderlauf ist verunstaltet, wohl durch Minenexplosion beim Stacheldraht der nahen ungarischen Grenze. Der Lauf baumelt in einem total vereiterten Gelenk, an dem noch ältere, offene Wunden sichtbar sind. Der Schuss bedeutete dem Hirsch eine Erlösung im wahrsten Sinne des Wortes.

Natürlich gab es bei Laz ein großes Hallo, als Georg und ich mit der Meldung, einen solchen Recken gestreckt zu haben, atemlos eintrudelten. Im Forstrevier von Laz hatte man zwei geforkelte, geringe Hirsche aufgefunden. Nun war die Lösung da. Der Spießer musste so heimlich gewesen sein, dass er eben niemandem in Anblick kam. Kommerzialrat K. freute sich natürlich gleichfalls sehr über diesen besonderen Abschuss, und als wir dann nach viel Mühe auf schlammigen Feldwegen den Heimtransport des Hirsches erledigt hatten, tranken wir ihn gehörig tot. Hier aber schweigt die Chronik. Eine Woche später. Laz hatte eine richtige Überraschung für mich. Wie nebenbei sagte er: „Du hast eine Sau frei!" Tatsächlich hatte man in diesem Revier schon einige Überläufer zur Strecke gebracht. Nach einem solchen Weidmannsheil aber, wie mit dem Spießer, ist man voreingenommen und meint, dass es immer so leicht weitergehen müsste. Und so war es auch.

Abends im Kräutl, einem Waldrevierteil angesetzt, ergab sich nur bescheidener Anblick. Einige Rehe und ein Tier. Und als Laz und ich dann im Dunkeln bei der Hütte eintrafen, konnte auch er nur von über die Allee gewechseltem Kahlwild berichten.

Nun begann es auch noch zu nieseln. In solch einer Situation gab es, wie mir Laz einleuchtend erklärte, nur eines: Auf in den Nachbarort, eine kroatische Gemeinde, zu Iwan, dem Wirt aller Wirte! Natürlich war ich schon ob der Witterung Feuer und Flamme. Erstens war mir bereits grauslich kalt, und der Nieselregen, böig ins Gesicht getrieben, tat sein Übriges. Nun hatte ich praktisch nur theoretische Kenntnisse von diesem mir absolut fremden Milieu, von diesem von Laz bei der Heimfahrt immer wieder gepriesenen Kroatendorf. Er hatte von dort natürlich die meisten Brennholzabnehmer, das stand fest. Und als Laz mit seiner farbenprächtigen Schilderung nicht und nicht enden wollte, verstärkte sich in mir der Verdacht, dass er dort vielleicht beruflich zu tun hätte, kassieren oder Ähnliches. Wir waren da. Beim Aussteigen freute ich mich richtig, Gummistiefel anzuhaben. Hier war ein Zentrum des Zuckerrübenbaues und die Ernte jetzt mitten im Dorf aufgehäuft, um von da in die Zuckerfabrik verfrachtet zu werden.

Das nasse Vorwinterwetter tat sein Übriges, und ich registrierte nur noch bei den paar Schritten vom Wagen zum Gasthauseingang, dass es keinen Quadratzentimeter trockenen Boden gab. Laz tat demonstrativ, als wäre das eben das Selbstverständlichste der Welt.

Laz und Iwan, sprich Iwe, wie er ihn gleich titulierte, mussten alte Freunde sein, denn die Begrüßung sprach Bände. Das Lokal war sehr einfach, aber sauber. Einige Gäste saßen an den Tischen. Laz bestellte Wein und etwas zu essen. Es gab nur eines: Sardinen mit Brot. Herrlich, wie Sardinen mit Brot nach zwei Gläsern ex schmecken können. Allmählich kam mir hier das Ganze selbstverständlich vor. Noch ein Glas, und Laz ging zu den lautstark kroatisch debattierenden und gestikulierenden Gästen hinüber, beugte sich zu ihnen hin und sagte was. Ich konnte ihn nicht verstehen, war aber auch egal. Sofort verstummte die Gesellschaft. Alles drehte sich ruckartig zu mir her, und zwei, die noch wie selbstverständlich die Kopfbedeckung, der eine einen Hut, der andere eine lederne Schirmmütze, aufgehabt hatten, nahmen diese sofort ab. Über dem Oval des erhobenen Rotweinglases sah ich trinkend diese plötzliche Veränderung. Laz musste der vorhin so lautstarken Gesellschaft eine Todesnachricht überbracht haben. Doch nein, das konnte nicht sein, denn jetzt begann einer nach dem anderen – sie, die uns beim Eintreten gar nicht beachtet hatten! – freundlich zu mir herüberzunicken. Laz saß auch schon wieder neben mir und sagte so nebenbei: „War nur die Begrüßung." Plötzlich kam ein etwa 50-jähriger Caballero mit leichtem Seegang zu unserem Tisch und ersuchte, sich leicht verbeugend, Platz nehmen zu dürfen. Natürlich, gerne. Jetzt kam noch ein Gast ins Lokal. Aufmachung wie die anderen Gestalten. Und als dieser zu der uns nicht aus den Augen lassenden Gruppe trat, raunte ihm einer der Sitzenden etwas zu. Sofort nahm der Mann Haltung an und nickte zu uns her. Selbstverständlich in der Stellung Helm ab, zum Gebet, nur ohne zu knien. Laz musste ja hier eine ganz große Nummer sein. Eben, Respektsperson!

Unser Tischgast bestellte in seiner Sprache bei Iwe noch einen Liter. Heiliger Ferdinand, was sollte da noch draus werden! Der stämmige Wirt war auch schon beflissen lächelnd damit da. Und Laz zeigte sein breitestes Grinsen, das ich je bei ihm gesehen hatte. Unser Lupara-Mann goss ein, und es blieb nichts anderes übrig, wir mussten anstoßen. Da neigte er sich raunend zu mir: „Ich kann Ihnen beweisen, dass der Rübenwächter schläft!“ Ich schien nicht recht zu hören! „Wie bitte?“ „Ich kann Ihnen beweisen, dass ...“ Und Laz sofort mit den Händen beschwichtigend: „Bitte, keine Erntegespräche, darüber können wir noch später debattieren.“ Was war ein Erntegespräch? Was hatte all das zu bedeuten?

Der funkelnde Blaufränkische mundete gar nicht schlecht und eigentlich, warum sollte ein Rübenwächter nicht schlafen? Jeder Mensch muss dies doch tun. Ich auch und Laz ebenso.

„Wissen Sie“, sagte ich nun, dem lächelnden Laz zublinzelnd, „man kann ab und zu ein Auge zudrücken, aber wenn Sie meinen, er schläft im Dienst“, das Wort Dienst betonte ich etwas, „dann ist das etwas anderes!“ Laz hob sofort wieder sein Glas und nickte zu den anderen nun leise debattierenden Gästen hin. Ganz väterlich zwinkerte er ihnen zu. Darauf hatten sie gewartet und kamen nun spontan zu unserem Tisch. Iwe brachte noch zwei Sessel, und wir waren jetzt alle eine gemeinsame Gesellschaft. Einer der Neuen bestellte laut noch einen Liter, und auch ein zweiter tat es ihm gleich. Heiland der Welt! Der ganze Tisch stand voll Gläser und Flaschen. Wie es mir ginge, fragte mich jetzt einer, den ich noch nie im Leben gesehen hatte. Und ein anderer gar nach dem Wohlergehen der Familie. Ich kam mit dem Antworten nicht nach. Laz beugte sich inzwischen zu einem, für den Mister Gillette bestimmt nur Schall und Rauch war, und raunte ihm was zu. Und der flüsterte etwas zurück. „Wenn es Ihnen recht ist, so bin ich gleich wieder da“, meinte jener nun nach kurzem Zögern devot zu mir. Ich nickte gnädig. Warum auch nicht, der Kerl sollte nicht so viel saufen. Nach feiner Leute Art stieg er gleich über die Lehne, um die anderen Kumpel nicht zu stören.

Jetzt ging es schon recht fröhlich her. In ihrer lauten Sprache begannen die Kroaten zu palavern, und einer, der vom Roten anscheinend schon genug hatte, stupste dabei seinen Nebenmann dauernd auf die Brust. Die Debatte ging immer härter hin und her, und Laz beteiligte sich einmal bei den zweien an meiner Seite und dann wieder bei den anderen. Die Tür ging auf. Der so scheu Entwichene kam zurück. Die linke Brustseite dicker als die rechte. Setzte sich wieder vornehm über die Banklehne steigend zu uns. „Entschuldigen Sie bitte, aber haben Sie dafür Verwendung?" und dabei zog er eine leicht angerostete dreizehnschüssige FN-Pistole aus der Brusttasche. Jetzt kam mir das Ganze doch etwas bedenklich vor. „Wissen Sie, ich habe sie im Hendlstall versteckt gehabt und da musste ich erst das Brett wegreißen, sonst wäre ich gleich dagewesen." Das machte mir aber schon gar nichts aus. Interessant nur, dass die anderen ganz uninteressiert schienen. Was mochten die erst für Arsenale besitzen! Nebenbei war ja der Besitz von Faustfeuerwaffen im Hause erlaubt. Grenzland, wer traut hier schon dem Gesetz? „Nein, ich bin nicht interessiert", meinte ich, das Mordwerkzeug musternd. Da begannen die zwei neben mir lautstark zu debattieren. Offenbar war jeder der beiden anderer Ansicht. Da griff der eine zu. Natürlich zum Hemd des anderen. Krawatte schien hier bestimmt Illusion aus fernen Ländern. Der so Angegriffene blieb aber ganz steif stehen, wandte den Kopf nur verächtlich zur Seite und spuckte jetzt kräftig nach der Art eines Spitalgeistlichen aus. Ich nickte Laz zu und wir tranken aus. Iwe kassierte, während um uns der Wirbel losging. Der eine zeigte immer wieder auf mich. Wenn ich damals nur etwas Kroatisch verstanden hätte! Jetzt schrien sich mehrere gegenseitig an. Nichts wie raus! Auch Laz war der Tumult zu viel geworden.

In der frischen Luft spürte man den Blaufränkischen doch ganz schön. Beim Heimfahren sagte Laz, während sich die Scheinwerfer ins diesige Wetter fraßen, ganz so nebenbei: „Weißt du, ich habe dich dort als den neuen Rübeninspektor vorgestellt!" Mir war alles klar. Weihnachten stand vor der Tür, und Laz rief mich an, wann ich auf die Sau käme. Jetzt konnte ich nicht weg, aber dann, gerade einen Tag vor Weihnachten, eiste ich mich los und traf in richtiger Vorweihnachtsstimmung in Deutschkreutz ein. Die hübsche Frau des Försters begrüßte und bewirtete mich überschwänglich. In der

Hoffnung, wenn schon nicht Sauen, so doch zumindest Hochwild in Anblick zu bekommen, zogen wir los. Schnee hatten wir heuer noch keinen, aber jetzt war Rauschzeit, und da lärmen die Sauen in den Einständen herum. Wir würden ja sehen.

Beim Abgehen einer Allee hören wir plötzlich tatsächlich Sauen, gar nicht weit. In diesem Revierteil befindet sich der Duolaz, ein ausgetrockneter Teich mit Binsen, Schilf und Salweiden. Laz beschwört mich, ja gleich zu schießen, und wir trennen uns, um die Sauen zwischen uns zu bekommen. Der Lärm, den die Rotte schon jetzt, am späten Nachmittag, macht, ist ganz beträchtlich. Durch mannshohes Schilf pirsche ich vor. Als sich das Blickfeld endlich weitet, sehe ich gezählte 24 Sauen auf 100 bis 150 Gänge vor mir. Ganz feierlich wird mir zumute, als ich in der Vielzahl nach einem Keiler spähe. Denke noch, dass das Stück auch unbedingt frei stehen muss, sonst fasst das Geschoss am Ende mehrere Sauen. Da stockt mir im wahrsten Sinne des Wortes der Atem. Ganz abseits, im Hintergrund, etwa 100 Meter entfernt, verharrt statuengleich ein wahrhaft grober Keiler. Nur die Teller bewegen sich unausgesetzt, und der Bürzel peitscht hin und her. Das Stück ist fast doppelt so stark wie die anderen. Schade, dass den Bassen das Schilf so stark deckt. Unmöglich, da einen sicheren Schuss anzubringen. Da rauscht es seitwärts, und auf etwa 70 Schritt steht ein Keiler rechts in den Binsen. Er ist bei Weitem nicht so stark. Jetzt zieht er mit eigenartig schlenkerndem Gang zu den übrigen Sauen hin. Gleich muss er von mir Wind bekommen. Angehackt, Sau im Fadenkreuz, Kopf, Teller, Blatt, etwas tiefer. Schuss. Knall und Widerhall. Das beschossene Stück steht verkehrt, anscheinend nur auf den Vorderläufen. Den Kamm hat der Basse ganz hoch, wetzt die Waffen und stößt einen Laut aus, dass sich mir die Haare aufstellen. Dann schiebt er sich langsam, hinten schlenkernd, ins Schilf ein. Der Schuss muss gut sitzen, aber ich stehe immer noch im Anschlag, die Idealkugel im zweiten Lauf. Krachen und Brechen, die Sauen sind weg!

Nach einer Weile kommt Laz und wir beratschlagen, wie es weitergehen soll. Mein Vorschlag lautet: Eros, den Münsterländer von

Laz holen. Vorerst wollen wir mit entsichertem Gewehr lediglich ein paar Schritt ins Schilf eindringen. Bei mir ist ein so schmaler Wechsel, dass ich gar nicht ausweichen könnte, wenn mich der Basse annähme. An den Schilfstängeln sehe und fühle ich Schweiß. Doch da ist etwas Schwarzes vor mir, keine fünf Meter weit. Der Keiler! Er liegt auf der Seite und hat nur drei Läufe. Jetzt erst überfällt mich das Jagdfieber, als ich sehe, was für ein Brocken da verendet vor mir liegt, und jubelnd rufe ich Laz. Aber der kommt schon. „Weidmannsheil!“ sagt er, „Weidmannsdank“ ich zurück, und wir schlagen einander frohgemut auf die Schultern. Was muss aber erst der andere für ein grober Basse sein? Er sollte mir nach geraumer Zeit wieder vor das angebackte Gewehr kommen. Aber davon später. Mein Keiler hatte wieder einmal eine Laufverletzung, wie so viele Sauen hier an der Grenze. Die Schalen fehlten an einem Hinterlauf vollkommen. Der restliche Lauf war verkrümmt und steif. Daher das Schlenkern. Daheim beim Lösen und Austrennen der Gewehre stellte sich heraus, dass der Basse überaus gute Waffen hatte. 21,5 und 22 Zentimeter sind schon beachtliche Werte. Natürlich bedeutete mir dies das schönste Weihnachtsgeschenk.

Bei Laz und auch daheim

Ein turbulenter Winter kam, die Jagdperiode lief ab, und mit dem 1. Februar mussten alle Reviere neu vergeben sein. Bei mir daheim erhitzten sich überall die Gemüter sehr. Und warum sollte ich es ihnen nicht gleichtun? Ich wurde Mitglied einer Jagdgesellschaft im Heimatort. Der bisherige Pächter war freiwillig ausgeschieden, und so fand sich alles, vom Schicksal anscheinend vorbestimmt. Eines muss ich sagen, bemüht hatte ich mich nicht sehr. Weil ich meinte, keine Chancen zu haben. Ich war doch erst einige Jahre hier, ein „Zugereister“ also. Und im Marchfeld, meiner ursprünglichen Heimat, hatten solche, die da plötzlich im Ort wohnhaft wurden, vorerst einmal gar nichts zu reden. Sie galten einfach nicht viel, egal, wer sie waren oder welchen Beruf sie ausübten. Doch zurück zu meiner Situation. Acht mehr oder weniger glückliche und standhafte Jäger auf etwa 700 Hektar. Jagdlich gesehen, einige ältere, behäbige „Hasenjäger“, wie man daheim sagte, zwei, drei „Mittalter“, und ich der zweitjüngste. Das Gebiet grenzte an das ehemalige Revier von Geza, und so kannte ich mich einigermaßen aus. Aber eigentlich muss, einmal in der Heimat jagen zu können, auch eine große Ehre und Freude sein.

Ich war hier verheiratet, hatte auch schon Kinder. Und wo einem Kinder geboren wurden, dort soll man nicht mehr weg. Dies hier sollte nun meine neue, zweite Heimat werden und für immer bleiben. Außerdem gefiel es mir hier ja sehr.

Der Schnee schmolz, und es roch nach Erde und Frühling. Franz, einen jungen Förster, ebenfalls Gesellschafter unserer Jagd, traf ich sonntags auf der Straße, und er rief mir schon von Weitem ein freudiges „Reminiscere!“ zu. „Ja, putzt die Gewehre!“, lautete

Der Sechser von der Wunschallee: zurückgesetzt, links nur noch angedeutete Enden, die Stangen fast parallel

Geza, „Förster von fürstlichen Gnaden“, mit seinem Dreistangenhirsch

Mein schönstes Weihnachtsgeschenk, der Keiler aus Deutschkreutz. Waffenlänge 21,5 und 22 cm

Laz, wie Förster Ladislaus B. kurz genannt wird, beim Verladen des Keilers

meine frohe Antwort. In dieser Zeit der Palmkätzchen, des Huflattichs und des Lungenkrautes zögerte man noch ob des vergangenen grauen Winters. Kommt nun das Frühjahr, oder ist es doch noch ein Rückschlag? „Viel kann ja nimma passieren", sagt der Bauer, und keiner gibt zu, dass er sich nach der warmen Sonne sehnt und längst auf den Winter mit seinen langen Abenden pfeift.

Reminiscere, Okuli, Laetare ... Und wie sie sonst noch heißen, die Schnepfensonntage. Heuer stimmte es wirklich, Okuli hatte die Langschnäbel gebracht. In Dörfl, von uns keine 20 Kilometer entfernt, sollte bereits ein Schnepf erlegt worden sein, und Franz, der doch alle Tage im Revier weilte, bestätigte: „Sie wurmen schon!" Unten, am alten Schlagrand, an den Selitzabachwiesen sollte der beste Strich sein. Gestern hatte ich mich dort postiert, aber keinen Schnepf in Anblick bekommen. Doch nebenan, in W. und auch in T., da fielen etliche Schüsse.

Die Amseln und die Finken sangen an diesem lauen Frühlingsabend mit Feuereifer um die Wette. Als ob sie den Tag mit seiner wärmenden Sonne zurückholen wollten oder könnten. Ein Fasan bäumte laut auf. Immer mehr verebbte der Vogelsang, hörte letztlich überhaupt auf. Und bald danach stand der erste Stern am klaren Abendhimmel, der „Schnepfenstern", oft zitiert und noch öfter sehnlich herbeigewünscht. Da, 300 Meter oben zwei Schüsse. Bestimmt der Franz. Jetzt bei mir der so zu Gemüte gehende Schnepfenlaut. Quorr, quorr ... Ich starre angespannt zu den kahlen Buchenästen hinauf, die Doppelflinte schon längst entsichert. Gaukelnd streicht die erste Schnepfe schnurgerade auf mich zu. Verflixt, da soll man doch auch schießen! Zu eilig werfe ich die Schüsse hin. Weg ist sie. Und oben geht die Kanonade los. Zwei, drei Schüsse. Wieder einer. Noch einer. Abermals vernehme ich das Quorren, sehen aber kann ich nichts. Drüben in T. wird ganz schön geballert, jetzt auch östlich in R. Und kaum, dass ich mich fasse, kommt ein Schnepf stumm vom Schlag herunter auf mich zu. Recht niedrig noch dazu. Nicht bewegen, und jetzt Donner und Feuerblitz. Und taumelnd fällt mir der Vogel mit dem langen Gesicht fast vor die Füße. Wie ein kleines Heiligtum hebe ich ihn auf, befühle und betrachte ihn. Ja, das Frühjahr ist da. Wahrhaft da. Vereinzelt höre ich noch in der Ferne Schüsse, dann herrscht Ruhe, und ich wende mich besinnlich heimwärts.

Auch Franz, den ich unten bei der Brücke treffe, hat einen Schnepf erlegt, und Adolf einen gefehlt. Als ich den Langschnabel dann daheim den Kindern zeige, schaut die ganze Familie, wie seltsam dieser Vogel doch aussieht.

Bei Laz gibt es natürlich wieder den besten Strich der Umgebung. Einige Male fahre ich in sein Revier und kann auch dort einen Schnepf erlegen. Laz selbst, ein Schrotschütze par excelence, hat selbstverständlich schon mehrere geschossen. Bei Laz ist aber der Strich nicht nur am besten, sondern auch am lustigsten. Da wird nachher am meisten lateinert. Einmal sogar wieder bei Iwe. Jetzt sind ja die Rüben schon lange weg, und ich kann mich wieder hinwagen. Sogar der zahnlückige „Pistolero" von einst, diesmal ohne FN, ist wieder da, und Laz erzählt aus seinem reichen Erleben, diesmal über Schnepfen. Jetzt ist ja tote Zeit für die Bauern, und es sitzen ihrer etliche bei Iwe umher. Nach dem zweiten Liter auf unserem Tisch erzählt Laz ganz sachlich, wie er doch ab und zu auch Gäste habe, die von der Jagd gar nichts verstünden. Das ist klar. Und dass am Abend die Fledermäuse umherfliegen, wissen die Bauern von Kindheit an. Aber welcher Bauer ist schon in der Dämmerung im Wald? Und selbst wenn, so ist er mächtig froh, wenn er heim kann, zu Stall und Vieh. Da interessiert sich keiner mehr für Natur. Und das ist unsere Stärke, denn ich nicke natürlich bei Lazis Schilderungen immer wieder bestätigend. Und dank meiner „Lehrzeit" bei diesem Meister des Lateins setze ich eine steinerne Miene auf.

„Also", sagt Laz, „Sauerei, Sauerei", und windet sich dabei ein wenig. Wie widerstrebend fährt er dann fort: „Hatte da voriges Jahr einen Gast aus Wien und schießt mir der eine pannonische Steppenfledermaus statt einer Schnepfe. Bitte, im Flug sind die Bewegungen ja fast gleich, aber der Hammel kann keine Entfernung schätzen und pulvert auf 100 Meter noch hin. Natürlich ist da die

Steppenfledermaus so klein wie eine Schnepfe auf zehn Meter!“ Alles nickt zustimmend, während wir zwei uns in der Kunstpause zutrinken. Die Kroaten trinken auch. Und viel mehr als wir. Aber alles bleibt ruhig. Ich blicke seitlich zur Theke, dort steht Iwe mit seiner hübschen Frau und schmunzelt mir durch die blaue Tabakluft zu. Endlich bricht einer doch das Schweigen und fragt: „Jo und wos ist denn dann damit g'schegn?“ Laz hat darauf bloß gewartet, denn er weiß, dass sie jetzt gar nicht so sehr wissen wollen, was damit geschehen ist, sondern wie so ein Biest von pannonischer Steppenfledermaus aussieht. Aber das will keiner eingestehen, denn das hieße, dass man nicht einmal die heimischen Tiere kennt.

Ja, sagt Laz jetzt gleichgültig, mir gehört ja, Gott sei Dank, die Jagd nicht, sonst hätte ich ihn bestrafen lassen, aber der Herr Direktor (das ist der Pächter des Forstreviers von Laz) hat sie ihm natürlich überlassen, und heute trägt die Frau dieses famosen Schützen einen Ledermantel davon. Den Rest des Leders hat er großzügig dem Herrn Direktor geschenkt. Ist aber nur noch ein neuer Balg für des Sohnes Knopfharmonika herausgegangen.

Ich beiße auf die Lippe, und Laz ist in diesen Sekunden der überwältigenden Skepsis ganz überragende Ruhe. Wo er das nur herhat? Da wiehert Iwe aber richtig los, und unsere Caballeros lachen laut mit. Nur der FN-Mann blinzelt mir verständnisvoll zu. Er weiß, dass alles wahr ist und bloß die Dummen lachen. Laz erkennt die Lage, und wir drei stoßen an und trinken einander zu.

Nun beginnt Laz von seinen Bienen zu erzählen. Und da bei unseren Zuhörern auch welche dabei sind, die ebenfalls die Imkerei betreiben, findet er offene Ohren. Seine importierten Drohnen springen in der Kurve drei Meter, und das ist für ihn natürlich äußerst unangenehm! Keiner kennt sich aus, was wirklich dran ist, und um sich nicht zu blamieren, schaut einer den anderen verstohlen an und schweigt. Jetzt wagt einer der Zuhörer doch einen Vorstoß, und um die Sache in eine andere, für sie gute Richtung zu bringen, fragt er, ob es wahr sei, dass man bei dieser Bienensorte, die so unruhig wäre, mit Hornsignal zum Mittagschläfchen blasen müsse. Das war natürlich ein Fehler von ihm. Denn jetzt, wo alle über Laz lachen und sich auf die Schenkel schlagen, macht Laz den Frager vollkommen fertig: „Ja, das stimmt!" Alle nicken lachend, wie selbstverständlich. „Aber", fährt Laz fort, „du, Peter, kannst das nicht, denn wenn du hier in der Ortschaft blasen würdest, so geht in den Küchen überall die Soße über!" Der Mann ist erledigt.

Jetzt kommt Iwe dazu und will zur allgemeinen Beschwichtigung die Situation retten. Sein Fernsehapparat wäre kaputt, erklärt er, und damit haben alle ein anderes Thema. Freilich nicht das günstigste, denn Laz hakt bereits wieder ein. „Mensch, Iwe", sagt er, „sei vorsichtig, wohin du den Fernseher zur Reparatur gibst. Meiner war vorige Woche auch nicht in Ordnung, und seit wir ihn wieder vom Fernsehmechaniker zurückhaben, lügt er so viel!"

Wie das brüllende Gelächter unserer Gesellschaft bestätigt, ist damit auch Iwe erledigt.

Bis jetzt stand der FN-Mann immer auf unserer Seite, aber nun fällt auch er um. Was er eben hörte, kann einfach nicht wahr sein, das ist selbst für ihn zu viel.

Beim Herrn Kommerzialrat habe ich einen Bock frei, und daheim auch einen. Freudig warte ich auf die Zeit. Daheim will ich den Älteren den Vorrang lassen, und so bin ich nun des Öfteren in Deutschkreutz. Böcke genug, aber ich bin mir nicht so ganz sicher, will keine Rekordtrophäe ertrotzen. Als Gast schon gar nicht. Und etliche Böcke sind mir zu jung. An einem späten Nachmittag rufe ich Laz an, doch er kann sich leider nicht freimachen. So ziehe ich dorthin, wo ich auf den Bock noch nie gewesen bin, in die westliche Ecke des Reviers, zur Kalten Kuchl, einem Feldteil, an das Ende von Lazis Waldrevier grenzend.

Es ist schon seit Tagen staubtrocken, der Wagen hinterlässt im Revier eine lange Staubfahne. Auf halbem Weg lasse ich das Auto stehen und pirsche die Felder entlang den am Waldrand gelegenen Wiesen zu. Stellenweise wird der Weg zum Hohlweg. Als ich einmal wieder Licht habe, steht da, die Sonne ist noch weit über dem Horizont, etwas Rotes auf etwa 250 Gänge im Klee. Das Glas zeigt einen sieben- bis achtjährigen Bock mit einer Stange, nein, mit eineinhalb. Die eine Stange ganz glatter Sechser, 20, 21 Zentimeter hoch, licht, die zweite Stange scheint ein gerade emporragender, wie glatt abgetrennter Stumpf zu sein. Eisgraues Haupt. Nervöses Aufwerfen, und ich denke an die Sonne rechts hinter dem Bock und nehme sofort das Glas von den Augen. Wenn der Lichtreflex da einmal aufblinkt, ist der Bock weg. Ich bin froh, wenigstens noch Deckung in dem nun schon seichten Hohlweg zu finden und will näher ran. Mit klopfendem Herzen geht es nun vorwärts. Hier riskiere ich nicht viel. Nach 50 Metern zur Kontrolle den Kopf über die Böschung. Der Professor ist noch da und äst! Nervös, wie vorhin! Weiter! 800 bis 100 Schritt noch. Wenn es vernünftig sein soll. Und wenn es geht! Wie eine Kreuzung aus Sioux und Apache schleiche ich dahin. Recke dabei den Hals hoch, ob ich schon über den Wegrand und die Blumen darauf reiche und – stoße mit dem Fuß an einen Stein. Heiland, jetzt soll der Bock um Himmels willen nichts vernommen haben. Doch als ich nach Sekunden durchs Glas schaue, äst der Bock noch immer brav am gleichen Fleck. Jetzt passt die Entfernung. Wenn nur kein Traktor kommt! Aber es ist ruhig, und ich höre nirgends Tuckern oder anderen Motorenlärm. Mit zusammengekniffenen Augen liege ich auf der Böschung und schiebe die Mündung über den Feldrain. Der Bock wirft auf! Jetzt keine Bewegung. Endlose Sekunden! Als er wieder äst, habe ich ihn auch schon im Fadenkreuz, umgeben vom rotgoldenen, feurigen Licht des untergehenden Sonnenballs im Westen. Wenn man sich sicher ist, soll man nicht so viel durchs Glas schauen. Man kann auch durchs Zielfernrohr auf vernünftige Entfernung noch gut ansprechen. Der Alte wirft auf, und ich sehe durchs sechsfache Hensoldt, dass die Trophäe tatsächlich so ist, wie mir der Feldstecher vorhin zeigte. Träger massig. Kein Irrtum. Dann geht alles schnell. Schuss! Der Bock schlägt einen richtigen Salto. Wieder auf den Läufen, stürmt er, vorn ganz niedrig, etwa 50 Gänge dahin, überschlägt sich dann und liegt, während ich von diesem Schauspiel ganz in Bann geschlagen bin, dort im Klee. Ich schiebe eine neue Patrone in den Lauf und setze mich auf die Böschung. Schussbereit. Aber der Bock rührt sich nicht mehr. Nach einer Weile gehe ich zum Erlegten, stehe dann vor ihm und ziehe den Hut. Ein alter Kämpe ist es. Hat allerhand Narben auf der eisgrauen Stirn, und die eine Stange ist wirklich nach zehn Zentimetern glatt, wie mit einem Messer, abgetrennt. Muss aber im Bast, nach fast fertigem Schieben geschehen sein. Der Rand zeigt noch ganz zart einen wie quellenden Saum. Die andere, gute Stange ist eigenartig hell und schmucklos, ohne Perlen. Enden etwa zwei bis drei Zentimeter lang. Nur nach Haupt und Träger konnte man diesen Kämpen richtig ansprechen.

Ich setze mich zum Bock und bin glücklich, so eine für mich besondere Trophäe und für den Kommerzialrat und Laz den richtigen Bock gestreckt zu haben.

Das Aufbrechen zeigte ein zerfetztes Herz mit Lungendeformation. Das wilde Dahinstürmen sollte ich bei Herzschüssen noch öfter erleben. Die 7 x 65 R leistet blitzschnelle Arbeit, fast zu viel, und das Rehwild bleibt ohne Knochentreffer nicht im Feuer. Das Geschoss verbraucht sich eben nicht im Wildkörper.

Das Interessanteste kam aber erst nach dem Auskochen des Geweihes zutage. Auf das Stirnbein waren einige grobe Schrotkörner aufgeprallt und hatten tiefe Löcher geschlagen. Nur das Stirnbein durchdrungen hatte keines. Sonst hätte der Bock den heutigen Tag ja nicht mehr erlebt. Die Kallusbildung ließ annehmen, dass seit dem abgegebenen Schrotschuss drei bis vier Monate vergangen waren. Also musste der Bock in der Schonzeit befunkt worden sein. Vielleicht von einem, der statt des grünen Rockes einen schwarzen trug. Unbegreiflich sind manchmal die Wege Huberti. Ein wahrer Johann-Nepomuk-Bock. Wer weiß, woher er zuwechselte. Ich war jedenfalls glücklich, ihn erlegt zu haben.

Daheim versuchte ich mich auf den balzenden Tauber. Es dauerte geraume Zeit, bis ich begriffen hatte, dass der rucksende Tauber nach dem die Arie schließenden „ruh“ ganz wachsam die Gegend mustert, um erst, wenn er sich sicher fühlt, weiterzubalzen. Wer sich da in der Zwischenpause bewegt, ist erkannt und verloren. Oder besser der Tauber. Der flattert dann nämlich klatschend von seinem hohen Fichtenwipfel.

Die Rehbrunft war da, und die Hundstagshitze nicht ohne. Gerade zur verkehrtesten Zeit hatte ich, schlicht gesagt aus Zeitmangel vorher, meinen Ansitz bezogen. Nämlich nach einem Wetterumschwung mit folgendem Nieselregen. Im Selitzatal, am unteren Schlagrand, dort, wo der gute Schnepfenstrich die Grünröcke Jahr um Jahr erfreut, hockte ich auf einem Notsitz in den Stauden. Eigentlich planlos. Obwohl es in diesem Revierteil sehr ruhig ist, kam doch kein Reh in Anblick. Ich hatte schon erkannt, dass – auch wenn man das Wild nicht vergrämt – dort, wo oft an einem Platz angesessen wird, sich förmlich eine Art „geladene Zone" bildet, in der das Wild nicht so gerne auszieht. Hochwild verhält sich da natürlich viel empfindlicher.

Hier aber kam selten wer her. Die besseren Reheinstände ließen sich alle leichter erreichen.

Wieder blickte ich gewohnheitsmäßig durchs Nieseln hinüber zum Selitza-Bach, und jetzt stehen dort tatsächlich zwei Rehe. Glas her! Bock und Gais. Er ist auch immer brav hinter ihr her. Aber nicht eilig. Einige dürre Bacherlenäste hindern mich am Ansprechen. Dem Träger nach müsste man auf einen mittleren Bock schließen. Jetzt sind beide verdeckt, und als sie zwischen zwei Erlen wieder hinten auf der Wiese auftauchen, stehen sie ganz frei. Wird schon nicht so aufregend sein. Das Glas vor Augen – und ich bin sprachlos. Trotz der Entfernung, es sind gut 250 Meter, lässt sich eine kapitale Trophäe erkennen. Hier hilft nichts, ich kann nicht weg von dem Sitzerl in den Stauden. Wenn ich auf die Wiese trete, ist alles aus. Nun kann nur der Blatter helfen. Ein, zwei Töne durchs Haferstroh, und der Bock wendet das Haupt mir zu. Lässt die Schöne stehen. Und ich blase. Noch einmal. Noch einmal. Im Troll kommt der Bock näher. Jetzt ist er am Bach. Seine Dulzinea äst ruhig weiter. Kein Kind von Eifersucht. Eben! Ich spreche nochmals an und sehe ein Mordsding von Trophäe, weniger an Höhe, vielmehr an Stärke und Perlung, vor mir. Die Ferlacherin her. Klick macht die Sicherung, und ich weiß, dass mich die Nervosität gepackt hat. Das Entsichern hätte lautlos sein sollen. Aber der Sechser kann infolge des Bachrauschens nichts vernehmen. Das ist mein Glück. Jetzt wird der Bock unschlüssig, steht aber in einer kleinen Lücke. Bestimmt 150, vielleicht sogar 170 Meter weit. Ich habe noch nicht die Erfahrung von vielen Jahren und bin reichlich ungestüm. Es muss sein! Na ja, bis jetzt habe ich ja auch noch nicht viel jagdlichen Kummer mitgemacht. Weitschuss. Pah! Das Blatt ist frei. „Rums“, und verebbend „Tschischschsch“, der Widerhall vom Saugarten, dem Gegenhang mit seinen Buchen und Eichen. Der Bock vernimmt das alles nicht mehr. Als die beim Schuss aufstaubende Dunstwolke in den nächsten zwei oder drei Sekunden verweht, liegt der Bock dort im Gras und ist, so scheint es, bereits verendet. Etwas bleibe ich noch sitzen. Dann baume ich ab und watschle durchs nasse Gras. Nein, hier kann mir selbst der Nieselregen nichts ausmachen. Barhäuptig beuge ich mich zum Erlegten hin. „Bilderbuch-Blattschuss“. Und die beste Trophäe, die ich bisher gesehen hatte. Rosen, nicht mit den Fingern zu umfassen. Perlen bis hinauf. Ganz gleichmäßig. Und die Enden vier bis fünf Zentimeter lang. Dabei misst die Trophäe bloß 20 bis 21 Zentimeter. Alter des Bockes vier bis fünf Jahre. Hegerisch vielleicht etwas zu jung, aber diese Sorgen hatte ich damals noch nicht. Man könnte da eventuell sogar streiten. Vielleicht. Jedenfalls ist es eine meiner besten Trophäen geblieben.

Laz hatte im Nachbarort einen Berufskollegen. Es war Hannes Wolf, vor dem ich den Hut ziehen muss. Der beste Jäger, dem ich jemals begegnete. Hannes hatte einen Bekannten in Wien bei einer Autofirma, jagddurstig und williger Schüler. Die bedrückende Enge der Stadt im Herzen. Und wie das Schicksal eben so reichlich verschlungene Pfade geht, Kommerzialrat K. besaß ein Auto, und das war nicht ganz in Ordnung. Und Laz erzählte dies Hannes, und der dachte wieder an die Jagd und an Hans in Wien. Das Auto wurde einer gründlichen Therapie unterzogen und Hans zum Kommerzialrat eingeladen. Dermaßen kam ich mit Hans zusammen. Hans erwähnte einmal so nebenbei, dass er von der Donau wäre. Von wo?

Aus Fischamend! Freund, von da sind es doch nur drei Schwimmstöße ins Marchfeld!

Wir trafen einander dann öfter. Auch in Wald und Feld. Bis heute. Damals zogen hier noch starke Hirsche ihre Fährte. Sie wurden eben alt genug. Sonst nichts. Ganz einfach. Die Jahre vor 1945 mit dem Reichsjagdgesetz wirkten sich aus. Und in der Besatzungszeit zählte überdies noch das Kugelwaffenverbot. Das Resultat? Hirsche mit acht und neun Kilogramm Geweihgewicht!

Im zweiten Nachbarrevier, in Kalkgruben, wurde in dieser Zeit ein Hirsch mit 9,5 Kilogramm Geweihgewicht erlegt. Mit der Idealkugel. Und nördlich, in Sieggraben, der Rosalia zu, fielen zwei Goldmedaillenhirsche!

Hier im Ort hatte ein Forsteleve zwei Abwurfstangen mit je 4,5 Kilogramm gefunden. Ergibt gut und gerne 10,5 bis 11 Kilogramm Geweihgewicht. Die Leute staunten zwar, aber jeder glaubte, dass dies alles so bleiben würde. Ein Aberglaube. Hochwild braucht Ruhe und Zeit. Damals gab es das noch.

Hans hatte in Deutschkreutz einen Hirsch frei und war bei Laz, der mit den Hirschen richtig reden konnte, bestens aufgehoben. Der Sommer ging, der Herbst kam. Um Ägidi Kunft tritt der Hirsch in die Brunft! Und am 4. September röhrten die Geweihten im Deutschkreutzer Frauenwald, dass es eine Freude war. Laz beherrschte das Röhren durch jahrelange intensive Übung derart, dass er später einem Gast vier verschiedene Hirsche hintereinander nach Wunsch auf die Allee brachte. Es gibt wenig solche Rotwildkenner und „Anröhrer" wie ihn.

Hans kam zwei- oder dreimal, und die ganze Angelegenheit war damit, könnte man geringschätzig sagen, erledigt. Hans hatte seinen reifen Zwölfer. Zwischen Girmer Wald und Teufelsgraben von Laz am Abend aus dem Wald auf die Wiese geröhrt. Fast wäre die Sache schiefgegangen, da Hans nicht sofort schoss und der Hirsch im wütenden Eifer, Ruf und Gegenruf von Laz, bis auf knappe 20 Schritt herankam.

Daheim erlegte Franz den Geweihten, den wir frei hatten. Nichts Außergewöhnliches. Ein guter Durchschnittshirsch. Ich besuchte gerne Laz, und dieser Besuch im „wahren Pannonien" wurde immer wieder zu einem Erlebnis. Teils zogen mich die einfachen Menschen in ihrer unbekümmerten, im Grunde ehrlichen Art an, teils fuhren wir gerne in die „Krowotei", zu einem richtigen Lateiner-Palaver. Da waren wir schon so eingespielt, dass sich Tische und Bänke bogen. Ich hatte eben, wie man wohl begreifen wird, von Laz gelernt. Die kroatischen Tänze und Lieder wurden mir immer wieder ein Erlebnis. Slawen lieben einerseits schwermütige, aber genauso sehr lustige Lieder, und es ergab sich wie von selbst, dass man mit der Melodie mitsummte, obwohl man diese erst einmal gehört hatte. Irgendwie verständlich. Kroaten sind meist fleißig und arbeitsam, kein Wunder, dass sie dann auch ab und zu gerne feiern.

Einmal in W. war sogar ein richtiger Zigeunerball. Fünf Mann hoch, spielten feuerrot bewamste, schwarze, glänzende Zigeuner auf. Da spielte der beleibte, schwitzende Primas, seiner Würde wohl bewusst, erst einmal normal mit dem Bogen auf den Saiten, dann drehte er sein Werkzeug um und fiedelte um 180 Grad gedreht. Und als alles stampfte und johlte und der Boden staubte und die Menge „Csardas" schrie, drehte er ganz einfach die Geige von sich weg und spielte, mit dem Bogen weit ausholend, weiter. Noten unbekannt, und alle fünf Mann, wie die Stare beim Flug, plötzlich gleichmäßig Formation, die Melodie ändernd: Zigeunermusik! Aber das, meine ich, muss man selbst erlebt haben, um es zu begreifen.

Auf solch bewegten Umwegen lernte ich einen Reviernachbarn von Laz kennen, der mich zur Jagd einlud. Er grenzte allerdings nur gerade mit einem Zipfel an das Revier von Laz, doch immerhin: er war Nachbar. Ein wahrhaft urwüchsiger Großbauer kroatischer Abstammung. Großwüchsig, ein Naturmensch. Er fand es in seiner Gastfreundschaft mir gegenüber geradezu selbstverständlich, dass ich bei ihm einen Bock schoss. Nun, es wurde daraus bloß ein Knopfspießer, aber ich freute mich dennoch. Der Nachbar bot mir sein Revier sofort an. Ich hatte freien Ausgang. Ehrlich gesagt, das wollte ich gar nicht. Schon gar nicht so plötzlich. Später freute ich mich allerdings, dass ich allein hinausging. Bei gemeinsamen Jagdausflügen wäre ich wahrscheinlich grausam umgekommen. Aber bitte, alles der Reihe nach. Vorerst einmal: Ich hatte den Knöpfler geschossen. Wer A sagt, den darf das B nicht reuen. Alles zeigte sich nämlich nicht ganz einfach. So einfach und unverdorben, so sympathisch mir der arbeitsame Mann mit seinen fleißigen Söhnen auch schien: er hatte doch eine schreckliche Eigenart. Die billigste und älteste Waffe war ihm gerade gut genug. Seine Söhne glichen ihm, von diesem Virus infiziert. Ich besuchte sie fast schon wegen des mir rätselhaften psychologischen Verhaltens. Gewehre wurden grundsätzlich nicht gereinigt. Nach dem ersten Schuss waren sie ohnehin sauber. Der Nachbar selbst schoss eine Lefaucheux-Flinte mit Goldeinlage. Natürlich Damastläufe. Auf meine erstaunte Frage, ob er dazu Munition bekäme, lachte er breit. Eine ganze Kiste hätte er erst gekauft. Ganz billig. Mitsamt dem Gewehr.

Einmal ging ich zum Hühnerjagen mit, immer darauf bedacht, weit weg von diesem Mann zu sein. Und er war so nett – und suchte dauernd meine Nähe. Um mir das Revier zu erklären. So zwei oder drei Schüsse gab er neben mir ab. Mit den Händen fächelte er die Pulverschwaden weg, um in Richtung Ziel sehen zu können. Wenn der Wind zu mir ging, musste ich jedes Mal heftig husten. Leichter Brechreiz stieg ob der Pulverschwaden in mir hoch. Ihm schien das nichts auszumachen. Alle lächelten über meine Langsamkeit. Insgeheim wollte ich nur etwas Distanz schaffen. Dabei wandte ich mich, immer wenn er zielte, schnell etwas ab, stets der Katastrophe gegenwärtig. Wer will schon gerne Invalide sein! Ans Schießen habe ich selbst gar nicht gedacht. Kein Wunder, wenn die Gedanken dauernd ums Krankenhaus kreisten. Der Reviernachbar erzählte mir bereitwillig, dass er vom Traktor aus auf Gänse sehr gerne mit selbst gefüllten Patronen schösse. Selbstverständlich mit gehacktem Blei. Weil dann die Ladung „stärker" wäre. Seine Handbewegung mit der geballten Faust und das energisch vorgeschobene Kinn sprachen Bände. Ja, und einmal hätte er auch schon mangels Schroten mit alten Kugellagerkugeln geschossen. Nein, Unglück wäre noch nie eines passiert . . . Aus solchem Holz war ich nun einmal nicht geschnitzt. Fortan wagte ich mich daher nicht mehr hin. Privat sah ich den Mann ganz gern. Einige Jahre danach benötigte ich zu Dekorationszwecken ein altes Schrotgewehr. Ich erinnerte mich des netten alten Herrn und besuchte ihn. Es war hier alles wie früher, nur die Damastflinte fehlte. Verkauft hatte sie der gute Mann, weil die Kiste Munition verschossen war. Ich lachte. Da erzählte er mir von einer neuen Kiste mit Vorkriegsschrotpatronen. Vorzugspreis! Originalverpackung. Die allerbilligste Vorkriegsmarke. Nur Staub hatte sich dazwischen überall angehäuft. Mich schauderte es. Ja, und dann schenkte er mir noch eine alte Hahnflinte mit eineinhalb Läufen. Den einen hätte es ihm nämlich unlängst in der Mitte abgerissen. Was braucht es der Worte mehr. Doch man höre: Eine Weile hätte er damit noch geschossen, aber das wäre ja doch nichts, überall falle man mit dem „einen ganzen und einen halben Lauf" auf.

Das Gewehr hängt nun bei mir als Andenken. Bestimmt hätte mich nichts bewegen können, den letzten Schuss damit abzugeben. Der Verschluss hatte gute zwei Millimeter Luft.

Jahre danach, der Alte war schon lange gestorben, gelangte auf Umwegen ein interessantes Schriftstück in meine Hände. Eine Behörde hatte sich über den Abschuss eines kroatischen Pächters genauer informieren wollen. Dessen Beschwerde darüber sei nachfolgend wortgetreu wiedergegeben:

Werter Herr Jagdferbant
Si wolen fon mir die Abschuszalen für jar 1952 weil sie sagen das Schdeiserglärung nit stimen kan. Leida mus ich inen sagen Erglärung stimt schon.
Mir ham die Umsazschdeian für Kauzion und ferkaften Wilt was is Rähbokn Has Fazan und Händl bezalt und is nit mer. In Abschuslistn sen si e.
1952 schisn 2 glane Rähbokn 3 Gasen 60 Has 5 Fazan 23 Rephän und 2 Fuxn.
fon verbant freigem war 3 Räboken 3 Gasen
Wen is Behärte nit einverstant mit erglärung kan ma nix macha wen hat Ferbant freigäm Hiasch und tire so wer gelt mer und schdeia mer aber das ligt an den Ganzeleihern. Bite solang

einen Begaxel beim leidung fon jakt sitzt und sagt was derf
warn schosn kan ma nix macha weil mus ma schon sein Dokta
oda inschenär dan ma kan schisn Hiasch und tire.
Weidmannsheil und herzliche grus

Als ich das Schriftstück, oder besser gesagt, die verdauliche Abschrift des Originalbriefes erhielt, gab man mir zu verstehen, dass es sich bei dem Verfasser um meinen Lefaucheux-Mann gehandelt hatte. Ich glaubte es!

Übrigens: „Begaxel" heißt Bäckergeselle. Ja, das waren noch Zeiten . . .

Auf Hasen ...

Der Zug rattert gleichmäßig dahin, und ich muss immer wieder entschuldigend zu den mit uns im dichtgedrängten Abteil stehenden Mitreisenden hinnicken. Konicek ist heute fast nicht zu bändigen. Er steht mit dem Rücken zur Abteilwand neben dem Fenster, und während draußen die ebene herbstliche Marchfeldlandschaft vorbeihuscht, redet und redet er auf mich ein, dass ich schon ganz fertig bin. Heute ist er wirklich in großer Fahrt. Wie ein Wasserfall lässt er immer wieder einen wahren Wortschwall auf mich los. Ich kenne ihn ja, denn seit einem halben Jahr, seit ich endlich Assistent bin, absolviere ich hier meine berufliche Pflichtzeit, fahre täglich mit dem Zug die zehn Kilometer von und nach Angern.

Konicek ist mir klar überlegen, und ich spüre, dass er das weiß, denn erstens ist er gut fünfzehn Jahre älter als ich, und außerdem kann kein Mensch seine Jagderlebnisse kontrollieren, denn alle Begebenheiten, die er mir pausenlos erzählt, spielen sich „drüben", also über der March, ab. Und jetzt sind bei uns die Russen, und die Grenze ist tabu. In seinem Amt kann er gar nicht so viel reden, denn sonst wäre er schon längst „kaputt". Zu Tode geredet? Gibt es das? Konicek redet also: „Drüben, Stillfried gegenüber, hatte ich einen Kollegen, der hatte ein ‚Batzen Revier' (er meint damit ein unheimlich großes). Sein Onkel war der berühmte Forstmeister, und Sie wissen ja, dass da eine Hand die andere wäscht. Aber zur Sache: Kaum stehe ich auf der Lichtung – lauter Gelsen waren um mich, Millionen, Millionen, Milliarden –", und Konicek wischt sich, als ob die Gelsen jetzt auch noch da wären, über das Gesicht und holt gleichzeitig Luft, „steht der Hirsch vor mir und spiegelt sich in der schwarzen Lacke. Wie ein Hubertushirsch! Beim Allmächtigen. Das schwöre ich. Aber da kenne ich kein Erbarmen. Und ‚Tusch' liegt er im Feuer!" Der Fahrgast neben mir räuspert sich missmutig, denn beim „Tusch", das etwas feucht ausfiel, hat er einiges abbekommen. Ich wende mich zu ihm und entschuldige uns. Konicek aber beugt sich zu mir. „Was glauben Sie, wie sich der Bauer, zu dem wir dann um das Fuhrwerk gegangen sind, niedergekniet hat!" Konicek knickt ganz leicht in die Knie und imitiert mit gefalteten Händen und bittender Miene den Slowaken. „Pan! Pan! Schon wieder so eine große Jelen! Hab' ich mir nur normale Rosswagen, bleib stecken mit Ross in Wiese. Warum schössen Sie so viel, vurige Woch'n den Rehbock, war groß wie Ferd, wos soll ich erst mit diese Jelen machen!" „Jelen" heißt auf Slowakisch Hirsch, und natürlich können die meisten hier in dieser Sprache radebrechen und ebenso können „drüben" die Leute etwas Deutsch. „Njemetzki" heißt das dort. Doch Konicek lässt mir keine Zeit zum Überlegen. „Der war erledigt, sag ich Ihnen, denn als der den Hirsch gesehen hat, hat er sich schon wieder niedergekniet und uns gebeten: ‚Holt doch den Franto mit seine Ross, auf den hab ich eh schon a Zum. Meine arme Ross sans hin, wenn's müssen so a Viech wegzahn!' Aber der Förster, was glauben Sie, der war standhaft und hat energisch verlangt, dass der Hirsch sofort abtransportiert wird. Beim Aufladen, des war ein Geweih!" Koniceks Kopf nickt wie ein Perpendikel hin und her, und Konicek hebt plötzlich beide Hände hoch. „So groß!" Weiter kommt er nicht, denn die neben uns stehenden Fahrgäste sind etwas beleidigt. Konicek hat sie – wenn es um seine Trophäen geht, kennt er nichts – unsanft mit seinen Flügelhänden beim „so groß" in die Seite gestoßen. Jetzt entschuldigt er sich. Ich muss, zum Unterschied von ihm, Luft holen. Draußen schwebt die Remise von Tallesbrunn, wo man immer Fasane oder Rehe sieht, vorbei. Konicek hat mich in der Zange, denn ich will die Jagdprüfung machen. Außerdem weiß er, dass ich immer in der Au fische und für die Natur etwas übrig habe. Sein Gesicht ist wieder vor mir, und die flinken Augen lassen mich, während sein Goldzahn blitzt, nicht los. „Die Bauern haben vor mir ja schon Angst gehabt, wenn sie mich sahen. Dort, dort hab' ich Hasen g'schossen mit meinem Hund und ein, zwei Kollegen, ja", – der Kopf geht schon wieder hin und her wie ein Metronom auf dem Klavier – „den Rössern ist der Schaum vor dem Maul gestanden, wenn sie die Hasenfuhren am Nachmittag nach Hause brachten. War das eine Jagd! Wissen Sie, vor dem Krieg. Ich sage Ihnen, mein Deutsch-Kurzhaar konnte nach so einem Jagdtag gar nicht mehr ruhig sitzen. Seine Vorderläufe haben gezittert wie ein Pudding, so müde war er vor lauter Vorstehen!"

Ich stelle mir den Hund mit den Puddingläufen vor, wie er schon in ein Mauseloch kriechen möchte, wenn Konicek nach dem Gewehr greift. Da legt Konicek wieder los. „Fische gab es dort in den Marcharmen und Ausständen", – und er macht eine Miene, die das bestätigen soll – „da hatten wir beim Abtransport wahrhaft immer zu tun. Die Leute versteckten sich schon, wenn wir durch die Ortschaft gingen. Ich glaube, die haben von der Grenze ein Aviso bekommen, dass der Fischtod wieder kommt!" Bestätigend lacht er, und ich bin schon ganz fertig. „Wissen Sie, Hechte, pah, Schill und Wels, ah, Karpfen wie die Waschtröge. Ah! Aber wissen Sie, ich habe ja immer schon gewusst, wenn ich rüberfahre, da muss ich mich noch ausschlafen vorher, das hält ja kein Ross aus! Das war eben noch unberührtes, gut gepflegtes Gebiet. Wissen Sie, vor dem Krieg" – der Kopf fliegt wieder hin und her – „da war das noch ganz anders! Was glauben Sie, was da für Rebhendl da waren, oh, na die Leute haben schon ein Grausen bekommen, wenn wir aufgetaucht sind. Das war eine Arbeit, die Hühner abzutransportieren. Die Leute haben sich direkt gefürchtet, wie vor einem Gespenst!"

Konicek will Luft holen, da macht der Zug einen Ruck, und wir sind da. „Angern", schreit der Schaffner, mein Partner schlägt mir auf die Schulter. „Das nächste Mal erzähl ich Ihnen was von den Marizen, den Auen unter Zwerndorf, dort war erst drüben in Hochstetten was los. Ich sag Ihnen!"

„Also in einer Stunde treffen wir uns beim Berger Hansi. Schau ma, dass ma ein paar Hasen kriegen!"

Der Berger Hansi ist der Wirt hier im Ort und Jagdaufseher. Und der größte Phlegmatiker (wenn es um jagdfremde Dinge geht)

Wie ein Säbel ragt die einzelne glatte Stange 75 cm hoch auf. Nur der Augspross ist zweifingerbreit angedeutet.

Der Bock mit den eineinhalb Stangen. Auch die Löcher im Stirnbein, von einem Schrotschuss herrührend, sind gut sichtbar.

Der Nieselregen-Bock trug die beste Trophäe, die ich bisher gesehen hatte: Rosen, nicht mit den Fingern zu umfassen.

Der 9,5-Kilo-Hirsch aus Kalkgruben, dem zweiten Nachbarrevier

im Marchfeld. Und der beste und weidgerechteste Jäger, den ich kenne, dazu. Da sind wir auch schon, und seine blonde Frau, die Christi, mit der ich in dieselbe Schulklasse ging, winkt uns zu, als wir auf der Wiener Straße hinausmarschieren. Die ganze Jagdgesellschaft ist heute mit. Der alte Tlustosch, der befehlsgewohnte Feuerwehrmaschinist mit seinem roten Gesicht und dem kurzen Atem, und der ruhige Schmied Franz, der nie ein Wort sagt. Und der alte Duch, der Pensionist, der sonst immer gemächlich zum Bahndamm die Runde auf Kaninchen macht. Weiters der Brandhuber-Friedl, der geschäftstüchtige Schmied, mit dem Kurzhaar. Und der dicke Müller, der immer glaubt, „die Trappen fressen die Hasen auf“. Konetschny, der Mechaniker, der im Pfusch die Gewehre repariert, fehlt ebenso wenig wie der alte Danihel mit dem Schwarzpulverpuffer. Noch etliche mit ihren braunschimmeligen Deutsch-Kurzhaar-Hunden sind da. Ich habe die Sauer & Sohn mit, und am Hendlberg, Teufel noch mal, muss ich an den redegewandten Konicek denken und will aufholen. Kaum gedacht, habe ich auch schon zwei Hasen erlegt. Beide roulieren, und der Metzger-Seppl, der bereits mehr Fische gefangen hat als andere je sahen, heute Treiber aus Passion, springt hin und schreit: „Des kost an Lita!“ Piff und paff fallen links und rechts die weiteren Schrotschüsse auf aufstehende Hasen. Der Hansi mit seinem 20er Kronengewehr schießt wieder gewohnt brillant und ist bisher Schützenkönig. Was ihm vor dem Lauf kommt, liegt – oder er schießt nicht!

Hinter dem Schafflerhof geht der neue Kreis an, und der alte Tlustosch mit seinen selbst geladenen Patronen stellt sich hinter die Säule der Lichtleitung, die hier vorbeiführt, während er uns weiterkommandiert. Er, der Jagdleiter, kennt das Gelände. Und dies hier ist sein Stand. Ich überschaue die Runde. Bis jetzt haben wir bestimmt schon 30 Hasen erlegt. Der Kreis wird enger, und mein Nachbar Hnedy, aus der zweiten oder dritten Ortschaft nördlich hergekommen, schießt mit seinem Automaten, den er so günstig gegen Schmalz von einem hungrigen Wiener eingetauscht hat, schon wieder daneben. Er macht trotz des Automaten nie mehr als einen Schuss. Die Munition ist zu teuer!

Der immer lustige Sokolowsky-Pepi, ein alter Freund, geht heute als Ehrentreiber mit. Zum Teufel, da kommt er zu mir gerannt und hält den Finger vor den Mund! Das heißt Schweigen. Worüber? Er hat mich schon beim Rockärmel und zieht mich mit aller Kraft nach rechts, wo er eben in der Schützenreihe ging. Schon sind wir da, auf Zehenspitzen geht er neben mir und zeigt vor uns hin. Auf fünf Schritt liegt ein Hase im Lager. Wortlos deutet mir Pepi mit ernstem Gesicht an, dass er einen Erdbrocken hinwerfen wird. Da will Lampe aus der Sasse. Kaum auf den Läufen, reißt ihn mein Schuss vom Leben in den Tod. Und Pepi lacht schallend. Immer lauter. Und hält sich die Seite. Das höhnische Lachen wird ganz schrill, und meine Frau rüttelt mich an der Schulter. „Ich verstehe dich nicht, hast dir doch schon am Abend alles hergerichtet und hörst den Wecker nicht! Willst du jetzt nach Deutschkreutz zur Jagd oder nicht? Den Georg musst du doch auch noch abholen!" Und ich atme tief und reibe mir die Augen. Und der Traum vom Marchfeld ist verflogen.

Laz hat Georg und mich zur großen Treibjagd eingeladen. Das kalte Wasser tut beim Waschen gut, und ich denke, was ich da nachts im Jagdfieber alles zusammenträumte. Heißer, duftender Kaffee, von der Gattin liebevoll serviert. Ich trinke hastig und schlinge dazu ein paar Bissen hinunter. Lieber nehme ich mir mehr im Rucksack mit. Mir geht es wie den Jagdhunden, die, wenn sie bemerkt haben, dass Jagdtag ist, nichts mehr hinunterbekommen. Georg erwartet mich, und wir fahren in östliche Richtung, der eben über dem grauen, dunstigen Horizont aufgegangenen Sonne entgegen. Der Himmel selbst ist wolkenlos. Es wird bestimmt ein schöner Spätherbsttag. Unterwegs überholen wir drei Autos mit Jägern drinnen. Fremde Gesichter mit grünen Hüten in einem Wagen mit Wiener Nummer, und zwei Fahrzeuge aus den Nachbarorten. Gute Bekannte. Fröhlich heben wir beim Vorbeifahren die Hand zum Gruß.

Deutschkreutz ist eine stattliche Großgemeinde mit etwa 4 000 Einwohnern. Auf dem Kirchenplatz steht Auto neben Auto. Treffpunkt ist natürlich, wie immer, im Zentrum bei „Gastrat" Mihalits.

Drüben, bei der Kirche, stehen an die 30 Treiber und mustern uns von fern. Wie uns die wohl einschätzen? Laz steht, seinen Münsterländer „Eros“ an der Leine, auf der Türstufe des Lokals und begrüßt uns ebenso freudig wie korrekt in traditioneller Offiziershaltung. Im Gasthaus selbst lachen uns von überall her bekannte Gesichter entgegen. An der Schank wird, dem kalten Tag entsprechend, heißer Tee mit Rum getrunken. Der Herr Gastrat begrüßt uns trotz des großen Trubels herzlich. Wir haben hier im rauchgebeizten, mahagonigetäfelten Lokal schon manche Stunde nach der Jagd verbracht und zählen daher zu den alten Bekannten. Im offenen Extrazimmer gibt es ein großes Hallo, als wir dort in der qualmenden Menge Hans, Berti und Walter aus Wien erkennen. Noch ein paar Jäger trudeln ein. Gulaschsuppe und Bier, Tee mit Rum und Frankfurter mit Kren oder Senf und ähnliche landesübliche präjagdliche Genüsse werden noch schnell verzehrt. Auch der hünenhafte Doktor T. ist mit seinem Schwiegervater aus der Stadt da, ebenso der Baumeister aus dem Steinfeld, den wir schon öfter hier gesehen haben, und der Eszterhazy-Förster. Und jener und dieser. Überall machen wir mit Weidmannsheil die Runde und reichen einander die Hand, während man sein Wort gerade noch verstehen kann, weil alles redet und lacht und die Hunde zwischen den Beinen durchwollen. Jetzt ist auch Kommerzialrat K., der Jagdpächter, eingetroffen und wird mit lautem Hallo begrüßt. Der Fuchs-Josch, die drei Salzerbrüder und die anderen ortsansässigen Jäger wollen auch noch herein. Hinter Doktor T. bemerke ich sitzend die drei Franzosen, die schon öfter mit ihm hier waren. Es ist keine Täuschung, auch der „meinige“ ist mit von der Partie. Jener, der mir schon einmal, als ich mit Laz bei Doktor T. im nördlichen Burgenland zur Treibjagd eingeladen war, so charmant die zwei Achterschrote in den Stiefelschaft schoss. War ja meine Schuld. Bilgeristiefel musste ich tragen, und wahrscheinlich hatte der Franzmann etwas gegen Italiener! Ich bin zwar keiner, aber wie kann er das wissen! Noch dazu waren die Stiefel damals funkelnagelneu. Bilgeristiefel müssen einen Mann vom französischen diplomatischen Dienst ja herausfordern. Na ja, immerhin marschierte ja doch der große Korse seinerzeit in Italien ein. Es ist zwar schon lange her. Dass der Franzose das nicht vergessen kann? Die zwei Schrote haben damals ganz schön gebissen, obwohl sie zum Glück nicht in die Wade eindrangen. Als ich zuerst im Reflex zum Gewehr griff, kam mir auch schon Laz zu Hilfe, und gemeinsam beschwerten wir uns damals bei Doktor T. Der aber besänftigte uns schlicht: „Tut so, als ob nichts wäre, der ist doch immun! Diplomat! Macht mir bitte keine Schwierigkeiten! Diplomat!!“ (Diesmal zwei Rufzeichen.) Also der Bilgerihasser ist dermal jedenfalls auch wieder da. Ich tu so, als ob ich ihn nie gesehen hätte. Und er scheint es mir gleichzutun. Doch wie ich ihn einschätze, bin ich auch für ihn Luft. Eines ist sicher: In seine Nähe gehe ich heute nicht! Wo ich doch schon drei Kinder habe! Laz kommt herein und bläst ein Signal mit seinem Taschenhorn. Begrüßt uns als Jagdleiter nochmals und befiehlt den Aufbruch. Los geht es, und mit unseren Autos fahren wir alle hinaus zur Kathlacke. Von dort soll das Treiben kreisförmig zurück zum Schloss, dann über das große Baumfeld zu den Kathäckern gehen und letztlich wieder bei der Kathlacke enden. Wir, Georg und ich, nehmen, da wir noch genügend Platz haben, zwei der einheimischen Jäger im Auto mit. Während wir in der Kolonne hinaus zur Lacke fahren und den Traktor mit dem Anhänger, auf dem die Treiber stehen, überholen, tauschen wir unsere Meinung und Hoffnung über den kommenden Jagdtag aus. Das Wetter ist bestens. Windstill. Nicht zu kalt. Und der Himmel blank wie ein frisch geputztes Fenster. Und der eine Kreutzer Jäger schätzt, dass wir heute auf unsere 200 Löffelmänner kommen werden.

Wir sind angelangt. Hier, bei der etwa schrotschussbreiten Kathlacke, habe ich schon viel mit Laz erlebt. Ist dies doch einer der besten Entenplätze im Revier.

Wie herrlich, wenn sie in der Dämmerung angeklingelt kommen. Wie farbenprächtig so ein Erpel im Winterkleid schillert. Das herrlichste Grün der Welt scheint es zu sein, wenn man ihn dann in Händen hält. Durch die Seenähe bedingt, sind im Frühling und Herbst auch alle anderen Sumpfvögel hier zu Gast. Eine Bekassine und eine der seltenen Bergenten und ein paar Blässhühner habe ich hier schon erlegt, und Möwen, Trauerseeschwalben, Haubentaucher, Steißfüße, Rohrdommeln, Grau- und Silberreiher und von fern Gänse und wieder Gänse beobachtet.

Zwei bis drei Kilometer hinter uns liegen südlich hingeschmiegt im Morgendunst der flache Ort mit dem spitz aufragenden Kirchturm und etwas abseits davon der Quaderbau des Schlosses. Beides fügt sich harmonisch in die sanften Mulden der flachen Getreide- und Weinlandschaft ein. Den Bachlauf mit den Pappeln und Erlen entlang hinüber zur breiten Silhouette des verlassenen Schlosses mit seinen vier Türmen soll der erste Trieb gehen.

Alles versammelt sich nun erwartungsvoll neben den abseits geparkten Wagen, und der Kommerzialrat als Pächter begrüßt und erklärt die kommende Jagd. Hasen, Fasane und falls sie irgendwo aus dem Bach, den wir doch heute mitten im Treiben haben, aufstehen sollten, auch Enten sind frei. Und mit herzlichem „Guten Anlauf und Weidmannsheil“ ist die Jagd eröffnet. Laz, der natürlich die Schützeneinteilung über hat, beginnt auch schon wie ein Feldherr zu zeigen und zu deuten, und je ein revierkundiger Jäger geht nach rechts straßenabwärts, beziehungsweise nach links, den Bach entlang, aus. Scherzworte begleiten sie.

Hunde zerren, Treiber lachen, und während Laz immer weiter einteilt, zwinkere ich ihm mit dem linken Auge zu und deute dabei mit dem Kopf auf den Pariser. Laz weiß Bescheid, und freundlich marschiert der kleine Napoleon von mir entgegengesetzt ins Treiben. Gleich zu Beginn des ersten Triebes habe ich richtiges Pech. Traurig muss ich erkennen, dass ich heute anscheinend „einen schlechten Tag habe“, wie man gerne sagt. Zwei Hasen stahlen sich bereits zwischen meinen Schroten durch. Klingt doch besser, als würde ich sagen: gefehlt! Einen dritten Löffelmann bleite ich an, und Georg, neben mir mit seiner französischen Zwölfer-Doppelflinte gehend, hat ihn souverän in den Hasenhimmel befördert. Ich bin zwar sicher, dass ihn der Münsterländer von Laz bekommen hätte. Hinterher war er jedenfalls schon. Es ist ja klar, dass man mit der fixen Vorstellung, alles, was schussgerecht anläuft, sofort roulieren lassen zu können, über die abgeernteten Felder dahinstolpert, doch nach den ersten Schüssen schon Wunsch und Wirklichkeit erkennen muss.

Der erste Trieb ist aber auch besatzmäßig, so weit kenne ich das jagdliche Gelände schon, der schwächste. Beim Schloss werden etliche Fasane fallen, und das Baumfeld, das Kath und die drübere Listen sind ja die besten Hasentriebe in Deutschkreutz überhaupt. Also kann ich fürs Baumfeld noch ruhig hoffen.

Kreisjagdromantik! Drüben, also auf der gegenüberliegenden, etwa einen Kilometer entfernten Schützenlinie, wird schon viel geschossen, und während ich so dahingehe, freue ich mich über jeden Löffelmann, der von dort kommt und die Schützen in fiebrige Spannung versetzt. Man nimmt teil am Erfolg oder Misserfolg des Nachbarn, kann die Hunde und auch ihre Herren beurteilen. Plötzlich, während links und rechts Schüsse fallen, flitzt einer derer aus dem Geschlecht Lampes wie eine Rakete aus der Furche. Bis zuletzt hatte er sich tief in die Sasse gedrückt. Bei diesem trockenen, lauen Wetter herrschen heute Mittelwerte. Bei warmem, nassem Wetter kleben die Hasen meist am Boden. Keiner will aufstehen, so ihn nicht ein Hund auf Schwung bringt. Und bei klirrendem Frost stehen die Mümmelmänner schon auf einen „Kilometer“ auf, um ihr Panier, eben das Hasenpanier, zu ergreifen. Wer trachtet dem Löffelmann denn nicht nach dem Leben! „Alles, alles will ihn fressen“, wie ein bekannter Spruch sagt. Aber ist es nicht natürlich, dass der Stärkere den Schwächeren frisst. Immer und überall. Heute sogar schon im Büro. Doch mit dem ewig gierigen Menschen kann es ohnehin kein Raubwild aufnehmen. Höchstens der Wolf. Und ich kenne Wölfe der Sorte homo sapiens, die einen echten Wolf weit in den Schatten stellen.

Ja, und da flitzt auch schon ein Löffelmann aus der Sasse. Wenn er sich ganz langsam absetzen würde, wäre es vielleicht nicht so schlimm. Aber die rasche Flucht lässt im Menschen urplötzlich den Jagdinstinkt zum Durchbruch kommen. Und da rouliert der Hase auch schon, von Schroten ins Leben getroffen. Ist das Leben so? Immer enger wird der Kreis. Zwei Hunde hetzen einen eben aufgestandenen Hasen in den Trieb und damit uns entgegen.

300 Meter etwa hat der Kreis noch im Durchmesser. Jetzt schlägt der Lampe einen Haken, noch einen und biegt nach links ab. Die Hunde bekommen Verstärkung. Ein stämmiger Kurzhaar, einer von der Sorte, die im Sommer apathisch vor dem Haustor im Straßenstaub liegen, kommt zu Hilfe. Ganz tief ist sein wütender Laut. Noch einen Haken schlägt der Hase und will dann durch die Schützenlinie zurück. Alle sehen wir zu. Noch 40 Schritt ist er vom ersten Schützen entfernt. Da rouliert der Hase plötzlich, und erst danach blafft der Schuss zu uns herüber.

Treiber hinein! Laz bläst das Signal ins Horn. Die Treiber gehen nun, ziemlich lautstark und ihre Stöcke schwingend, Richtung Kreismitte. Jeder von ihnen hat schon einen oder zwei Hasen zu tragen. Ganz gut, die bisherige Strecke. Immerhin ist es ja der „schlechteste" Trieb. 30 Hasen müssen es wohl schon sein.

Wir Schützen ziehen langsam mit und verengen den Kreis immer mehr. Ich gehe auf einen brusthohen Kukuruzacker zu. Da wird sich was tun! Kaum gedacht, ruft Laz zu mir herüber: „Achtung, Eros steht vor!" Und schon fährt ein Lampe aus der Sasse. Jetzt hat er die Schützenlinie passiert und ich darf schießen, ohne jemanden zu gefährden. Etwa 25 Gänge werden es sein. Die beste Schussentfernung. „Domm!" Der Hase überschlägt sich und zeigt seine blütenweiße Unterseite. Eros apportiert.

Beim Schloss unten ging es, wie vermutet, recht turbulent zu. In den Kukuruzäckern dort und entlang des Baches bei den Hecken war alles voller Fasane. Aber wer zählt die Fehlschüsse, nennt die Namen! Es wurde kanoniert auf Teufel komm raus. Das Blei muss heute nicht mehr so gut sein wie früher, zumindest den Erzählungen der alten Jäger nach, denn nur etwa fünfzehn der so herrlich schillernden Gockel und drei oder vier Hennen blieben im Feuer. So ein Fasan kann unverschämt laut burren oder aber auch ganz leise abstreichen. Wie er gerade will.

Den Franzosen sehe ich von ferne fleißig puffen, aber ohne Resultat. Außer dem für die Munitionsindustrie. Vermutlich ist die Munition aber aus seiner Heimat, und da ich bei diesem Gedanken sofort Patriot bin, habe ich selbst dafür kein Verständnis.

Laz ist diesmal nicht in Sichtweite. Wenn ich auch nicht Augenzeuge werde, weiß ich es doch: Seine blitzschnell hingeworfenen Schüsse sitzen fast immer im Leben. Aber bitte, wer sollte es sonst so können, wenn nicht er als Förster? Ich stehe am Bachrand, als mein Nachbarschütze einen aufstehenden Gockel mit dem ersten Schuss sauber herunterholt. Wie ein Stein plumpst der Hahn zu Boden, und der leise Wind weht mir ein paar der buntschillernden Brustfederchen entgegen. Während noch überall rundum Schüsse fallen, hebe ich sie auf und stecke sie vorsichtig an den Hut. Ein Gruß vom Herbst.

Hier neben dem durch die Felder rinnenden Bach mit seinen Sträuchern an den Böschungen und der Pappelreihe entlang ist natürlich auch ohne Kukuruz der Boden für die Fasane ideal. Wieder übertönt lauter Treiberschrei vor uns das metallische Rauschen der daneben im gelblichen Kukuruzstroh suchenden Hunde. „Kokosch, Kokosch!“ Das ungarische Wort für Hahn. Man merkt, dass wir direkt an der Grenze liegen. Einem der entlang der Pappelreihe postierten Jäger kommen die zwei Fasane, und einen davon holt er mit dem ersten Schuss herunter. Das blafft nur so, und überschlagend trudelt der Gockel von oben in die Hecke. Auf den zweiten kanonieren jetzt drei oder vier Schützen. Es sind nur Sekunden, da schlägt auch dieser hoch über ihrem Kopf ein Rad und fällt, Spiel nach oben, zu Boden. Ein unvergessliches Bild! Einer der braungeschimmelten Kurzhaarhunde nimmt ihn auf und trägt ihn stolz seinem Herrn zu.

Drüben bei der großen Hecke zwischen Bach und dem etwa 200 Gänge entfernten Schloss hat sich noch ein Hase gedrückt. Jetzt saust er wie der Blitz zwischen uns durch. Die Treiber hielt er aus, als aber dann die Schützen neben ihm auf die Fasane zu ballern anfingen, wurde es ihm zu viel. „Achtung! Nicht schießen! Durchlassen!“ schreien wir da gleich zu zweit oder zu dritt. Es darf ja niemand gefährdet werden. Da ist Lampe auch schon bei mir vorbei und will über den Bach flitzen. Ich spüre nur den schwachen Rückstoß, und der Mümmelmann rouliert. „Bravo!“ ruft der eine Nachbar mir zu, „Ein guter Schuss!“ Und ich freue mich.

Drüben, unterhalb des Schlossgartens, fallen noch einige Schüsse. Dann herrscht Ruhe. Hinunterzu geht es jetzt bis zum nahen Weg, und der Schlosstrieb ist zu Ende.

Beim Vorbeigehen an den mächtigen Mauern des zweigeschossigen Herrensitzes mit den markanten vier Zeltdächern sehe ich dessen südseitiges Portal. Der aus dem Jahre 1625 stammende Bau trägt noch das Wappen des damaligen Magnatengeschlechts der Nadasy. Eine Rohrgans über dem Wasser, links und rechts ein Schilfrohr daneben. Wie gut dieses Wappen der längst ausgestorbenen Adelsfamilie hierher in die seenahe pannonische Landschaft passt. Trennt uns doch nur die nahe Grenze vom dort bald beginnenden riesigen Schilfgürtel des Neusiedler Sees.

1681 weilte hier sogar Kaiser Leopold I. von Österreich anlässlich eines Festes bei Paul Eszterhazy. Da kommen mir armem Toren gleich so prosaische Gedanken. Ob der nämlich damals wenigstens auch die Gelegenheit beim Schopf packte und hier auf Gänse jagte. Und ich male mir das alles so richtig aus, mit magyarischen berittenen Jägern mit ihren Hunden und so. Auf derartige Gedanken kann eben nur ich kommen!

An der Wegkreuzung unten strömen wir alle, Jäger, Treiber und Hunde, zusammen, und während debattiert wird und jeder nach der bisherigen Strecke schielt, teilt Laz als Jagdleiter auch schon ein. „Ein Schütze und ein Treiber nach links und rechts." Er tippt den beiden einheimischen Jägern, die wieder als Erste dran sind, auf die Brust, und die legen auch schon los. Das Baumfeld, ein großer, weiter Trieb mit wahrscheinlich vielen Hasen – das hoffen wir inbrünstig –, liegt ausgebreitet wie ein Fächer vor uns.

Die Sonne ist aus dem grauen herbstlichen Bodendunst herausßen und meint es gut. Darüber blaut ein wolkenloser Himmel. Nur für den romantisch dahinschwebenden Altweibersommer ist dieser Sonntag schon etwas zu spät dran. Der Hasenmann mit seinem Traktor hat die bisherige Strecke auf dem Anhänger verladen. Damit fertig, genehmigt er sich ein paar Schluck aus der obligaten großen grünen Flasche. Bestimmt Eigenbau! Na, jedenfalls: Prost!

Einer der Jagdgäste hat eine Flasche Weinbrand mit, und das kleine Stamperl, das er immer wieder füllt, macht die Runde. Der kann den abendlichen Alkoholkonsum wohl nicht erwarten! Kalt wie im Winter, sodass dies selbstverständlich wäre, ist es an diesem sonnigen Spätherbsttag nämlich gar nicht. Als die Reihe an mich kommt, muss ich schaudernd die mindere Qualität des bernsteinbraunen Fusels erkennen.

Eine gemischte Gesellschaft, die da plaudernd, zumeist in die ja „selbstverständlichen" Hubertusmäntel gehüllt, umhersteht und auf den Abruf wartet. Ein dicker kroatischer Sodawassererzeuger mit langer, narbiger Flinte, der kleine untersetzte Herr Schuldirektor aus D., Doktor T., seriös mit seiner Begleitung plaudernd, und daneben zwei Männer, wie aus dem Ei gepellt und gleich gekleidet. Müssen Sonntagsjäger aus der Stadt sein. Ein magerer Eisenhändler aus Wien mit teurem Gewehr und altem Rucksack. Dann die einheimischen Jäger mit den selbstverständlichen Gesichtern. Und ein lautstarker, umherfuchtelnder fleischhauernder Gastwirt aus einem Kroatendorf. Dazu die Ehrengäste aus den Ämtern im Bezirksort, mit denen sich keiner laut zu reden traut. Und der lange Hans aus Fischamend mit dem weiberscheuen Berti und dem flotten Walter aus seiner „Bude" in Wien. Der noble Installateur aus dem Steinfeld und daneben zwei Eszterhazy-Förster, die ich gut kenne. Und überall dazwischen Hunde. Und Georg und ich. Die ausgehende Schützenreihe verschwindet immer wieder hinter dem kahlen Horizont. Nun bin ich mit Georg neben mir als einer der Letzten dran. Der riesige Kreis – jene Schützen, die links nicht von Bodenwellen überriegelt sind, kann man ferne fast nur als Punkte erkennen – ist kaum geschlossen, als die Ballerei auch schon losgeht. Das Gefecht spielt sich aber vorläufig noch drüben in Richtung ungarischer Grenze ab. Nur mit kurzen Pausen dazwischen fallen, sich selbst überholend, die Schüsse. Georg ist natürlich so wie jeder und auch ich von dem Dauerfeuer, das, obwohl nur gedämpft, so doch zu uns herüberdringt, schon angesteckt. Er winkt zu mir her und deutet mit dem Gewehr nach drüben. Der zwischen uns gehende Treiber mit der verwitterten Schirmkappe und dem blauen „Füata", dem burgenländischen Bauernausweis, wie man zu der kurzen Schürze sagt, hebt seinen kurzen Treiberstock und schreit: „Auße, auße, auße mit dir! Auße mit'n Peda!" Der „Peda" ist natürlich der so heiß erwartete Hase, und bevor wir es noch sehen, blafft es auch schon oberhalb, und gefehlt kommt der Lampe wie eine Rakete die Schützenreihe entlang zu uns her. Der Direktor oben „Paff, paff". Vorbei! Der Installateur: „Paff, paff". Daneben. Jetzt ist Georg dran. Die Treiber schreien aber nicht wegen des einen Lampe, sondern wegen der vier anderen, die da noch nachkommen und zu uns ins Schlosseck wollen. Jetzt geht es um die Ehre!

„Scharol!" schreie ich ganz undiszipliniert, aber der Scharol, Schorsch oder Georg, wie man will, hat schon den Bann gebrochen. Ich sehe, wie es bei ihm leicht ruckt und der Hase auf etwa 20 Gänge rouliert. Da sind die anderen drei auch schon da. Auf beste Distanz. Heiliger Pepi, nur nicht patzen! „Domm!" Und wieder „Domm!" Beide liegen nebeneinander auf dem frischen Schollenacker. Dublette! Der Hund des rechten Schützen flitzt heran. Während er den ersten Hasen apportiert, hebe ich den zweiten auf, greife in die weiche, weiße und graubraune Hasenwolle, froh bis in die Seele und zögernd zugleich, wie zur Entschuldigung. Der Treiber eilt herbei und nimmt den Hasen. „Festa Peda!" ist sein Kommentar. Der dritte Mümmelmann flüchtet unbeschossen Richtung Schloss. Er soll leben, Samen für das nächste Jahr.

Jetzt sind wir, immer enger zusammenrückend, oben auf der Bodenwelle. Die drei, vier Meter Höhenunterschied hatten uns bisher die Sicht auf den restlichen Kreis verdeckt. Doch nun können wir das ganze Treiben überblicken. Graugelbbraunen Punkten gleichen die weiter entfernten Löffelmänner. Ob es ihnen gelingt, ihren Balg in Sicherheit zu bringen? Laz kann ich an seinem ihn begleitenden weißen Hund, dem braven Eros, erkennen. Und in der Mitte, zum Schießen noch zu weit, hoppeln ein paar Hasen ratlos hin und her. Unaufhaltbar verengt sich der Kreis. Jetzt lassen sich schon die Jäger von den Treibern unterscheiden. Wenn man nur all die Schüsse zählen könnte.

Einen Lampe, der schnurgerade und geduckt in der Furche anlief, habe ich auch schon wieder auf den Kopf gestellt und in der Freude danach gleich zwei weitere gefehlt. Bombensichere, wie mir schien. Sie waren auch nicht außer Schussweite, denn da hätte ich nicht geschossen. Ein Schrotkorn weich, und der Hase geht irgendwo jämmerlich ein. Die Deckung und somit der Schock sind ja auf größere Distanz nicht mehr gegeben. Dann wundert sich alles im nächsten Jahr über die Hasenkrankheiten. Die häufigste scheint mir aber noch immer die Bleiseuche zu sein!

Der Forstmeister drüben als vierter Schütze, der, wie selbstverständlich, alljährlich den ersten Schnepf im Bezirk erlegt, hat heute guten Anlauf und schießt auch sauber. Da macht das Zusehen Freude. Und seine Drahthaarhündin, die Wilja, bringt souverän einen Lampe nach dem anderen.

Rechts streicht pfeilschnell ein Kitt Rebhühner ab und bleibt unbeschossen. Wir sind nun enger beisammen. Georg hat auch schon aufgeholt. Aus den anlaufenden drei Hasen schießt er eben einen heraus. Den zweiten fehlt der Installateur. Doch nein, er ist krank geschossen, überschlägt sich immer wieder aufschnellend. Seinen dunkelbraunen Kurzhaar hat der Mann an der Leine neben sich. Ich denke, dass er ihn schnallen werde. Weit gefehlt! Er winkt einem Treiber und überlässt es diesem, den Hasen abzutun. Ich schaue kopfschüttelnd zu Georg, und der zu mir. Wir verstehen die Welt nicht mehr. Was es doch so alles gibt!

Da schleppt der dicke, rotgesichtige Treiber – bestimmt meidet er Dämon Alkohol wie die Pest! – den Löffelmann auch schon daher. Die Hasen werden nicht weniger, und das Schießen nimmt eher zu. Der Kreis ist nun schon so eng, dass Laz bald das Signal „Treiber hinein“ geben wird. Ich schätze, dass wir bestimmt 70 oder 80 Hasen erlegt haben.

Von rechts kommt, von lautem Treibergeschrei und der schönsten Musik, die es gibt, dem Hundegeläut, begleitet, einer quer zu den Furchen, ist jetzt wie ein Pfeil so schnell auf dem Stoppelacker und schlägt mit angelegten Löffeln einen Haken, um den ihn lauthals verfolgenden Hunden zu entgehen. Schnurgerade kommt der

Hase auf mich zu. 50 Gänge, 40 Gänge, 30. „Gehörig vorhalten, Herr Dokta!“, schreit da erstickt der Treiber neben mir. Als ob eben das Eis des Bodensees unter ihm gebrochen wäre und er erbarmungslos ertrinken müsste. Ich fahre auf, und im Schuss blitzt mir die weiße Unterseite des Hasen in der Luft entgegen. Und noch im Roulieren nehme ich wahr, dass der Forstmeister auch schon wieder einen schoss.

„Treiber hinein!“ Alles hält wie gewohnt, und die Treiber strömen in die Kreismitte. Drei oder vier Hasen fallen noch auf der gegenüberliegenden Seite. Bei uns herrscht Ruhe. Nur die Hunde wollen das nicht wahrhaben und manche davon rasen im kleinen Oval der Treiber suchend hin und her.

Beim Weg drüben neben der Strohtriste ist Mittagspause. Als wir dort, über Schollen und Saatäcker, Feldraine und Stoppelstreifen stolpernd, ankommen, sucht sich jeder einen Bekannten zum Plauschen und einen Platz zu ebener Erde. Rucksäcke werden geöffnet. Georg hat ein gehöriges Stück Speck mit, und neben dem mageren Eisenhändler, der immer vorgeprescht ist und dem ich sogar Zeitungspapier als Verpackung für seine Fressalien zutraue, auf Strohballen sitzend, beginnt das nun schon mit Latein gewürzte Palaver. Flaschen beginnen zu kreisen. Die Treiber drüben johlen laut auf, wahrscheinlich hat einer einen gepfefferten Witz zum Besten gegeben. Nach so einem „Feldhatscher“, wie Hans sich auszudrücken pflegt, habe ich immer den besten Appetit, doch als ein fremder Jäger zu Georg sagt: „Also heute, do woar's wia im Kriag!“ sitze ich auf dem Stroh, mit dem Blick nach Osten. Drüben in Ungarn zieht die braune Rauchfahne der Bahn eben über den Horizont nach Norden, und ich denke plötzlich an diesen Boden, auf dem wir jetzt rasten. Hier, an dieser „Landenge“ zwischen Ödenburger Gebirge und Neusiedler See, war 1945 der große traurige Rückzugsschlauch der zerschmetterten, verbluteten Division, die aus der letzten deutschen Offensive des Krieges, dem „Frühlingserwachen“, geschlagen in Richtung Wienerwald und Wiener Becken zurückströmte. Mit einem Male ist mir der Appetit vergangen, weil ich den lustigen Wendl Franz, der mein guter Freund und Kamerad in der Oberschule gewesen war und in diesem Strudel damals genauso wie der draufgängerische Wlaschinsky Walter, der Schulfreund von daheim, umgekommen ist, vor mir sehe. Hasenjagd!?

Georg schaut mich, an seinem Speck kauend, an und stößt mich in die Seite. „An was denkst denn schon wieder, du Sinnierer!" Er kennt mich eben. Da schreit ein Treiber, die Hand hochstreckend: „Do schauts, Antn!" Alles starrt hoch. Ich muss gegen die Sonne schauen. Geblendet schließe ich die Augen, mache sie aber gleich wieder auf. Suche die Enten. Habe sie. Das Schof kommt bestimmt vom Goldbach her und will nach Ungarn hinüber ins Schilf. Schade, dass man nicht das Klingeln hört. Ich mag den pfeifenden erregenden Ton so gerne. Die Enten sind zu hoch. Und alles ist vergessen.

Das Kathfeld, Gänseparadies und Hasengrab, bewährter Entenanstand und Fasanenherberge, liegt mit seinen 100 oder 200 Hektar, ich kann nicht gut schätzen, bin ja kein Geometer, für den Nachmittag noch vor uns. Es wird ein gutes und frohes Jagen mit Fehlschuss und roulierenden Hasen, mit Hundsgeläut und lachenden Treibern. Und als sich die Sonne nach Landsee, nach Westen, neigt, liegen in der Tat an die 200 Hasen auf der Strecke. Laz besitzt daheim noch die Schussbücher seines verstorbenen Vaters. Eines hier ob seiner Taten schon legendären Oberförsters, des „Alten Baranits". Ein Wald und Wild ergebener, kraftvoller Mensch. Und dort steht auch schwarz auf weiß die höchste hier im Schlossfeldtrieb, Baumfeld und Kath je erzielte Kreisjagdstrecke. Nämlich 864 Hasen im Jahre 1936. Davon schoss Baranits allein deren 84. Angesichts der heutigen knappen 200 Mümmelmänner ist es aber zwecklos, darüber ins Sinnieren zu kommen. Diese heute nur noch wehmütig als „Traumstrecken" betrachteten Jagdresultate von einst sind von der so gepriesenen Technik im landwirtschaftlichen Intensivbau, von bäuerlicher Konkurrenzwirtschaft mit ihren Chemikalien und nicht zuletzt vom Bleimonsun, den unsere eigene, immer größer werdende Grüne Gilde einsetzen ließ, hinweggefegt. Solche gesegnete Hasenzeiten sind heute endgültig vorüber. Das Wetter hat ausgehalten, es war ein herrlicher Jagdtag. Ob der allgemeinen guten Stimmung freut sich schon jeder auf den kommenden lustigen Schüsseltrieb.

Draußen bei der Schank sitzen die lauten Treiber bei Weiß- und Rotwein, und Laz kommandiert mit dem Obertreiber, dem hageren, durstigen Gabriel Hans, und der kommandiert wieder mit seinen Leuten, von denen jeder, wie sich jetzt herausstellt, einen Schlund hat, der nur mit jenem, der in Schillers Taucher vorkommt, verglichen werden kann. Durch die offene Tür sehen wir vom mahagonigetäfelten Extrazimmer zu ihnen hin. Es ist wahr. Die Leute leisten was. Der Herr Gastrat mit Verstärkung fliegt zu aller Zufriedenheit nur so hin und her.

Bei uns hier trat etwas Tolles ein. Es hat sich herausgestellt, dass ein Flieger unter uns ist. Zumindest Hans, der mit Georg und der übrigen Platte neben mir sitzt, tituliert ihn so. Er kennt den Mann irgendwo vom Autogeschäft her. Ja, und der Flieger, der zwar ausschaut wie ein abgehärteter Offizier der Fremdenlegion, hat einen Kopiloten. Eine volle Blondine mit schulterlangem Haar wie reifes Korn und zwei trotz allem äußerst unschuldig blickenden Smaragdaugen. Oder ist sie aufs Unschuldigschauen schon trainiert? Er wird etwa im 20. Feld sein, der Kopilot. Berti sitzt der Blondine gegenüber. Sie trägt eine Leinenbluse. Blütenweiß und mit Bügelfalten und wie ein Fesselballon prall gefüllt. Zum Bersten gespannt. Die Ladung mit Dynamit vergleichbar. So etwas sollte nach einer Jagd, nach Strapazen und guter Laune und nach viel Alkohol verboten sein. Denn kaum haben wir, nachdem Laz das Signal mit dem Weidmannsheil gab, unsere Gläser mit dem rubinrot funkelnden Blaufränkischen geleert, und Pöttelsdorfer Bismarckwein ist eine Spezialität des Hauses, also kaum haben wir in dem Raum, in dem es qualmt und alles durcheinanderpalavert, getrunken, muss ich feststellen, dass der Berti immer nur zur Seite schaut, und nie dem süßen Gegenüber in die Augen, d. h. auf die Bluse. Also trinken wir fünf unter uns nochmals Weidmannsheil, während schon die dampfenden Schüsseln mit Hasensoße und Knödeln hereingetragen werden. Das tut uns gut und macht uns frei, und Berti zeigt sich gleich etwas gelockerter. Oben, bei Doktor T., den Franzosen und Kommerzialrat K., sitzt Laz. Mit „Guten Appetit!“ geht unter Scherzen das Festmahl los. Der magere Eisenhändler, der schräg gegenüber sitzt, haut ganz schön rein. Wo der das nur hinisst? Für den Flieger sind wir wie aus Glas, er sieht uns nicht. Die Blondine hat dunkle, künstlich verlängerte, lange, sehr lange Wimpern, und Berti, das rot funkelnde Glas immer noch in der Hand, jetzt Glotzaugen. Aha, der Bismarckwein hat die Scheu schon gedämpft. Endlich isst auch Berti, als sein Gegenüber zu speisen begonnen hat. Da beuge ich mich, alle guten Tischsitten vergessend, hinter dem Rücken von Hans zum Berti hin und sage ihm, dass er doch den Wirt ersuchen soll, er möge das Rauchen hier im Raum einstellen lassen. Berti, mit einem halben Knödl im Mund, fragt dumm: „Warum?“ „Mein lieber Freund, wenn dein Gegenüber husten muss, platzt etwas und die ganze Füllung fliegt in den Teller mit der guten Hasensoße!“ Berti schaut, zu mir gebeugt, unter seinen Wimpern durch zur Blondine hin und kann kaum noch ruhig Blut bewahren. Der Kopilot beobachtet uns bereits. Da isst Berti wieder weiter. Hans, der zugehört und wahrscheinlich gleich an die Volumensmessung bei der Trophäenbewertung gedacht hat, sagt nach einer Weile laut: „Berti, sag es dem Herrn Gastrat!“ Da schnaubt Berti in seinen Teller wie ein Pferd der k. u. k. Hofstallung zu Wien in seine Marmorkrippe. Weil das aber so weitergeht, und der Flieger anscheinend bemerkt, dass er das Ziel der verhaltenen Wünsche und Blicke am halben Tisch wird, ist er plötzlich, kaum haben wir nach dem Essen wieder ein Glas getrunken, schon bei Laz oben und verabschiedet sich. Das ist wahres Pech. Gleich werden wir losheulen wie die Armen im Fegefeuer. Walter nebenan sagt glatt, dass es eine Geschmacklosigkeit wäre, so schnell abzuziehen mit so einem Partner. Und wir pflichten ihm bei.

Laz hat sich nun zu uns gesetzt und bestätigt, dass er Doktor T., seinen Vetter, wieder wegen des Trapphahns gefragt hat. Wäre aber keine richtige Antwort gekommen, sagt er lachend. Das ist eine lange Geschichte. Im Frühjahr hat Doktor T. uns, d. h. Laz und mich, als wir einmal beim Gastrat nach dem Schnepfenstrich beisammensaßen, spontan in sein Feldrevier im nördlichen Burgenland auf einen Trapphahn eingeladen. „Der französische Botschafter schießt in vierzehn Tagen einen Trapphahn und ihr seid auch herzlich eingeladen!" „Worauf?" „Auf einen Trapphahn natürlich!" „Jeder?" „Jeder! Alle zwei könnt ihr kommen!" Den ganzen Abend haben wir uns damals über Schusswirkung und Ballistik auf Trappen unterhalten. Und über die Trappen selbst ausführlich gesprochen. Nicht einmal die Arten des Präparierens haben wir ausgelassen! Wir konnten es nicht fassen! So ein Glück!

Nach einer Woche kommt dann das dicke Ende. Laz fragt Doktor T., ob wir, da wir doch gemeinsam und am selben Tag kämen, unbedingt zwei Gewehre mitnehmen müssten? Doktor T. ist entsetzt. „Wieso? Ihr sitzt ja hinter dem Botschafter im Wagen!" Laz: „Aber das geht doch nicht, von einem Botschafter kann man das nicht verlangen! Wir können doch nicht über ihn drüberschießen, wer weiß, wie die Situation sein wird!" Doktor T. tut ganz verstört und erklärt uns, dass wir doch nur zuschauen dürfen. Nicht schießen! Ja, als Zuschauer dürfen wir hinten sitzen, wie die Lakaien auf der Hofkutsche, wenn der Herr Botschafter zu feuern beliebt. Wie Schuppen fällt es uns von den Augen, dass wir nur „Sehleute" sein sollen! Natürlich verzichten wir. Wer weiß, ob sich der Mann nicht plötzlich eine Sänfte statt des Wagens einbildet, und wir können ihn dann schleppen. Laz ist, aus dem Gastraum kommend, wieder da und mit breitem Grinsen stellt er uns seine Begleitung vor. Links und rechts hat er je eine hübsche dunkle Kroatin. Sie sind Schwestern aus einer nahen Ortschaft, und natürlich rücken wir zusammen und lachend nehmen beide bei uns Platz. Eine Runde ist wieder fällig, diesmal mit den beiden glutäugigen Hübschen mit den Perlenzähnen. Hans will aber nichts mehr trinken. Ernst meint er: „Des ist der letzte Schluck! Wegen der Pomille!" Wir lachen herzlich.

Mit Damen muss man über Kunst sprechen, um gut zu wirken, und als ich so halb und halb zuhöre, geht die Debatte eben um das Auftreten eines Pantomimen aus dem Libanon oder aus Israel oder so in Wien. Was er dazu sage? Aber einer aus unserer Mitte lehnt es ab, von einem Phantom hält er nichts! Großes Hallo, und es fehlt nur noch, dass aus der Tarantel eine Tarantella wird. Das Lateinern beginnt. Laz erzählt den Fremden von seiner Heuschreckenplantage und dass die Heuschrecken zu Brillantine vermahlen werden. Und vom flüchtigen Fuchs, der von einer Idealkugel mit der Lunte an einem Baum festgenagelt wird, aus dem Balg fährt, balglos weiterflüchtet und nach zwei Tagen beim nächsten Gemeindeamt um Kleider bittet.

Hans stößt mich an. „Dort schau hin!" Draußen an der Theke stehen zwei wild dreinschauende massige Gestalten, die wild umhergestikulieren. Wenn es um das Wildbret geht, sind sie dran. Wir kennen sie. In dem Wirbel hier herinnen, wo alles trinkt und lacht und isst und redet, können wir natürlich von dort draußen kein Wort verstehen, aber es muss ernst sein, das ist nach ihren Mienen zu schließen sicher. Das geht, während wir weiterlateinern, fast eine halbe Stunde so. Da kommt der eine mit den dicken Lippen zu uns herein und geht zum Tisch oben hin, wo der Kommerzialrat sitzt. „Griaß Ihna, na wem g'hörn die Hos'n?" „Ihnen!" Also geht der zurück und sagt dem Konkurrenten seine Meinung, und der mit dem roten Gesicht kann es nicht glauben und versucht es ebenso. „Griaß Ihna! Wem g'hörn die Hos'n?" „Ihrem Kollegen!" Wutschnaubend zieht der davon. Hinaus zur Schank, wo die Debatte weitergeht. „Die Geier lauern scho' auf die Hasen!" meint Georg trocken dazu. Ich habe schon reichlich intus, aber so viel ist klar, dass die beiden nämlich keine Geier sein können, wie Georg sagt. Und ich kläre ihn auf. „Geier, Georg, haben dünne Hälse. Und was siehst du dort?"

Berti fragt hochdeutsch und scheinheilig den Bauern schräg gegenüber, ob es hier außer Hasen auch Hirsche und Sauen gäbe. Den Rest können wir uns schon ausmalen, als wir sehen, wie der Bauernjäger loslegt. Er glaubt, ein Opfer gefunden zu haben und tischt furchtbare Sachen auf. Irgendwo bei Laz wird ein Lied angestimmt: „In einem Polenstädtchen ..." Die Stunde für Laz, den alten Haudegen, ist gekommen. Hans unterhält sich noch immer mit den beiden dunklen Schönen. Sie müssen ihn rein verhext haben. Endlich rücken sie mit der Farbe heraus. Auch sie wollten die

Hasen kaufen. Ich beginne zu überlegen, was überhaupt noch was ist. Jetzt ist der „Freie Wildbretschütz" dran. Das Lied klingt durch den Raum, Gläser werden geleert. „An so an Auer-, Auerhahn, den schiaß ich für mein Leben gern . . ." Der eine Bügelfaltenmann aus der Stadt, eine höhere Persönlichkeit, steht auf und hebt das Glas: „Weidmannsheil!" Und von einem wilden Chor zurück „Weidmannsheil". Irgendeiner erzählt in dem folgenden Rede- und Gläserlärm, dass die Trappen so auf das Niederwild losgehen, seitdem sie sich mit den Marabus gekreuzt hätten. Georg stößt mich an und will meine Meinung dazu wissen. Ich kenne aber nur noch einen Marabut, und das ist irgendein Heiliger aus dem Orient. Laz erzählt aus Paris. „Mann, war das eine tolle Zeit . . ." Aber als er, stürmisch befragt, ins Detail geht und die französischen Fräuleins imitieren will, beginnt er russisch daherzureden. Ein Orkan bricht los. Er ist entlassen.

Endlich brechen wir auf. Ein herzliches „Auf Wiedersehen und Weidmannsheil!" dem Kommerzialrat und Laz, dem Jagdleiter. Und als ich endlich draußen die klare, frische Luft auf dem Kirchenplatz atme, bin ich doch nicht so benebelt, denn ich glaube, irgendwo hoch in den dunklen Lüften einen heiseren, suchenden Gänseruf gehört zu haben. Da weht mir etwas beklemmend durch die Seele. Es ist das scheint's längst nicht mehr gültige Lied: „Wildgänse ziehen mit wildem Schrei nach Norden, Kameraden habt acht, was ist aus uns geworden ..."

Sauen, Sauen ...

Daheim im Revier fährteten sich Sauen noch und noch. Zahlreiche Wildschäden traten, von den Schwarzkitteln verursacht, auf. Die missmutigen Gesichter der Bauern sprachen Bände. Waldnahe Äcker waren, so mit Kartoffeln, Weizen, Hafer oder Mais bestellt, stets in Gefahr. Bis es dann einschlug: „Der K. hat heute früh eine Sau geschossen!" Natürlich beschloss ich, nach Besichtigung des Überläufers, mich ganz gehörig am Riemen zu reißen. An den zwei Kartoffeläckern unseres Reviers, wo die Sauen gebrochen hatten, saß ich abwechselnd an, so an die 20 Nächte hindurch. Und was geschah? Saß ich hier, waren die Sauen dort, und umgekehrt. Langsam stieg mir beim Anblick der ausgegrabenen Kartoffelstauden schon der Hut hoch. Weniger wegen des Schadens, der ließ sich begleichen, sondern mehr ob der zerrüttenden Sitzerei.

Eines Nachts ästen einige Rehe vor mir. Als sie absprangen, überquerte ein Überläufer im Troll die Wiese, die im silbernen Mondlicht vor dem Kartoffelacker lag. Schon schien es, er wäre vergrämt, als ich ihn im Laub der kleinen Dickung neben meiner Eiche rascheln hörte. Nach einer endlos dünkenden Viertelstunde ließ sich in den Kartoffeln sein Brechen hören. Aber nichts zu sehen. Aus dem Schatten trat der Schwarzkittel nicht, doch das von ihm verursachte Geräusch hörte sich immer näher an. Auf einmal schob sich ein Wurf aus dem Schattenrand vor mir. Und nun stand der ganze Schwarzkittel im Mondlicht, keine 35 Gänge weit. Zähne und Hände scheppern, das richtige Jagdfieber. Wenn es bloß die Sau nicht merkt. Langsam tastet die Hand nach dem Gewehr. Nur jetzt nicht wo anstoßen! Ruhig saugt sich das sechsfache Zielfernrohr fest. „Rums!" Das Stück bleibt im Feuer. Beim näheren Betrachten der Sau mit dem Feldstecher packt mich dann der zweite Fieberanfall. Nach diesem steige ich vom Baum und sitze, den Hut in der Hand, eine gute Weile neben meiner Beute. Gelinde Enttäuschung brachte dann der nächste Tag, als die Waage lediglich 30 Kilo zeigte. Wie wahrscheinlich jeder bei seiner ersten Nachtsau, hatte ich sie für doppelt so schwer gehalten. Das Abfährten ergab, dass nicht nur schwache, sondern auch ganz respektable Stücke im Revier standen.

Hatten die Schwarzkittel bisher nur nach Kartoffeln gebrochen, taten sie sich jetzt auch am milchigen Hafer gütlich. So tappte ich im Dunkeln zum „Waldäcker-Hochstand". Als ich bei gutem Wind die Hochstandleiter am Waldrand berührte, war im Haferfeld vor mir dauerndes Schmatzen zu vernehmen. Dann auch noch leises Grunzen: Sauen! Für die Leiter brauchte ich fast eine Viertelstunde, dann saß ich auf dem Hochstand und wartete auf das kommende Büchsenlicht. Die Schwarzen taten ganz vertraut, es mussten mehrere sein. Nach schier endlosen Ansprechversuchen, mit und ohne Glas, ließen sich im ersten grauen Dunst acht Sauen erkennen. Entfernung etwa 60 Gänge. In aller Gemütlichkeit saßen sie im Hafer und fraßen. Na, denke ich, endlich geht die Uhr richtig, heute legst du eine stärkere auf die Schwarte. Es ist schon gutes Schusslicht und die Rotte noch immer vor mir, nur nicht mehr so frei. Ein einziehendes Reh schreckt und verlässt das Haferfeld mit hohen Fluchten. Jetzt wird es Zeit. Gewehr an die Wange und das stärkste Stück gesucht. Aber nur der Kamm ist sichtbar. Ob da das H-Mantel-Geschoss meiner 7 x 65 R mitmacht, wenn ich tiefer halte? Alle möglichen ballistischen Angstträume gehen mir durch den Kopf. Aber jetzt steht ein Stück etwas höher. Als ich fassen will, sind wieder nur Kamm und Teller sichtbar. Also etwas tiefer gehalten, ungefähr Hochblatt, eingestochen und Schuss. Die Sauen unterbrechen das Schmatzen, ich sehe die Teller spielen, nur mein Stück ist weg, keine Flucht, gar nichts. Doch jetzt beginnt eine zu blasen, und ehe ich wieder geladen habe, wird schon die erste hoch, und ab geht's zum nahen Waldrand. Zur Verblüffung sind es wieder acht Sauen, die da im Gänsemarsch davontrollen. Leise Zweifel werden wach. Mein verstörtes Antlitz kann man sich vorstellen, als ich am Anschuss feststellen muss, keine Sau getroffen zu haben. Mit einer 9,3 hätte es wohl besser geklappt.

Beim Schwarzwildjagen geht es meist recht verkehrt zu. Ist man darauf aus, so kann man die Sauen meist nur im Gedanken vorbeidefilieren lassen. Sitzt man aber einmal auf sonst was an, kann die gröbste Sau ganz vertraut angezockelt kommen. Kein Wunder, wenn es dann so manchen biederen Weidmann danach juckt, den Hut aufzuhauen, wenn ihm nach dem x-ten erfolglosen Nachtansitz der Schädel brummt, die Augen brennen, und morgens ein empörter Bauer mit der Meldung vom neuerlichen nächtlichen Schaden im nebenan gelegenen Revierteil kommt.

Haben die Schwarzkittel auch noch so einen feinen „Jägerinstinkt", zweimal im Jahr setzt er aus. Wenn ihr guter Freund, der Wind, die honigsüßen Düfte vom reifenden Hafer und später vom milchigen Mais in die tiefen Wälder trägt, wird anscheinend auch der gröbste Keiler schwach. Hans sagt da immer, das wäre so, als ob einer von uns beiden Martini wittern würde. Zweifellos ist dies aber übertrieben.

Nach etlichen vergeblichen Ansitzen war ich heuer schon ziemlich zermürbt und setzte meine ganze Hoffnung nur noch auf die richtige „Hobernzeit", die Haferzeit also. Kaum verfärbte der Hafer vom grauen Grün ins zarte Gelb, gab's auch schon die ersten Schadensmeldungen. Um kleinere Schäden handelte es sich in diesen Fällen zwar, doch ich nahm sie ernst – und saß wieder einmal ganz prosaisch an. Ich weiß nicht, ob es anderen Jägern auch so geht, mich aber zieht es manchmal ganz mächtig zu einem bestimmten Revierteil oder Hochstand. Den ganzen Tag verfolgt mich das Bild, und meist ist dann dort auch „was los". Heute ging es mir so mit dem „Stand", einer recht idyllischen Waldlichtung mit eingestreuten kleinen Ackerstreifen. „Dutker, Schwarzes Zeißel und Waldäcker" hatte ich schon erfolglos belagert. Die Wildschäden waren aber dort, genauso wie „Hinters Bira", nur ärger geworden. Am „Stand" führte ein guter Sauwechsel vorbei; vielleicht würde es diesmal endlich klappen.

Auf der im silbermilchigen Mondlicht schlummernden Wiese ästen zwei Rehe und ein Hase. Von Sauen nichts zu hören. So döste ich dahin. Woran man bei einem Ansitz denkt, all das zieht vorüber. Die Patienten des vergangenen Tages, die heutige „edle Jagd“ mit ihren Aufbruchsäcken, Schnappschussriemen und monströsen Trillerpfeifen in den Versandkatalogen, an die jetzigen Pachtschillinge, die, in treffendem Dialekt gesagt, „in die Haut eini gnua san“, ja und an Ortega y Gasset mit seiner Einstellung zur Fotojagd und an vieles mehr. Dann ziehen wieder einmal die stärksten Keiler durch den Sinn, für solche Ansitze mein Geheimrezept. Nach der Wahrscheinlichkeitsrechnung kann es dann nämlich nicht mehr lange dauern, bis es scheppert! Aber dann, ja dann würde ich gleich drei Tage feiern, 21 Salven als Ehrensalut für den so überschweren Bassen in den unschuldigen Sternenhimmel jagen und ebenso viele Martinis, der Teufel soll sie holen, auch allein hinunterkippen. Ja und dann würde mein Präparator die Hände über dem Kopf zusammenschlagen. „Jeschusch, was haben Sie denn für ein kapitales Schwein geschossen“, würde er sagen. Und dann ... war ich mit einem Male hellwach. Oben am Maisrand war ein Ast gebrochen. Die beiden Rehe hatten aufgeworfen. Nur der Hase mummelte noch. Da, jetzt wieder: Knack, knack, und die Rehe springen ab, der Hase flüchtet hinterdrein. Stille. Nun nochmals Brechen und Rascheln, und eine einzelne Sau trollt schnurstracks aus dem Schatten zu den Kartoffeln und verhofft jetzt zu mir her. Natürlich befiel mich beim Erscheinen des Stückes eine leichte Nervosität. Bin aber schon wieder ganz ruhig. Nur keine Bewegung, solange das Stück verhofft. Ein Überläuferkeiler scheint es zu sein. Endlich kommt die Erlösung, er zieht etwas weiter in die Kartoffeln und beginnt zu brechen. Fast scheint es mir, er schone einen Vorderlauf. Sicher bin ich mir aber nicht so ganz. Nach einigen Minuten fängt der Überläufer auf etwa 80 Gänge zu brechen an. Er tut so vertraut, dass es mir richtig schwerfällt, nach der Bockbüchsflinte zu tasten. Vorsichtig balanciere ich sie hoch. Endlich ist das Gewehr an der Wange. Beim Blick durchs Zielfernrohr kommen mir Zweifel, ob es wirklich „bloß“ ein Überläufer ist. Aber wir werden ja sehen. Achtung, er steht breit. Entsichert, gestochen und „Kraaach". Kaum ist das Mündungsfeuer weg, sehe ich die Sau an den Anschuss gebannt, doch will sie vorne wieder hoch werden. Glas an die Augen. Die muss doch liegen! Dem ist aber nicht so, sondern das Stück ist wieder auf den Läufen und flüchtet Richtung Mais. Dort hinein, und ein Schlagen und Brechen am gleichen Platz. Ein Stein fällt mir vom Herzen, denn zweifellos liegt der Schwarzkittel jetzt. Das Rumoren hört auch gleich auf, nur einen letzten, förmlich anklagenden Blaser vernehme ich noch. 1 000 Gedanken und Versuchungen durchschwirren meinen Kopf. Nach den Geräuschen schien die Sau zwar verendet, aber alles kann täuschen, nein, eine Sau ist hart, eine sofortige Nachsuche schied aus.

Nach schwerer Nacht – denn jenen möchte ich gerne kennen, der da ruhig schläft! – war ich mit dem ersten Strahl am Stand und ... bei meinem Keiler. Er hatte einen Lungenschuss, das Herz war etwas angekratzt. Die Fluchtstrecke betrug an die 70 Gänge. Nachts hatte mir der trügerische Schatten des Maisrandes eine viel kürzere Entfernung vorgegaukelt. Mit Verwunderung stelle ich fest, dass der rechte Vorderlauf des Keilers von einer früheren Verletzung her total deformiert ist. Die Auftrittsfläche gut faustgroß. Vorne ragen nur die Spitzen der Schalen hervor. Das Geäfter ist vollkommen verschwunden. Wahrscheinlich wieder eine der vielen Minenverletzungen vom Stacheldraht der nahen ungarischen Grenze. Ein wahrer Fluch für dieses urige Wild. Leider weist bestimmt ein Fünftel aller hier gestreckten Sauen ähnliche Verletzungen auf. Auch mein stärkster Keiler hatte nur drei Läufe. Der jetzige schien durch die Verletzung aber doch sehr abgekommen zu sein und war für seine Größe viel zu leicht. Beim Aufbrechen zeigte sich kein Lot Weiß. Aufgebrochen wog der Keiler nur 65 Kilogramm. Die Waffen maßen aber immerhin gute 18 Zentimeter. Das große Feiern blieb natürlich aus, da zieht man nur den Hut und dankt Huberto.

Am nächsten Tag wurde von einem Haferfeld auf den Neuäckern ein beträchtlicher Wildschaden gemeldet. Natürlich beaugapfelte ich diesen gleich abends. Was da umgewälzt und zerknautscht darniederlag, war gar nicht so ohne. Gestern hatte ich erst einen Schwarzkittel auf die Schwarte gelegt, nein, heute wollte ich nicht ansitzen. Wenn es klappen wollte, dann bestimmt morgen auch. Nächsten Vormittag fährtete ich wieder ab, die Sauen waren nicht mehr da, sondern abermals am „Stand" gewesen. Anscheinend eine starke Rotte. Noch dazu befand sich ein Stück dabei, dessen Fährte mir fast den Atem stocken ließ. Am Abend klebte ich natürlich wieder auf dem nun schon bewährten Hochsitz und dachte an meinen vorgestrigen, überraschenden Erfolg. Ich war zufrieden. Die Gais und das Kitz zogen wieder aus und ästen vertraut. Nur anstelle des Hasen wurzelte ein Dachs. Meister Lampe würde heute wahrscheinlich erst später kommen. Die Grillen zirpten, dass es eine Freude war, und ich döste in der schwülen Sommernacht so dahin. Kein Hauch bewegte sich. Gegen 22 Uhr schlugen in Richtung Ritzing einige Hunde an und beruhigten sich nur langsam wieder. Um halb elf etwa fiel weit entfernt im Nordwesten ein Schuss. Im Dämmer registrierte ich gedankenlos: Halb elf, Kugelschuss, Kalkgruben.

Halb zwölf. Noch immer keine Sauen da. Aber auch kein Hochwild. Und das ist bei uns so ein Zeichen. Entweder oder, doch beides auf einmal, das gibt es nicht! Schon möglich, dass die Sauen das Hochwild vergrämt hatten. Vielleicht beehrten sie heute überhaupt einen anderen Revierteil. Hier ließ sich nach meinem Gefühl nicht mehr viel erhoffen. Ich tastete nach dem Gewehr und turnte auch schon die Leiter hinunter. Schließlich hatte ich doch vorgestern erst usw. ..., ging es mir zur Selbstbestärkung durch den Kopf. Einen Blick wollte ich aber doch noch auf die Neuäcker werfen, verschwand lautlos vom „Stand" und pirschte im Waldschatten dorthin. Ja, der Mond meinte es heute viel besser. Wie zum „Romanlesen". Bei diesem klaren Mondlicht zieht doch kein Schwarzkittel auf die Felder heraus. Obwohl ich schon fast die ganze Strecke – der Weg geht ungefähr 600 Meter durch Wiesen und Waldstreifen – zurückgelegt hatte, bekam ich kein Wild in Anblick. Seltsam! Die Neuäcker bilden einen Hügelrücken und sind von zwei Seiten von Wald umgeben. Tritt man am Ende des hügelan führenden Weges durch eine Art Remise, so steht man auf der höchsten Erhebung und hat die Felder links und rechts frei vor sich liegen. Schon hatte ich die letzte Baumreihe hinter mir und stand im letzten Baumschatten. Machte dann noch zwei Schritt und hob das Glas. Im hellen Mond lagen die Felder verlassen da. Langsam suchte das Glas Ackerstreifen um Ackerstreifen ab. Kein Reh, nichts. Doch da, rechts, keine 200 Meter in des Tiefentalers Hafer, Sau neben Sau, eine ganze Rotte. Sie bewegen sich dauernd hin und her. Immer wieder taucht ein Kamm oder ein Wurf mit den Tellern auf. Nur stumm ist die ganze Gesellschaft. Der Mond ist ihnen anscheinend doch zu hell. Was soll ich tun? Entfernung zum Schuss zu weit, außerdem sind die Schwarzen viel zu stark verdeckt. Doch halt: Zwischen Hafer und Waldrand liegt ein frisch gepflügter Sturzacker. Da gibt es doch keine Debatte, Schuhe runter und näher ran.

Seit gut drei Wochen hat es nicht geregnet, und so komme ich in der Traktorspur und auf den staubigen Schollen fast geräuschlos voran. Jetzt quiekt eine Sau, eine andere grunzt leise, aber nicht besonders tief. Wird wohl ein Frischling sein. Endlich, nach fast einer Viertelstunde, bin ich auf etwa 50 Gänge vor der Rotte. Den intensiven Saugeruch trägt mir ein leiser Luftzug zu, nur kann ich die Schwarzkittel von da aus nicht mehr sehen. Verflixt, ich stehe in einer Mulde, und der Hafer ist von hier aus höher als die Rotte. Leise will ich noch gebückt ein paar Meter vor. Von dort müsste es gehen. Vor mir höre ich natürlich die Sauen schon schmatzen und leise grunzen. Halt! Da muss etwas direkt vor mir am Waldrand sein. In diesem Augenblick fährt auch schon, keine sieben Schritt rechts neben mir, ein Frischling laut quiekend aus der Hecke und zur Rotte hin. Der muss mich schon die ganze Zeit beobachtet haben und ist im Schatten gesteckt. Zum Nachdenken bleibt jetzt keine Zeit mehr. Die Sauen blasen, fahren durcheinander. Alles wurlt, wie man so schön sagt. Aus meiner Verdatterung bin ich erwacht, und die Bock ist auch schon angebackt. Die Rotte hat sich anscheinend bereits entschlossen, wohin sie will. Im richtigen Schweinsgalopp flüchtet jetzt eine Sau nach der anderen über den trennenden freien Acker in den Wald. Mit dreien oder vieren fahre ich mit, kann mich aber zum Schuss nicht entschließen. Es ist viel zu ungenau. Zwölf Stück kann ich zählen. Noch immer stehe ich mit meinem Feuerrohr an der Wange da und äuge leicht übers Glas. Nein, nichts mehr. Alles weg. Das war eine schnelle Überraschung, zuerst so viele und jetzt keine. Ich bin richtig froh, dass ich den zweifelhaften Schuss unterlassen habe. Wenn es auch ganz nah war, nachts flüchtig zu schießen, ist bestimmt nicht weidgerecht. Eine Weile sinniere ich noch so vor mich hin und will dann zurück zu meinen Schuhen. Nehme das Zielfernrohr von der 7 x 65 R. Heute brauche ich es ja doch nicht mehr. Das Haferfeld vor mir interessiert mich aber doch, und so stapfe ich die paar Schritte dorthin. Bin noch auf dem Bruchacker, aber schon vor den niedergewalzten Stellen, da dengelt einer neben mir seine Sense.

Wie angenagelt stehe ich bei diesem Ton. Dann geht alles sehr, sehr rasch. „Schscht …“, rauscht ein großer, schwarzer Schatten keine 25 Gänge vor mir aus dem Hafer. Fährt herum, windet einen Augenblick. Und die Bock wirbelt von der Schulter. „Mein lieber Schwan“, saust ein kurzer Gedanke durch meinen Kopf, „ein ganz schöner Kasten.“ Der „Kasten“ ist aber ein starker Keiler, gut noch einmal so hoch und so lang wie der vorgestrige! Bevor er aber noch richtig im Visier ist, wetzt er noch einmal ganz kurz und fährt dann zu mir her los. Achtung! Zeit lassen, Zeit lassen, sonst geht es daneben. Jetzt, der Basse tut so, als ob er stoppen würde. Der aufgewirbelte Staub ist gut mannshoch. Der Bürzel peitscht hin und her. Das dauert aber alles nur Zehntelsekunden. Bin mit Kimme und Korn am Kopf. Der Schuss ist draußen.

Den Keiler hebt es ganz leicht hoch, und im Feuer sackt er zusammen, um wild zu schlegeln. „Kraach“, blitzt die Brenneke auch noch hinein. Da bleibt einem keine andere Wahl. Eine neue Patrone fingere ich in den Lauf, bin sofort wieder im Anschlag. Aber der Basse rührt sich nicht mehr. Ein leises Blasen. Langsam senke ich die Waffe. Jetzt erst kommt das Jagdfieber und beutelt mich ordentlich. Nach Minuten gehe ich zögernd zum Stück. Es sind acht Schritt! Der erste Schuss sitzt im linken Licht, der zweite am Halsansatz. Der Hut fällt neben den Bassen, und wie scheu greife ich nach den silbernen Kammborsten. Nach den Waffen, die über eine Handbreit herausragen, taste ich aber doch nur langsam und mit pochendem Herzen.

Der Mond versank schon hinter den Wäldern, und ein zartes Licht vermeinte man im Osten zu erkennen, da saß ich noch immer beim Keiler im Tiefentaler-Hafer. Es sind Stunden, die ewig währen sollten! Die Stunden der Erfüllung aller Träume vom schwarzen, urig-wehrhaften Bassen.

Tja, ein paar Stunden habe ich dann daheim noch geschlafen. Wirre Träume plagten mich. Ich sitze auf dem Hochsitz, und über die Leiter kommt eine Sau hoch. Auf der letzten Sprosse steht sie, ich halte ihr die Mündung entgegen und „Rummms" stürzt sie verendend auch schon hinunter.

Seit zwei Tagen dachte ich immer an eine bestimmte Stelle im Revier – den Gemeindeschlag. Dort stand im tieferen Teil eine Buche, Überständer der letzten Schlägerung. In dem Dickicht rundum war sie ein markanter Punkt. Zudem führte neben ihr ein alter Abfuhrweg vorbei, und sooft ich in diesen Revierteil wollte, musste ich den Weg benutzen. Man mag vielleicht darüber lächeln, aber die Buche war mir ein richtiger Freund geworden. Immerhin hatte sie mich schon mit Hase und Hahn, Bock und Hirsch vorbeiziehen gesehen. Wir kannten einander.

Ich musste auf den Schlag! Nach dem Essen nahm ich Gewehr und Glas, ließ heute den Hund daheim und schalt mich einen Narren, um diese Tageszeit ins Revier zu gehen. An der Buche ging's vorbei, und keine halbe Stunde später saß ich oberhalb auf einem alten Hochsitz. Ein herrlicher Tag. So ruhig und lau, dass es einem richtige Freude bereitete, im Herzen der Natur bloß sitzen zu dürfen. Diese Herbsttage haben es in sich. Die Gedanken beim Winter, die Erinnerungen im prallen Sommer, kann man sich innerlich noch zu keinem von den beiden Freunden gesellen. Eine Rehgais saß bei den drei Fichten in den Schmielen und döste. Vögel, Falter und eine Hornisse flogen vorbei. „Wulnauser" heißen diese Dinger, mit denen es nicht gut Kirschen essen ist, hier im Volksmund.

Fünf Stück davon „bringen a Ross und an Reider um“, sagt der Volksmund weiter. Und ebenso: „Aber tuast eahna du nichts, tuan sie dir auch nichts.“ Hoffen wir, dass der Volksmund recht behält!

Mit dem Glas zog ich mir den Pauliberg näher. Setzte wieder ab, kam ins Tagträumen und Sinnieren. Überm Selitzatal strich lautlos ein Fischreiher bachauf. Sogar einen Schwarzstorch hatte ich heuer im Sommer dort auf einige Schritt gesehen. Sein Anblick wiederum erinnerte mich an den Nil und Kalif Storch. Ich musste schmunzeln, was einem so augenblicklich einfiel bei derlei Begegnungen. Irgendein raschelnder Ton war plötzlich da, der nicht hergehörte. Ohne mich zu bewegen blickte ich nach links. Auf 80 Gänge zitterten dort die Stauden. Hochwild konnte es nicht sein, das hätte darüber hinausgeragt. Ein Schleifen, Rauschen, leises Brechen. Schwarzwild! Jetzt, um diese Tageszeit! Wie mochte denn das wohl zugehen? Nichts zu sehen, aber immer näher zu hören. Raus mit der Bock, ehe es zu spät ist. Ansprechen musste ich eben durch das Zielfernrohr. Das Stück würde dort zwischen der Birkengruppe nur einen Augenblick frei sein. Da, ein Knacksen, und auf 30 Schritt steht zwischen den weißen Stämmen ein Überläufer. Nichts kommt nach. Das Fadenkreuz fährt ins Leben. Im Widerhall des Schusses liegt der Überläufer im Maisgras. Als ich das Gewehr absetze, denke ich an den zahlreichen Sauschaden im heurigen Jahr, so als innerliche Beschwichtigung, dass alles so schnell gegangen ist. Dann bäume ich ab und gehe zur Sau hin. Eine lange Weile lag ich damals neben dem Schwarzen im hohen Maisgras und sah dem jetzt schon seltenen Altweibersommer zu, der zwischen den gilbenden Birkenblättern ober mir durch den blauen Himmel schwebte. Als ich heimging und mich vergewissert hatte, dass auf dem zwei Kilometer langen Feldweg sich keine Menschenseele blicken ließ, sang ich in meinem frohen Übermut laut mein ganzes Repertoire an Jäger-, Heimat- und Soldatenliedern. Beim Weniger-Wirt trat ich ein, machte ein gekonnt saures Gesicht und sagte zu ein paar Bekannten, die dort beim Bier saßen: „Ich habe gerade eine Sau geschossen. Wenn ihr mir beim Heruntertransportieren helft, gehört die Leber euch!“ Angesichts ihrer Gesichter habe ich mich sehr beherrschen müssen, um niemand merken zu lassen, dass ich selbst noch vor zwei Stunden über dieses Weidmannsheil am meisten überrascht gewesen war.

Der frohe Herbst mit seinem bunten Laub gehörte der Vergangenheit an. Der November, nebelig, nass und kalt, hatte mich immer wieder aus dem Revier getrieben. Über den Hasenberg hin peitschte der eisige Regen beißend ins Gesicht. Da machte es einem noch nichts aus, weil man von daheim her richtig ausgewärmt war. Doch nach erfolglosen Pirschgängen, müde und nass und matt, zerrte der Wind am aufgestellten Kragen. Die letzten Blätter hatte er schon von den Bäumen gefegt, der Nadelwald stöhnte und ächzte, und es brauste mit Urgewalt durch die wankenden Wipfel. Um Weihnachten trat Ruhe ein. Eine stille Kälte kroch ins Land. Die Löffelmänner hoppelten verlegen und steif auf den Saaten umher, und die Fasane hielten sich nur noch an den Schütten auf. Über Nacht hatte sich ein weißer, flaumiger Polster übers Land gelegt. Im Hochwald bogen sich die Äste der Fichten unter der stillen, weißen Last. Und der Jäger jubelte! Jetzt konnte er den weißen Leithund nutzen!

Es hatte bis frühmorgens geschneit, da standen nicht viel Fährten im Schnee. Auch ist es so, dass ja der erste Schnee dem Wild ungewohnt und fremd ist, dieses daher in den Dickungen verharren lässt. Nur Rehe und Hasen kreuzten überall die Wege. Hie und da fand sich die Perlschnur des schnürenden Rotrocks. Aber Hirsch und Sau hatten, wie erwartet, ihre Einstände nicht verlassen.

Das ruhige Wetter hielt an, und am nächsten Tag zeigte das Revier erst, was wirklich an Wild in ihm stand. Durch den Hochwald waren die Sauen auf die Neuäcker gezogen, hatten dort bei den Tiefentaler-Äckern gebrochen, und beim Einziehen den gleichen Wechsel benutzt. Dann waren sie ein, zwei Tage ausgeblieben, und nun an die gleiche Stelle wiedergekehrt. Der Mond zeigte schon mehr als ein halbvolles Gesicht, und als ich tags danach vor Mitternacht gewohnheitsmäßig nach dem etwas verhangenen Mond blicke, ist es draußen ganz klar. Eine Stunde später geht's im Schneehemd durch das Revier. Um eine Waldecke biegend, sehe ich am gegenüberliegenden Hang eine einzelne Sau im klaren Mondlicht bergauf ziehen. Aber was für eine! Ein Schwarzkittel mit gut und gern 150 Kilogramm ist es, der da ganz vertraut wegzieht. Was tun? Zum Schießen ist es zu weit. Also näher ran. Aber der Schnee knirscht grauenhaft. Stiefel ausgezogen, bergab durch ein schmales Wäldchen und in der Talsohle durch einen Hohlweg. Als ich ins Freie trete, ist mein Widerpart schon über dem Horizont verschwunden. Plötzlich ein Gepolter und Gekreische, und parallel mit mir trollen neun Sauen auf keine 50 Schritt aus dem Holz. Ich erstarre zu Stein und spüre im gleichen Augenblick meine eiskalten Füße. Beim Stehen wärmen selbst drei Paar Socken nicht. Die Sauen kommen näher. Gott sei Dank steht der Wind gut. Sie äugen wohl zu mir her, anscheinend kommt ihnen aber nichts verdächtig vor. Die müssen heute wirklich ihren „dummen Tag“ haben, denn alle neun, drei Bachen und sechs Frischlinge, beginnen bergauf zu brechen. Da muss ein vorwitziger Frischling doch eine Bewegung an mir erspäht haben, denn stocksteif steht er und windet herüber. Als er sich nach seinen Kumpanen etwas abwendet, so auf die Art „Bin ich auch wirklich nicht allein?“, liegt meine Bockbüchse schon an der Backe, und der Schuss ist draußen. Der Frischling fällt im Feuer und die anderen sind ganz verwirrt und flüchten laut quiekend im Kreise herum. Da fegt eine Bache wie der Teufel auf mich zu, und mir stellen sich im Nacken die Haare auf. Blitzschnell, auf etwa vier Meter, bricht der hingeworfene Schuss. Die Sau macht förmlich in der Luft kehrt, und bis ich die nächste Patrone in meiner Hand fühle, sind die Schwarzkittel weg. Zu vernehmen ist nur noch ein sich entfernendes Brechen im Holz. Auf 20 Gänge liegt mein Frischling und rührt sich nicht. Die Bache jedoch ist, wie die Bahn des Flintenlaufgeschosses im Schnee beweist, Gott sei Dank glatt gefehlt.

Pauliberg

Wessen Streben, Sinnen und Trachten, wenn er nur ein bisschen Jäger ist, geht nicht nach einem eigenen Revier. Nun, ich für mich muss gestehen, dass zwar alle Fasern meiner Seele und des Herzens Wild und Wald gehörten, doch ein eigenes Revier schien mir unausdenkbar. Vier Jahre war ich nun Mitglied einer Jagdgesellschaft, mit allen Erkenntnissen dieser Situationen. Oft schon wollte ich verzagen. Acht Mann auf runde 700 Hektar! Wenn auch nicht alle als Vollblutjäger zu rechnen waren, so kann sich doch wohl jeder seinen Reim darauf machen. Nur der Gedanke, daheim das Sausen des Waldes in den Fichten und Tannen, Eichen und Buchen pirschend erleben zu können, ließ mich ausharren. Da schien über Nacht ein heller Glücksstreifen am trüben Horizont aufzuziehen. Wie das im Leben so ist: Des einen Freud, des anderen Leid! Bei Laz in Deutschkreutz hatte ich ja schon als Gast allerlei erlegt und wir verstanden einander bestens. Laz hatte einen Vetter. Das nur, um vielleicht in punkto Reviervergabe nicht ganz Eingeweihten die verschlungenen Pfade des irdischen Glücks aufzuzeigen. Dieser Vetter, übrigens gleichen Namens, hatte es mit dem Herzen. In der Stadt daheim Arzt und ein medizinischer Manager, hatte er des Guten anscheinend etwas zu viel getan. Und er war Pächter eines der herrlichsten Waldreviere in unserer Gegend, des Pauliberges. Als Laz bei einem zufälligen Besuch die Bemerkung fallen ließ, dass da eventuell etwas zu machen sei, ich glaube, mir blieb das Herz einen Augenblick lang stehen. Davon hatte ich bisher nicht einmal zu träumen gewagt. Es vergingen einige, viel zu langsame Wochen, und wir waren uns einig. Die Jagdperiode dauerte noch zwei Jahre, den halben Abschuss könnte ich vorläufig ha-

Wie an der Schnur gezogen stand der alte Schaufler auf den Brunftruf. Um diese Zeit wird's brenzlig, denn reifender Hafer und milchiger Mais brechen jedes Sauenherz!

Der Keiler vom Stand

Es staubt ... weit hinter dem Hasen!

Da waren die Sauen am Werk – man sieht's!

ben. Von billig konnte zwar keine Rede sein, der Mann wollte auch gar nicht profitieren und ich vermochte es zu verkraften. Wir schlossen ab. Heute, nach gut einem Jahrzehnt, denke ich wehmütig an diese Zeiten. Der Pachtschilling stieg dort auf das Dreifache. Ein Zeichen der Zeit.

Das ganze Revier hatte 1500 Hektar und im Grunde genommen jagte dort außer mir niemand. Als ich endgültig vor den Tatsachen stand, schlug mein Herz bis zum Hals herauf.

Der Pauliberg hat eine Seehöhe zwischen 500 und 750 Metern und bildet die Hauptmasse des sogenannten Landseer Gebirges. Dieses wieder ist eine Art Verbindung zwischen Ödenburger Gebirge und Rosalia. „Gebirge“ hört sich nach Bergen an – und diese sind nach burgenländischen Begriffen „auch schon schöne Brocken“. Fremde würden diese Höhenzüge natürlich als Hügelland und Mittelgebirge einstufen. Wir sagen stolz „Gebirge“.

Das Revier besteht aus gut 90 Prozent Wald, meist Nadelwald, der Rest sind Wiesen. Die höchste Erhebung bildet ein erloschener Vulkankegel. Verstreute Basaltfelsen finden sich im ganzen Revier. Von den Quellen führen „Gräben“, teils wie Schluchten, zur Ebene. Die markantesten Berge sind der Pauliberg selbst, durch Tannwald und Spitzmais vom Klosterberg, der nur um weniges niedriger ist und auf dessen Kuppe ein von Josef II. aufgelassenes Kloster – besser dessen Ruine – als markante Silhouette steht, getrennt. Im südöstlichen Revierteil noch die Landseer Ruine, aus dem zwölften Jahrhundert stammend, auf einem die Straße nach Osten beherrschenden Hügelkamm. Übrigens eine der größten Ruinen Österreichs. Es sollten zwei bunte, glückliche Jahre werden. Forstlich wurde das Gebiet von drei Förstern betreut. Dem älteren, gesetzten Oberförster P. im südlichen, T., den ich von Geza her kannte, im mittleren und K. im nördlichen Teil. Der Abschuss betrug etwa fünf Aufhabende und siebzehn Böcke, dazu Kahlwild und Gaisen entsprechend. Dies als Richtlinie. Wild gab es genug, vom Pauliberg-Wildstand „lebten“ – wie man so schön zu sagen pflegt – sieben Anrainerreviere. Dazu war das Revier landschaftlich eine Perle, jedoch nicht so leicht zu bejagen, wie es anfangs schien. Umfangreiche Kahlschlägerungen aus der Russenzeit hatten jetzt zu vielen Dickungen geführt. Wahre Wildkammern! Der Tannenbestand war für mich, aus der Ebene kommend, ein immer wieder glücklich erlebter grüner Dom. Dazu die alten Buchen – wie im Märchen – und die Fichten und Lärchen. Ein Reviergang wurde schon aus dieser Sicht allemal zu einem Erlebnis. Und im Herbst natürlich zu einem ganz besonderen. Zudem war durch die Höhenlage das Wetter schon rauer, im Sommer immer etwas kühler als daheim, im späten Herbst zur Nebelzeit fuhr ich von zu Hause „aus unserer Waschküche“ in den herrlichsten Herbsttag mit blitzblauem Himmel. Schnee lag oft schon dann, wenn es bei uns nur Eis regnete. Aber bei klarem Wetter sah man bis zum Neusiedler See und nach Ungarn. Und am Abend leuchteten einem von überallher die funkelnden Lichter der Ortschaften entgegen. Einfach herrlich. Zudem betrug die Entfernung von daheim weg nur 15 Kilometer. Ein Katzensprung also.

Nun zum Wild selbst. Das Rehwild war schwächer als bei uns, Rekordtrophäen gab es so gut wie keine. Doch hatten die Böcke fast alle dunkle, geperlte, pechige Gwichtl. Die Hirsche verhielten sich, wie mir schien, weit scheuer als bei uns. Ihre Bejagung in den riesigen Dickungen gestaltete sich recht problematisch. Nur auf kurze Augenblicke zu sehen und oft beim Umherschlagen in den Dickungen zu hören. Sauen hatten ihren Einstand in den Gräben und quellnahen Maisen. Wenn auch ihre Zahl jährlich abzunehmen schien, so schätzte ich doch an die zehn bis fünfzehn Stück als Pauliberger. Die „Sauzeit“ hatte den Gipfelpunkt hier bei uns schon überschritten, zu viel Blaubelag und Blei trugen daran die Schuld. Hase, Fuchs und Dachs, dem Wald angemessen, gab's hier ebenfalls. Im Wurzgraben und Kohlgraben überdies Haselhühner! Noch 20 Jahre vorher balzte hier der Auerhahn.

Die Blattzeit kam, und die Holzhauer hatten mir vom Bock auf der kleinen, mitten im Nadelbestand gelegenen Filzwiese berichtet. Von Hans trennte ich mich beim Schusterkreuz und schickte ihn in den Spitzmais. Die Filzwiese beim Wurzgraben rief mich förmlich. Und ich gab dem Gefühl nach. Ich habe ja schon erzählt, wie das damals zuging. Den ganzen Tag dachte ich an ein bestimmtes Waldeck oder einen verschwiegenen Sitz, und fast immer, wenn der „Leibchor" in mir sang „Geh dort hin", so klappte es auch. Anblick hatte ich jedenfalls immer. Ich glaube nicht, dass dies reine Einbildung ist, denn auch andere Jäger hörte ich schon Ähnliches erzählen. Als dann die berufliche Überlastung immer größer wurde, blieb mir für derlei Gedanken keine Zeit mehr. Der Instinkt hatte mich leider, wie mir schien, für einige Zeit verlassen.

Der Filzwiesen-Sitz war zwischen Tannen und Fichten so in die Äste hineingearbeitet, dass man ihn von außen fast nicht sehen konnte. Kaum auf Zehenspitzen über den Nadelteppich zur Leiter hingepirscht, hörte ich im Aufsteigen von ferne einen Schuss. Wird doch nicht schon der Hans sein, ging es mir durch den Sinn, und ich sah auf die Uhr. Vier Uhr nachmittags. Mit dem Blatter hatte ich noch nicht viele Böcke erlegt, doch sprach alles dafür, dass es hier klappen musste. Jetzt, wo die Böcke bei den Schmalgaisen standen, nahm ich das Haferstroh vom Hut. Dreimal gefiept, und erwartungsvoll ins Oval der vor mir liegenden blumenprangenden Waldwiese geblickt. Na, der Bock müsste sehr dumm sein, wenn er jetzt schon käme. Nach eineinhalb Stunden Blatten und Sinnieren döste ich vor mich hin. Das Wetter, der leise Wind, alles schien zu passen. Ein roter Fleck riss mich aus meinen Träumen. Auf der Wiese, mitten vor dem gegenüberliegenden Waldrand, befand sich, wie eine Zacke aus der Wiese ragend, ein Quarzfelsen. Und dahinter stand zwischen den hellen Tannenstämmen ein guter, schussbarer Bock. Starker Träger, eisgraues Haupt, fast Handbreit über die Lauscher auf. Lautlos stand er plötzlich da und suchte mit hohem Windfang nach der Schönen. Das Glas bestätigte mir auf die 100 Gänge meinen ersten Eindruck. Stangen hell, ohne Perlen, aber ganz gut. Auf der Stirn fiel mir eine breite Narbe auf. Er mochte so an die sieben Jahre haben. Da kam mir doch die Wärme in die Brust, und schluckend griff ich nach der Bockbüchsflinte. Mein Gott, der Bock verhoffte immer noch nach links, auf die offene Wiese zu. Mit jeder Sehne zum Abspringen bereit. Jetzt musste es schnell gehen. Ohne zu stechen ließ ich fliegen. Als der Widerhall verebbte, war der Kämpe auch schon verendet. Neben dem Quarzfelsen lag der Sechser in den Blumen. Mein Herz schlug schnell. Erst jetzt kam mir so richtig zum Bewusstsein, wie rasch doch alles gegangen war. Und angesprochen hatte ich auch richtig, wie mir der Unterkiefer bewies. Den Bock habe ich noch bei strahlendem Sonnenschein aufgebrochen und gebuckelt. Bergauf gings, und nach einer Stunde stand ich beim Wagen. Ob ich es auf dem Tannwaldschlag versuchen sollte? Vom oberen Pauliberg müsste man in den Mais sehen. Wenn ich mich beeilte, ließ sich vielleicht noch etwas machen. Ohne Luft und schweißgebadet kam ich zum Tanneneck, turnte auf den alten Sitz und leuchtete die Gegend ab. Ein Bock zog auf 300 Gänge über den Rücken, die brusthohen Stauden bildeten dort viele kleine Blößen. Teufel noch einmal, hatte der auf! Gabler, aber überreif. Im Wildbret ein Kasten. Der musste zugewandert sein. Bisher hatte ich hier noch kein so starkes Reh in Anblick bekommen. Zum Schuss war es zu weit, und der Bock zog nun langsam in den Mais ein. So konnte ich ihn einige Minuten mit aufgelegtem Glas ganz gut ansprechen. Ein kapitaler Gabler, reich geperlt bis zu den Enden. Den musste ich mir merken! Wenn er im Revier bleiben sollte, musste er mir gehören.

Auf 100 Gänge äste dann eine Gais unter mir, und bis zum letzten Büchsenlicht trat kein Bock mehr dazu. Seltsam, wie mir schien. Erst jetzt dachte ich daran, dass ich eigentlich hätte blatten können. Auch kein Fehler, ein großer Freund davon bin ich so nie recht gewesen.

Beim Straßl kam mir Hans mit schwerer Last entgegen. Sein Schuss hatte einen ziehenden Bock im Stangenholz ins Dunkel geworfen. Ein guter, etwa achtjähriger, gleichmäßiger Sechser. Hans hatte dann den Platz gewechselt und unter dem Klosterberg im Bestand gefiept. Zwei Böcke, doch nichts Schussbares, sprangen.

Nach zwei Tagen versuchte ich es am Tannwaldschlag vor dem Spitzmais. Ein Dreieck zwischen zwei Bächen, gut 400 Meter lang und bürstendick. An einer Fichte lehnte im Waldschatten am Grabenrand ein Einmannsitz, hervorragende Sicht in den davor aufsteigenden Gegenhang des freien Schlagrandes bietend. Eine Gais zog so um halb sieben Uhr aus und verschwand gleich wieder in den Himbeeren. Bock folgte keiner. Kurz gefiept. Dabei soll es heute bleiben. Nichts. Nach einer halben Stunde hoppelt ein Hase daher. Der schmale Bach plätschert leise unter mir, und eine Ringlerin streicht auf die große graue Buche am Schlagrand zu. Ein Brechen rechts von mir lenkt von der Taube ab. Wie verärgert springt hölzern ein Bock aus dem Mais, macht kehrt, äugt zurück und schreckt einmal kurz. Was soll das? Das Glas zeigt mir auf 70 Gänge einen glatten, enggestellten Sechser. Schwach im Wildbret. Ein richtiger Abschüssler. Der ist hier wohl zu Hause und hat sich vom Knöpfler an immer verdrückt. Jetzt zählt er bestimmt seine vier bis fünf Jahre. Das Glas links eingehängt und ich greife nach der Bockbüchsflinte. Aber wie soll ich schießen? Der Bock verhält nicht eine Sekunde lang, fährt umher wie ein Gereizter und stampft zornig mit den Läufen. Verschwunden ist er, steht jetzt irgendwo dort in den hohen Schmielen. Aber sein Schrecken? Der geperlte, starke Gabler von der anderen Schlagseite fällt mir ein. Ob es mit ihm im Zusammenhang steht? Die Zeit vergeht, ohne dass sich etwas ereignet. Nach einer halben Stunde höre ich rechts im Bach eine Sau schrill kreischen. Schätze die Entfernung so an die 200 Meter. Doch halt, das müssen mehrere Schwarzkittel sein. Jetzt ist das Rätsel gelöst! Sie kommen näher. Wieder ein leises Grunzen, und langsam, beim letzten Büchsenlicht brechend, schieben sich fünf Überläufer vor mir aus den Stauden. Es ist schon fast zu finster, und ich wage den Schuss doch, als ich einen schwarzen Klumpen im Fadenkreuz zuerst als Brombeerstaude, aber dann, sich bewegend, als Sau erkennen kann. Im Feuerstrahl rasseln die anderen ab. Ein Brechen, als ob in den Stauden ein Zug fahren würde. Meine Sau liegt am Anschuss, bläst und schlegelt noch. Das Geschoss wird wohl auch viel Lunge gefasst haben. Auf diese kurze Entfernung musste der Schuss ja sitzen. Nun ist sie verendet. Glas ab vom Gewehr und abgebaumt. Obwohl schon sichtlich dunkel, muss es doch noch gehen, und ich stehe nach einigen Minuten vor dem Schwarzkittel. Totenwacht und das Aufbrechen sind bald vorbei, zum Abtransport fahre ich heim und hole Georg.

Der Überläufer hat gute 40 Kilogramm, und fast Mitternacht wird es, bis wir daheim anlangen. Erlegte Sauen in Sommernächten liegen zu lassen, kann zum Fluch ausarten. Sauen werden von allem erlegten Haarwild am raschesten anbrüchig. Bevor man sich's versieht, ist das Wildbret erstickt. In N. wurde abends ein kapitaler Keiler erlegt, liegen gelassen und zeitig früh beim ersten Grau geholt. Er hatte 187 Kilogramm aufgebrochen – und war am Morgen bereits anbrüchig. Wenn man so etwas hört, vergisst man es wahrhaft nimmer so leicht.

Oben am Pauliberg erlebte ich mit Bock und Sauen fast das gleiche wie bei diesem Überraschungsüberläufer, nur zwei, drei Tage später. Nach einem Gewitter saß ich zwischen den schwarzen Basaltfelsen an einem Zwangswechsel. Tatsächlich kam mir ein schwächerer Bock, um aus dem Tannenhochwald zwischen den Felsen in die Himbeerwildnis des Tannwaldschlages zu wechseln. Die reine Zukunft, eine Art Schulbub. Ich kauerte mich auf meinem Felsen zusammen, so gut es nur ging, die 7 x 65 R blieb auf dem saftigen Moos in der Felsennische liegen, und bei gutem Wind stolzierte das bleistiftstarke Sechserl auf fünfzehn Gänge unter mir vorbei. Und keine fünf Minuten später quietschten auch schon zwei, drei Sauen auf. Ein Brechen aus dem Dunkel hinter der Basaltwand. Ich denke schon: „Na, heute gilt es wieder!“, als die Sauen, dem Geräusch nach vielleicht nur noch 50 Gänge entfernt, aber in der Fels- und Dornenwildnis nicht zu sehen, laut abbiegen und rechtwinkelig bergab wegdefilieren. Am nächsten Tag ließ mir die Rotte keine Ruhe, und ich fuhr auf die Trasse zum Abfuhrweg, den sie zuerst gequert haben mussten. Tatsächlich waren sie dort drüber. Sieben ganz gute Fährten standen im Boden. Die mit den schwächsten Schalen schätzte ich einem Schwarzkittel von mindestens 50 Kilogramm zugehörig. Die Böcke ließen mich nicht ruhen. Der geperlte Gabler schon gar nicht! Wie ich mir das laut Fegstellen, Trittsiegeln und dem Bockverhalten – wenn man nicht mehr aus und ein weiß, versetzt man sich in die Lage des betreffenden Stückes und denkt sich, was man jetzt wohl machen würde – ausmalte, musste der Gabler, wenn er tatsächlich hier irgendwo

Einstand genommen hatte, im dichtesten Mais stecken. Und so einen gab es. Unterhalb des riesigen Schlages. Die Kohlstatt, eine feuchte, dschungelartige, verwachsene Blöße, so 300 Gänge lang entlang des Bachufers, dahinter aber ein schluchtartiger, derart dichter, 30-jähriger Tannenbestand, niemals durchforstet, mit gut zwei Finger hoher Nadelstreu auf dem Boden, dass, als ich die Stelle das erste Mal erkundete, ich mich wunderte, wie finster es hier am hellen Tage war. Der kristallklare, zwei Fuß breite Bach durchplätscherte von Fels zu Fels diese Wildnis, dass einem wegen des eigenartigen Eindruckes – außer dem Plätschern schien kein Laut in diese Welt zu dringen – ganz seltsam zumute wurde. Dieser Revierteil bildete in seiner Art ein Kleinod. Hier, nur hier, durchzuckte es mich plötzlich, konnte der Prachtgabler sein. Die nächste Woche nach dem Filzwiesenbock saß ich rund um den finsteren Tannenhorst an, sah und hörte einen Sechser im angrenzenden Stangenholz eine Gais blasend treiben. Kindergesicht, Zukunftsbock. Zu fiepen wagte ich nicht, ich fürchtete, so komisch dies auch klingen mag, den Gabler zu vergrämen, wenn, ja wenn er sich hier noch umhertrieb. Zwei Tage brachten mir praktisch keinen Erfolg. Einige Rehe kamen in Anblick, alles Jugend. Es schien wie verhext. Am nächsten Tag, als ich es schon nicht mehr aushielt und durch die Kohlstatt pirschte, sprang ein starkes Reh, für mich in den hohen Gräsern und in dem Beerengerank nicht sichtbar, plötzlich hinter mir ab und schreckte so tief, dass ich Bescheid wusste. Aus! Drei Tage konnte ich nicht weg. Der Beruf hielt mich in Atem. Dann, an einem richtigen Hundstag, ließ ich alles liegen und stehen, war am frühen Nachmittag vor der Kohlstatt und pirschte einmal das Gebiet im weiten Umkreis ab. Eine Altgais zog ruhig vor mir bergauf durch das Stangenholz. Durch den dunklen Tanneneinstand führte ein alter, schmaler, verwachsener Steig längs des Baches. Heute würde ich einmal in die Höhle des Löwen gehen! Wenn es nicht klappt, ist es eben aus. Im Unterbewusstsein macht mich der Gedanke etwas bange, dass ich erstens wie ein Indianer durch den dichten, dürren, lichtarmen Unterwuchs turnen muss, und zweitens, dass ich nur einige Meter Schussfeld hätte. Warum zog es mich überhaupt so hierher? Ich wusste es nicht. Vielleicht auch deshalb, weil ich es gewohnt bin, etwas Angefangenes auch radikal und konsequent abzuschließen und mir der Einstand geheimnisvoll und unbekannt erschien. Und solange ich dieses Geheimnis nicht gelüftet hatte, wollte ich nicht ruhen. Vorsichtig kam ich nach etwa 300 Gängen bis in die Hälfte des Einstandes. Die Schuhe hatte ich längst ausgezogen, spähte kniend links und rechts unter die Tannen. Hier war es am finstersten. Vom Himmel sah man fast gar nichts, nur ein blauer Schimmer fiel durch die Nadeln. Die Äste bis übermannshoch dürr, ohne Licht und ohne Nadeln, bildeten eine eigene, bizarre Welt. Plätzstelle an Plätzstelle, alles auf oder knapp neben dem Steig. Kein Lufthauch zu spüren, kein Vogelgesang, kein Insektengeschwirr. Nur das leise Plätschern des Bächleins. Da knackst rechts von mir leise ein dürrer Ast. Ich schätzte etwa fünf Schritt weit, starre ohne mich zu bewegen in die Richtung, die Ferlacherin zum Schuss bereit. Im Dunkel des Astgewirres muss ich mehr ahnen als erkennen. Ein rötliches Schemen gleitet dort durch die dichten toten Äste, die Schalen auf der Nadelstreu unhörbar. Den Atem halte ich an, jede Faser gespannt, sehe nur Dunkel. Da höre ich ganz zart, doch unmöglich zu verwechseln, wie die Stangen des Bockes an dem Astgewirr anstreifen, zwei- oder dreimal, wie zum Greifen nahe. Jetzt müsste ich doch etwas sehen! Wäre eine Waldfee lautlos erschienen, ich hätte mich auch nicht mehr gewundert. So schier geheimnisvoll war das alles. Kein Ton kam mehr, ich hielt es nicht aus, pirschte weiter, wie in einem leeren, lautlosen, verzauberten Raum. Ich spürte, ich war dem Guten begegnet. Es hatte nicht sein sollen. Unbewusst hielt ich an und wendete den Kopf zur Seite. Irgendetwas hatte meinen Blick auf sich gezogen. Auf Armlänge war dort auf einem jetzt fast dürren Fichtenast eine abgefegte pechige Stelle, und mitten in den zarten Harztropfen zappelte verloren ein kleiner, schillernder Käfer. Da dachte ich an mich in dieser düsteren Wirrnis und begriff, dass es mit dem Traumgabler eben niemals sein würde. Vorsichtig streifte ich den Käfer ab und legte ihn behutsam auf den lockeren Nadelboden. Dort krabbelte er gleich munter weiter.

Hubertus hatte seine Hand über diesen Bock gehalten, und ich erkannt, dass er nicht für mich bestimmt war.

Die ganze Spannung fiel von mir ab, ich hängte das Gewehr um und holte meine Schuhe. Fast eine Woche kein Revier. Aus der Rehbrunft machte ich mir nichts mehr. Es sollte eben nicht sein. Aber vielleicht wollte ich den Zauber dort nicht zerstören. Musste ich denn immer Beute machen? Ja, bis ich wieder einmal mit Oberförster T. zusammentraf. Und das kam so ...

Die Straße nach Landsee und somit zum Pauliberg führt auf halbem Wege zwischen Neudorf und der Ruine Landsee unten im blumenübersäten, beidseitig von schwarzgrünem Nadelwald begrenzten Tessenbachtal beim Eszterhazyschen Forsthaus vorbei. Und hier war „dominus silvae austrohungaricae", nämlich Oberförster T., mein alter Bekannter von Geza her, daheim. Gleichzeitig begann hier, nach Osten hin, das Revier Pauliberg. Selbstverständlich, dass ich des Öfteren, wenn ich T. oder dessen noch mehr radebrechende Gattin vor dem Haus sah, gerne zu einem kleinen Plausch bei den netten Leuten haltmachte. So auch heute. T. hatte bereits von Weitem meinen Wagen erkannt und gewunken. Ich sollte doch nicht immer so weit nach hinten ins Revier fahren, meinte er dann nach herzlicher Begrüßung. Hier hinten, er zeigte mit dem Daumen über die Schulter, auf den Ruinenwiesen wäre ein „Pock! Oooh!" Und er stöhnte dabei und riss dann die Augen weit wie Wagenräder auf. Hernach wurden diese ganz schmal, und wie benommen blickte er zum Himmel. Fast meinte ich, er würde hintenüberfallen. Ich war natürlich, da ich T. gut kannte, gegen solche Schilderungen gefeit. Als ich dann, kaum hatte sich T. wieder gefasst und anscheinend bemerkt, dass ich nicht wie erwünscht reagierte, wie beiläufig fragte: „Ja, was denn für einer?", gab T., fast auf Tuchfühlung auf mich zutretend und mit dem Zeigefinger die Luft vor meinen erstaunten Augen durchschneidend, zurück: „Ein Monstrum!" Das klang, von ihm vehement durch die Zähne gepresst, auch wenn man ihn kannte, doch schon nicht alltäglich. „Also, wie schaut er aus und wie hoch ist er?" „Von Judensteig hinunter zu Plankwald steht bei Eckn und wart auf Schuss!"

„Dort, wo der Hochsitz in der Ecke in den Fichten steht?" „Jo, nur auf vordere Eck'n, ganze Plankwald ist scho' lauter Plätz'n, immer wenn ich hintere geh zu Judensteig in Fruah is Pock auf Wies'n oder in Stangenholz und springt oh wie Keist!"

Warum sollte ich nicht auch einmal einen Geist „schossen", wie T. sagen würde.

„Wie hoch ist er?" Ich hob die flachen Hände waagrecht übereinander und zeigte ungefähr die von mir erwartete Höhe an. T. zeigte ebenso mit den Händen, aber fast doppelt so viel, als ich erwartete, 30 bis 35 Zentimeter. „Alter Spießer?"

„Na, Sechser is', und hot 30 Kilo!"

„Verflucht!" gab ich ernst zurück und stampfte auf und sagte mit halb entrüstetem Gesicht zu T.: „Der muss her!" Und als ich T., da er nur knapp vor mir stand, fest und entschlossen in die Pupillen sah, entdeckte ich dort ganz hinten drin ein fernes, listiges Schmunzeln. Aber neugierig hatte er mich jetzt natürlich doch gemacht. Bei den Wiesen hinten bin ich schon länger nicht mehr gewesen. Heute hatte ich eigentlich nichts Bestimmtes vor.

Nachdem ich mit dem Oberförster noch allgemein über Wetter, Holz und Horoskop – seine Stärke – gesprochen und seine hinzugekommene Gattin mir noch ein Glas wunderbares Quellwasser mit echtem Himbeersaft kredenzt hatte, holte ich Gewehr und Mantel aus dem Wagen und ließ diesen hier stehen. Ich wollte sehen, was T. mir da erzählt hatte. Und als er sah, dass ich nicht weiterfuhr, schien er ganz befriedigt zu sein. Schon auf dem Weg zu den hinter dem Forsthaus beginnenden Ruinenwiesen, rief mir des Oberförsters Gattin noch aufrichtig das Beste wünschend nach: „Heute schoss'n Se ihm glei nieda! Jo!"

Vom Klosterberg kommend, bildete der Tessenbach unter dem Ruinenberg ein sich leicht weitendes, bandförmig durch die Wälder ziehendes Wiesental. Der ganze, landschaftlich so herrliche, vom Nadelwald gesäumte Wiesengrund mochte etwa einen Kilometer lang sein und schlängelte sich, vom steilen hohen Ruinenhang einerseits und weit flacheren Neudorfer Urbarialwald als Jagdeinschluss andererseits begrenzt, um einige Biegungen von

Ost nach West. Von unten gesehen, thronte hoch oben als mächtige Silhouette die Ruine Landsee. Die größte Breite war immer noch beste Kugelschussentfernung.

Bereits im oberen Drittel dieses romantisch wirkenden Tales ragte ein Nadelhochwaldvorsprung etwa 100 Schritt breit in die Wiesen hinein. Der Plankwald. In der vorspringenden Waldecke hatte der vorherige Pächter einen bestens angefertigten Hochstand in die Fichten gezaubert. Tatsächlich, als ich den etwa sechs Meter hohen Sitz das erste Mal gesehen hatte, konnte ich mir keinen besseren Platz dafür vorstellen. Nein, auf den Wiesen arbeitete heute keine Menschenseele. Alles ruhig. Ich kann den Waldrand entlangpirschen, bis zum Planksitz. Den gegenüber wie auf dem Präsentierteller liegenden Ruinenhang mit seinem etwa 15jährigen Bestand und den vielen Blößen darin absuchend, sah ich auch schon eine Gais bei der mittleren Lecke stehen. Die Brunft ging ihrem Ende zu. War die Gais allein? Weiter suchte ich mit dem Glas. Nichts. Das Stück verschwand bald wieder in den Himbeeren daneben und kam nicht mehr zum Vorschein. Trotz schier endlosen Herumspekulierens mit dem Glas ließ sich nichts finden. Nach einer geraumen Weile riss mich eine schwache Bewegung aus meinem Sinnen. Halbrechts, auf 100 Gänge, hatte ein Hase den Bach überquert und hoppelte nun ein paar Schritt auf die Wiese heraus. Ein ziehender roter Fleck rechts dahinter in den Bacherlen! Glas hoch! Gais mit ganz jungem Sechserböckerl. Nein, das konnte es nicht sein, „das Monstrum“! Der Bock da war höchstens dreijährig. Die beiden Rehe zogen auf die Wiese, wieder, ohne zu verhalten, über den Bach zurück und verschwanden im Unterholz hinter den Erlen. Was T. doch nur gesehen hatte? Ich blickte vom Sitz hinunter in den Plankwald hinein. Tatsächlich, da war alles abgeplatzt, wie man zum Teil sogar ohne Glas erkennen konnte. Fegstellen gab es auch. Eine an der unterdrückten mannshohen Tanne da, und schräg dahinter ein zerfetzter Wacholderstrauch. Nach dem Tannendurchmesser war es bestimmt nicht das rote Sechserl von vorhin! Aber es konnte eigentlich sein, dass der Schwache hier nur so am Rand geduldet wurde. Warum war er nicht auf der Wiese weitergezogen und hier im Freien auf der bunten, saftigen Wiese geblieben? Hier hört man leider kein Wild austreten, obwohl heute absolute Windstille herrscht. Der plätschernde Bach am drüberen Wiesenrand übertönt alles. Als ich wieder gewohnheitsmäßig nach einer Pause in die Runde blicke – der Lampe ist noch immer am selben Platz und ich überlege schon, was für ein prächtiger Kugelhase im Herbst das wäre –, überfällt links unten mein Sechser wieder den Bach. Diesmal ist er voran und die Gais folgt nach. Also hat er anscheinend doch keine Eile. Glas hoch. Heiliger Hubertus! Dort steht zwar ein dem ersten Blick nach zweijähriger Spießer, nein, ich sehe jetzt die kurzen Enden. Ein Gabler, aber ein Einstangler, und die linke Stange steht waagrecht unten vom Lauscher weg. Der Gabler sichert. Mit hohem Haupt und suchenden Lauschern steht er starr da. Ein brandroter Fleck auf dunklem, samtgrünem Grund. Nein, es ist keine Täuschung. Diese Trophäe ist es wert. Ohne den im Wildbret sehr schwachen Bock aus den Augen zu lassen, taste ich nach der 7 x 65 R, meiner so bewährten Ferlacherin. Kann im Fadenkreuz auch schon die abgewinkelte Stange erkennen. Jetzt Blatt. Schuss und Widerhall, und der rote Fleck ist wie weggeblasen. Bloß ein paar Grashalme wackeln immer noch an jener Stelle, wo der Bock eben in der Wiese stand. Die Gais dahinter fährt wie der Blitz ab und ist auch schon verschwunden. Der Gabler ist jetzt auf dem Weg gen Walhall. Und ich bin mir so sicher, dass ich ehrfurchtsvoll das Gewehr absetze und den Hut ziehen will. Und ein fahlroter Schatten fliegt genau über mir am Hang über die linke Blöße, überfällt die Himbeeren wie im Flug, ist verschwunden. Muss jetzt dort über die zweite Blöße kommen. Und das Glas ist schon an den Augen. Da ist er: Unheimlich starker Träger, Trophäe sehr gut. Zurückgesetzter Sechser mit kurzen Enden und starken Stangen. Gesicht weiß wie ein Gespenst. „Der Keist“, durchfährt es mich ruckartig. Doch den hat inzwischen schon der Dschungel dort am Hang verschlungen. Nur die Stauden bewegen sich noch. Des Oberförsters Schilderung ist kein Märchen. Jetzt werde ich den Bock wohl nicht mehr in Anblick bekommen, denn wenn er in der gleichen Richtung weiterflüchtet, bleibt er im Verborgenen. Dort gibt es keine Blöße mehr, alles ist von dichtem Unterwuchs verdeckt.

T. fällt mir ein. Wenn der jetzt hier wäre und alles miterlebt hätte! Ob er aufgestampft und vielleicht sogar den Hut wütend auf den Boden geworfen hätte? Der zweite Bock hätte bestimmt eine Riesenleber, vom Herz und der Lunge zu schweigen. Aber T. würde sie bald schaffen – und wenn es eine Tigerleber wäre.

Ich reiße mich von diesen abwegigen Gedanken los. Ja, ich bin unbescheiden, habe doch eben einen Bock erlegt, der dort in der Wiese liegen muss und wahrscheinlich die Trophäe trägt, die ich mir schon immer gewünscht habe. So unbescheiden ist der Mensch nun einmal. Ob man sich darob schämen sollte?

Der Gabler blieb tatsächlich im Feuer, die Trophäe einmalig. Die linke Stange steht fast genau rechtwinkelig ab. Muss ein glatter Rosenstockbruch gewesen sein.

Den letzten Bissen schiebe ich dem Bock in den Äser und setze mich neben dem Gestreckten in die Margeriten. Die Farben verblassen, die Dämmerung fängt mit lautlosen Flügeln alles ein. Nur das Wasser plätschert leise durch die Stille, und ich halte meinen Bock beim Geweih. Oben am Horizont steht die Ruine wie ein Fels gegen den nun dunkelblauen Himmel. Die Dohlen sammeln sich ober der Ruine zum Heimflug. Ganz klar sind sie gegen den Horizont zu erkennen. Es ist interessant, dass sie jetzt nicht mehr hier in der Ruine übernachten. Kaum sind die Jungen flügge, kann man sie jeden Abend alle gemeinsam nach lautem Sammeln über der Ruine nach Osten abstreichen sehen. Bei mir daheim habe ich sie schon darüberziehen gesehen. Ihre heiseren Schreie oben am Himmel hatten mir den Schwarm verraten. Etwa acht Kilometer Luftlinie von Landsee, und noch einmal acht Kilometer dazu in der gleichen Richtung, so sind sie in Ungarn im Schilf des Neusiedler Sees. Warum sie dort im Schilfmeer übernachten?

Klar hebt sich nun der Bogen am Ruinenturm gegen den dunklen Himmel ab, und schon blinken zwei, drei Sterne auf. Was die mächtigen, bis elf Meter starken Mauern wohl schon alles gesehen haben?

Eine der mächtigsten Burgen Mitteleuropas, gut 350 Meter im Durchmesser. Um 1100 von einem Ritter der Grafschaft Pitten als Grenzburg gegen den Osten, den Eingang in die Bucklige Welt sperrend, erbaut. Mit wechselndem Schicksal. Nach dem Namen der Burg Landes Ehre heißt fortan dieses Geschlecht. Die Burg fällt an die Ungarn. Doch 1241 ist sie ein Bollwerk gegen die Mongolen. Gehört zur Steiermark, dann wieder wechselnd nach Ungarn, zu Österreich und wieder zu Ungarn. Gehört sogar den Jesuiten in Tyrnau, ist um 1520 Raubritterburg des Franz Magusch von Landsee. Und danach Burg des Erasmus von Teufel, der mitsamt den Kaiserlichen gegen die Türken kämpft, von den Moslems aufs Haupt geschlagen, nach Konstantinopel verschleppt und hingerichtet wird. Ein weiter Weg war das damals. 1612 geht die Burg durch Heirat an die Eszterhazys, und diese bleiben damit fortan im Burgenland. Die Burg wird weit ausgebaut! Aus welchem Grund wohl auf dem äußersten Tor, heute noch sichtbar, die Jahreszahl 1668 eingemeißelt ist? Am 11. Juli 1707 fliegt die Burg mit der gesamten Garnison durch Pulverexplosion in die Luft. Wird dann doch wieder ausgebessert und brennt nochmals zur Gänze ab. Seitdem verfällt sie.

Vor mir ziehen die Hunnen, Türken, Ungarn, Kuruzzen und Österreicher vorbei, die die Burg vergebens oder mit Erfolg berannten. Mein Lebensabschnitt fällt mir ein, als 1945 die Russen im Blitzkriegtempo in Richtung Westen an ihr vorbei in die Bucklige Welt vorstoßen. In einem Tag vom Burgenland bis Gloggnitz und damit die Südbahnstrecke sperrend. Dort, hinter Landsee in der Buckligen Welt verteidigte sich als einzige deutsche Truppe nur das Fahnenjunkerbataillon der Maria-Theresien-Akademie in Wiener Neustadt. Allerdings fast bis zum letzten Mann. Auch ich bin als 17-Jähriger damals mit meiner Einheit auf dem Weg dorthin. Wir müssen aber auf halbem Weg abweichen. Der Iwan ist zuerst da. Es ist dunkel, als ich mit dem Bock auf dem Rücken beim guten T. bin und ans Tor rassle. Die Hunde heulen auf, und T. kommt mit der Petroleumlampe in der Hand heraus. Und wird ganz sprachlos, als er den Bock sieht. Mit richtigen glänzenden Kugelaugen äugt er auf die ihm dargebotene Leber. Als er sie in Händen hat und ich schildere, wird T. lebendig. „Herr Scheff, der starke Pock muss wek, sog ich, wek!“ Und als ich lächle, wird er ganz energisch und stößt mich in die Seite und sagt gar nicht leise: „Verstanden!“ Selbstverständlich schlage ich die Hacken zusammen und brülle so laut es geht: „Jawohl!“

Der Starke lässt mir keine Ruhe, und ich denke Tag und Nacht an ihn. Wenn ich noch etwas warte, ist die Brunft vorbei und der Bock faul. Dann kann ich durch die Finger schauen. Wieder versuche ich es am Plankwaldeck. Vergebens. Und als ich abermals dort sitze, kommt mir nur der junge Sechser, den ich kenne. Auch er zieht bloß über die Wiese und verschwindet hinter mir im Hochwald. Also ist vermutlich der Starke noch da, sonst bliebe der Jüngling auf der Wiese. Ober mir am Ruinenrücken ist nach Osten zu der Kamm vor der Burgmauer frei, nur einige alte Tannen stehen dort ohne Unterwuchs.

Und am Sonntag fahre ich mittags hoch und will einmal dort rekognoszieren. Ja, und als ich gerade nach dem letzten Stück der Festungsmauer über die Felsen am Kamm oben stolpere, fährt der Starke 20 Schritt unterhalb von mir wie der Leibhaftige aus den Himbeeren. Er ist es, ganz sicher sogar. Am überstarken Träger erkenne ich ihn. Der Bock hat es gar nicht so besonders eilig. Ich bin ohne Gewehr, und mit einem einzigen, kurzen, abgrundtiefen „Böh“ ist er weg. Aber ich sehe, dass man von hier oben aus einen wunderbaren Blick hinunter auf die Wiesen hat. Wenn es auch für den Schuss zu weit ist, bestimmt 250 bis 300 Meter. Man könnte doch einmal morgens spekulieren, wo er eventuell ein- und auszieht. Eine Woche Schlechtwetter kommt mir dazwischen.

Endlich klart es auf. Ich will es morgens versuchen, habe aber beruflich viel zu tun und kann erst abends weg. Und sitze bei der Ruine oben. Im letzten Schimmer erkenne ich ein Stück unten vor dem Plankwaldeck, bei dem linken einzelnen Apfelbaum auf der Wiese. Er ist es! Und ich muss ohnmächtig, die Zähne knirschend, von hier oben zusehen, wie sich der kapitale Kämpe an den abgefallenen Äpfeln gütlich tut. Der Himmel zwischen den silbernen

Tannen ist dunkelviolett, und ich kann durch das Glas immer noch den dunklen Fleck beim Apfelbaum ausnehmen. Ein helles, fahles Reh, viel schwächer als der Bock, zieht jetzt vom Plankwald ebenfalls zu den Äpfeln hin. Da geht der „Meinige" wie ein Teufel auf das Stück los und treibt es zurück in den Wald, um gleich allein wiederzukommen. Ansprechen kann ich nicht mehr, aber er muss es sein. Eine Weile bleibe ich noch hier. Ein wunderbarer, würzigherber Hauch von den Tannen, die rings um mich stehen und nun schwarz geworden sind, umweht mich. Der Himmel mit den blinkenden Sternen, wie durch aufgerissene, mit Fransen begrenzte Spalten sichtbar, besänftigt mich, und ich trete entlang der Burgmauer den Weg zum Wagen an. Man soll das Wild nicht unnötig nervös machen, wer zu viel auf ein bestimmtes Stück pirscht, verwirkt sich leicht die Chance. Auch wenn der Jäger nicht sichtbar wird, so strahlt er doch manchmal eine gewisse Unruhe aus. Die „Radarzone" des Wildes wird irritiert und es zieht erst sehr spät oder gar nicht aus. Theorie?

Nach einer Woche bin ich abends am Plankwaldeck. Der Büchsenmacher hat mich zu einer .222 Remington überredet. Überreden kann man nur den, der sowieso schon etwas in die betreffende Richtung schielt. Von einigen Bekannten, fermen Jägern, hatte ich so viel Gutes davon gehört. Ein neues erwünschtes Zauberzeug ist fast immer gut. Die Hälfte des Erfolgs beruht ja stets im Glauben an die Zuverlässigkeit der Waffe. Bis man die Schwächen und Mängel selbst erkannt hat, die man vorher bewusst nicht in Erwägung zog. Einige Probeschüsse daheim zeigten eine faszinierende Treffgenauigkeit. Kein Rückstoß und das geringe Gewicht taten ein Weiteres, und die ballistische Tafel, obwohl auch kritisch betrachtet, das Übrige. Die Sako .222 gehörte mir. Für bestimmte Zwecke ist sie ideal. Aber für Schreckensentfernungen nehme ich sie ohnedies nicht. Beim Apfelbaum müsste sie auf die geringe Entfernung richtig sein. T. war heute nicht daheim. So zog ich ohne unser übliches Palaver bachaufwärts. Auf halbem Wege kam mir ein Traktor mit Anhänger mit aufgesessener Mannschaft, sprich Bauernfamilie, entgegen. Die mussten da wo gemäht haben. Wenn im oberen

Der Gabler mit dem
Rosenstockbruch

Der Zehner: rechte Stange Eisspross, links Krone

Der Keiler vom Tiefentaler Hafer – auf acht Schritt erlegt

Auch die Schwarzstörche ziehen hier ihre Jungen groß.

Teil der Wiese, dann war es mit dem „Keist“ wahrscheinlich für heuer aus. Denn auf die Wiese zog der nicht mehr aus. Und im Bestand? Adieu!

Erleichtert atmete ich auf, als ich die gemähte Wiese weit vor dem Plankwaldeck überschritt. Da fiel mir aber, so glaubte ich, ein ganz guter Feldzugsplan ein. Durch den Traktorenlärm war der Bock, so anwesend, bestimmt etwas aus dem Gleichgewicht und somit nervös. Warten auf die nächsten Tage schien sinnlos, da konnten dann andere Landwirte am Werk sein. In einer Wiesenmulde auf dem Weg zum Fichteneck stand ebenfalls ein einzelner Birnbaum. Entfernung bis zu den Äpfeln beim Plankwaldeck etwa 100 bis 120 Schritt. Und sollte er später kommen, so konnte ich von da unbemerkt wieder weg. Das musste passen.

Im Geräuschschatten des Baches bin ich in der Mulde, breite mir neben dem Birnbaum fürs Erste einmal den Lodenmantel hin und lege mich darauf. Die Remington liegt neben mir im Gras, und ich lasse nun den lieben Gott eben einen lieben Gott sein. Eigentlich bin ich seltsam ruhig und sicher. Hoffentlich ist es keine falsche Vorstellung der kommenden Ereignisse. Es wird Abend, und am Bachrand weit oberhalb kann ich nur eine Gais mit Kitz erkennen. Wenn mein Bock heute nicht kommt? Wieder fallen mir die Bauern ein, die bestimmt morgen auf den Wiesen weiterrumoren werden. Hinter dem Stamm des Birnbaumes setze ich mich etwas höher auf und kann nun wieder oberhalb den Löffelmann, meinen Freund, erkennen. Nein, der bleibt heuer. Trotz Remington .222! Er zeigt so schön an, ob etwas kommt. Ein Bussard streicht heran und versucht, ober mir aufzuhaken. Als er mich wahrnimmt, hastet er laut miauend davon.

Bald wird es dämmern, und es schaut gar nicht nach Bock aus. Wieder richte ich mich etwas auf. Da reißt es mich richtig herum. Knapp hinter dem Apfelbaum fährt ein Stangenpaar, von zwei Lauschern umsäumt, hoch, um gleich wieder zu verschwinden. Er ist es, das habe ich sofort an den Stangen gesehen. Jetzt habe ich die Bescherung! Klar, ich bin auf dem Boden statt auf dem Sitz oben, und der Bock steht in einer leichten Mulde, die von oben, vom

Planksitz, sich gar nicht so erkennen ließ. Natürlich wende ich kein Auge von der Stelle und muss einsehen, dass ich wahrscheinlich verspielt habe. Der Bock hat keinen Grund, weiter herauszuziehen.

Die Dämmerung beginnt langsam, und das Haupt fliegt alle paar Minuten aus dem Gras hoch, um zu sichern. Alle möglichen Stellungen versuche ich, ohne bessere Aussicht. Jetzt wirft der Bock etwas weiter rechts auf. Tief ziehe ich den Hut in die Stirn. Sein ganzes Haupt war jetzt frei. Ich bin zwar hier vom Stamm verdeckt, aber wenn er mein helles Gesicht eräugt, ist er stutzig oder weg. Ich schaue zur Ruine hoch. Die Farbtöne sind schon lange nicht mehr pastellfarben, alles bekommt nun einen graublauen, düsterfahlen Schimmer. Am Stamm angelehnt, warte ich, bis der Bock aufwirft. Jetzt sichert er wieder. Das weiße Haupt ist mit einem kurzen Stück Träger frei. Jetzt oder nie! Als der Bock das Haupt wieder unten hat, lasse ich den Feldstecher zu Boden gleiten und greife nach der Remington. Im Anschlag, am Stamm angestrichen, warte ich Sekunde um Sekunde. Die Zeit vergeht, die Hand wird langsam schwer wie Blei, und der Bock zeigt sich nicht. Ich habe genau die Stelle anvisiert, an der ich ihn zuletzt sah. Der Schuss muss unbedingt auf dem Träger sitzen. Die Waffe ist, was die Treffsicherheit betrifft, absolut verlässlich, aber ob ich es so richtig mache? Dieses verflixte Hasardspiel! Das Haupt kommt und kommt nicht. Mitten im Fadenkreuz ist das weiße Gesicht plötzlich da. Jetzt nur nicht zittern! Verflogen sind alle Zweifel. Das Haupt wendet sich ganz mir zu und etwas über die Hälfte des mächtigen Trägers ist jetzt frei. Das Fadenkreuz ist im Leben. Im Bruchteil einer Sekunde beurteile ich nochmals das Geweih. Klasse! Und „Tuduschsch“. Noch im Knall wird der Bock plötzlich, auf den Hinterläufen aufgerichtet, auf einmal so groß wie ein Mensch. Die Vorderläufe überragen das weiße Haupt. Ein unheimlicher Anblick. Wie ein Lippizaner beim Dressurakt. So eine Schusswirkung habe ich noch nie gesehen. Nun überschlägt sich der Bock, mit den Vorderläufen zum Himmel greifend, glatt nach hinten und ist dann verschwunden.

War es ein Traum, ein geisterhaftes Schemen? Ich bin es gewohnt, nach dem Schuss im Ziel zu bleiben und sogleich die Schusszeichen zu beobachten, und bin so erstaunt ob dieser Reaktion des beschossenen Stückes, dass ich fast abzusetzen vergesse. Der Schuss ist längst verebbt, und noch immer starre ich auf die nun leere Bühne. Bange Zweifel durchjagen mein Gewissen. Was tat ich? Habe ich das eherne Gesetz, beim Jagen die Kreatur zu achten und nichts Aussichtsloses zu riskieren, nicht beachtet? Nein, ich bin mir absolut sicher, richtig abgekommen zu sein. Nach einigen Minuten nehme ich das Glas vom Gewehr und lade durch. Es ist sinnlos zu warten, er muss liegen. Dennoch zwinge ich mich zu einer ungeduldigen Ruhepause. Bereits durchs taufeuchte Gras bin ich dann beim Apfelbaum, und unterhalb, bei der Mulde, die dort nun gar nicht so flach ist, liegt ein kapitaler, zurückgesetzter Sechser. Leichte, zackige Dachrosen, Enden etwa drei Zentimeter, Stangen etwas glatt und ungefähr 21 Zentimeter hoch. Fast spiegelgleich wirken sie. Schneeweißes Haupt, wie ich es fast noch nie sah. Gebiss zeigt neun bis zehn Jahre. Und ein Glücksschauer überrieselt mich. Einer meiner ältesten Böcke liegt vor mir. Natürlich ist er in der Trophäe und im Wildbret nicht so stark, wie der Oberförster sagte, aber seine 20 Kilo mag er schon wiegen. Und das ist hier immerhin sehr beachtlich. Jetzt ist mir, als ich die Stangen und auf den Träger greife, alles klar. Dort ist mittendurch ein kleiner Einschuss und auf der Rückseite der dreifingerstarke Ausschuss. Die Kugel fasste den schräg auf der Böschung zu mir gerichtet stehenden Bock in die Halswirbelsäule und riss ihn, da sich bei diesem Kaliber doch die meiste Energie im Wildkörper verbraucht, richtig aus dem Stand hoch. Der „Keist" muss bereits verendet wieder zur Erde zurückgekehrt sein.

Später hätte ich noch zweimal vielleicht ähnliche Situationen erlebt, allein, ich wurde den Schuss nicht los. Das Risiko schien zu groß. Ich muss aufrichtig sein, beim „Keist" war auch etwas Glück dabei. Diana muss da hinter mir gestanden sein. Noch heute ruht mein Blick oft auf dieser Trophäe, und die Erinnerung wird wach, die Gedanken beginnen zu kreisen. Ja ja, der Lippizaner ...

Die Hirschzeit begann. Herrgott, fünf Geweihte frei! Und davon mindestens zwei für mich! Eine Woche zuvor hatte ich beim Heimweg den Anblick eines Trupps junger Hirsche. Alles Sechser und Achter, und alle noch im Bast. Ungezwungen wie die Jugend eben ist – auch bei den Hirschen scheint das nicht anders – zogen sie vor mir über das Straßl.

In der Kohlstatt hatte ich vor einiger Zeit einen kapitalen Recken mit seinem Beihirsch, beide noch nicht fertig geschoben, ausgemacht. Das laute Blätterrupfen verriet sie. Sie taten, als ob sie dort die Hausherren wären.

Und jetzt sollte es losgehen. Aber Geduld, es musste nicht der Erstbeste sein. Ich pirschte früh, ich pirschte spät. Schlich durch den Wurzgraben, über das Plateau, umrundete den Spitzmais und schlief einmal am Rosenbaumweg ein. Man kennt das, Feistzeit. Am Judensteig kam im Morgennebel ein Achterhirsch mit langem Träger. Ich wähnte mich in einem anderen Land. Wo hielten sich denn die so gepriesenen Herren des Waldes auf? Außer starken Trittsiegeln auf den Abfuhrwegen fand ich von den Kapitalen nichts. Und die einmal da, einmal dort. Die Herrschaften hatten eben wirklich die Nacht zum Tage gemacht. Ein Monat verging. Eines Abends, ich hatte ihn am Spitzmaisrand auf dem Drei-Tannen-Sitz verbracht, wurde es mir zu bunt, ich packte vorzeitig meinen Ranzen und bäumte ab. Den Tannwaldrand schlug ich als Heimweg ein. In der oberen Ecke führte dort eine finstere, schnurgerade Allee bergab zur Kohlstatt. Bin ich schon auf dem Weg, schadet ein Blick dort hinunter auch nicht mehr. Vergrämt ob der langen Sitzerei und des geringen Anblicks, kam ich achtlos zum Alleeanfang. Blickte bergab ins Dunkel wie in ein Verlies, und ganz unten, im kleinen hellen Ende, wo das Licht des Kohlstattdschungels in die oben geschlossene, wie röhrenartige dunkle Allee hineinleuchtete, stand ein Koloss von einem Hirsch. Hatte mich schon lange weg und äugte nun wie eine böse Herausforderung zu mir herauf. Und ich, im jähen Erkennen der Situation zur Säule geworden, starrte wie durch einen langen, schwarzen Tunnel gegen das helle, apfelgrüne, schimmernde Licht unten. Darin, wie auf einem

Scherenschnitt, der dunkle Hirsch. Verflixt, blitzartig fiel es mir ein, ich stand ja für ihn am Horizont. Wie für mich die Klosterburgruine, so klar musste ich mich für ihn vom Himmel abheben. Da half nichts, ich war festgenagelt. Mir fielen die ganzen Fehlpirschen und Leeransitze ein, und ich riss die Bock von der Schulter. Hatte ihn auch schon im Zielfernrohr erkannt, waren bestimmt 180 bis 200 Gänge. Freihändig? Es muss! Der Kasten wird beweglich, und ich flunkere mit dem Stachel auf ihm umher. Gestochen. „Domm", und ein gelbroter, feuriger Blitz scheint alles zu verschlingen. Einige Augenblicke bin ich vom Mündungsfeuer wie blind. Höre keinen Kugelschlag, nur weit entfernt das Abprasseln des Geweihten. Immer weiter! Instinktiv fühle ich: Gefehlt! Den Anschuss hatte ich bald gefunden, die Kugelspur im Moos auch. Die Taschenlampe in der Hand, wollte ich es ja schließlich genau wissen. Eine traurige Erkenntnis, die ich da nun im Dunkel, auf samtenem Moos sitzend, fand, und ein noch traurigeres Heimgehen. Der Tannenduft schien mich tröstend zu umfangen. Als ich dann doch, aus dem Hochwald kommend, den Tannwaldmais überquerte, sprang schreckend ein Reh ab. „Böh, böh!" Und nochmals „Böh!" Schien wohl zu heißen: „Scher dich endlich heim, Patzer, Unruhestifter, jagdlicher Anfangler!"

Am nächsten Tag kontrollierte ich doch nochmals bei Licht den Anschuss. Sicher ist sicher. Aber es stimmte alles. Glatt gefehlt. Die aufsteigende Kugel war sogar noch in Kniehöhe in eine Tanne gefahren. Die Ausrisse des Geweihten sprachen ein deutliches Wort. Das Geschoss war genau unter ihm in den Boden gedrungen und dann wieder hochgestiegen. Ich folgte der guten Fährte eine Weile, bis ich sie im unteren Kohlgraben verlor. Gesund. Immerhin tausendmal besser als angeflickt.

Ich machte weiter. Saß früh, saß spät, pirschte, blieb ein paar Tage daheim. Nichts zu machen. Hochwild kam mir nun zwar wieder oft in Anblick, aber kein einziger Abschusshirsch, alles Jugend. Einmal, nachmittags, saß ich am Franzosenschlag an, und auf keine 40 Gänge naschte da ein wirklich guter Zwölfer an den Salweiden. Bei der schrägen Haltung seines Hauptes ließ er immer nur eine Stange aus dem Jungmais sichtbar werden. Mit gemächlichen Unterbrechungen ging das so eine gute Stunde fort. Dann schien er wie vom Erdboden verschluckt. Wie ein Trapezkünstler turnte ich nun auf den Hochstand, um von dort oben aus vielleicht etwas mehr vom Hirsch zu eräugen. Aber leider, nur eine Stange tauchte immer wieder auf. Als der Hirsch dann wirklich weg war, konnte ich so richtig rasten, die starke Stange hatte mich doch ganz verrückt gemacht. Verhext schien alles, auch vom Brunftbetrieb ließ sich nichts merken. Überhaupt nichts. Wir schrieben bald Ende Oktober. Nach einem Abendansitz am Rosenbaumweg ging es im Dunkeln heim. Im grünen Walddom war es jetzt pechschwarz. Licht hatte ich natürlich keines, und so tappte ich mit vorgehaltenen Händen durchs Stangenholz, den Blick immer zum Himmel gerichtet, um den Steig nach den Wipfeln zu erkennen. Fast geräuschlos komme ich so voran, da der Boden mit geräuschdämpfender Nadelstreu bedeckt ist. Plötzlich bricht etwas neben mir. „Na", denke ich, „irgendein Reh. Der Wind steht gut, lass es vorbei, damit es nicht vergrämt ist." In die Stille hinein bricht abermals etwas, keine 30 Schritt vor mir. Nochmals ganz laut, jetzt streifende Stangen: Hochwild. Ich war vorne angesessen, während hinten im Revier die Hirsche umherzockelten. Zum Aus-der-Haut-Fahren! Ich setze mich auf den Boden, was soll ich auch sonst tun in diesem finsteren Sack! Hebe die Hand vor die Augen, ganz unmöglich, nichts zu sehen. Aus dem nun leiseren Knacken und Treten weiß ich, dass die Hirsche unmittelbar vor mir auf dem Weg sind. Da krachen auch schon die Geweihe aneinander. Gronen, Knacken und Brechen neben mir. Jetzt wieder ein Krachen. Dann ein Aufstampfen, das auch ich am Boden fühle. Dann ist das ganze Rudel wie erstarrt. Das Stück neben mir prüft laut den Wind, und gleich darauf prasselt es an mir vorbei, dass ich mich unwillkürlich an den nächsten Stamm drücke. Äste brechen, Stangen schlagen und Steine kollern. Der Lärm verebbt, nur ein Reh schreckt irgendwo. Nach diesem Erlebnis blieb ich fast eine Woche daheim.

Ende November machte ich es so, wie man es nicht machen soll. Saß auf einer vereisten Leiter an. Ein Tier wollte ich noch schießen. Beim Anbacken sehe ich, dass ich etwas zu tief bin. Ein Ast ist mir im Wege. Also Knie auf die oberste Sprosse, und mit dem Ellbogen aufgestützt, dann gestochen. Ich komme ins Rutschen, und „Rums" fährt auch schon der Donnerstrahl ins Blaue. Ich kann mich gerade noch mit einer Hand vor dem Absturz bewahren. Das Tier ist wie ein geölter Blitz abgesprungen und verhofft am Gegenhang ganz frei. Mir aber ist die Lust vergangen, ich packe meine Sachen und fahre heim. Ja, so Nerven wie der alte Fritz müsste man haben: Ruhig Flöte zu spielen zwischen den Schlachten! „Es ist alle Tage Jagdtag, aber nicht alle Tage Fangtag." Eben! Nach drei Tagen rief mich aber doch wieder der Wald.

So näherte sich das Jahresende. In den letzten Tagen wollte ich es nochmals bei Schnee versuchen. Gleich am ersten Nachmittag polterten zwei starke Hirsche aus einem Graben weg, in dem ich sie am wenigsten vermutet hätte. Beim Ansitz kamen mir ein Spießer und zwei Sechser, richtige „Schulbuben". Die Kugel blieb im Lauf. Aber rundum die Fährten allein machten einem schon viel Freude. Gaben natürlich auch starken Impuls.

Frühmorgens bin ich wieder im Revier, stapfe im ersten Grau zum Tannwaldschlag. Da zieht es mich heute mächtig hin. Auf halbem Wege höre ich links im Mais ein Brechen. Prüfe den Wind und bleibe gleich am Weg sitzen. Werden ja sehen, was da kommt! Eine Viertelstunde vergeht, das Brechen kommt immer näher, wird auch lauter. Hochwild? Die Kälte kriecht mir in die Knochen. Eine Weile will ich noch ausharren. Jetzt, links auf der halb verdeckten Blöße, schieben sich zwei Hirsche, nein, es sind drei, heraus. Es herrscht schon gutes Schusslicht, und ich kann zwei Beihirsche mit einem sehr Braven erkennen. An die 100 Gänge werden es sein. Die Hirsche wollen wahrscheinlich in den „Dreieckigen Mais"! Mir schlägt das Herz bis zum Hals, als der Gute etwas frei steht. Ein Zehner ist es. Rechte Stange Eisspross, links Krone. Also Abschuss! Mit klammen Fingern greife ich nach meiner Bock, um den Hirsch ins Fadenkreuz zu bekommen. Geht nicht, alles Nebel. Das Glas ist von meinem Atem angelaufen. Setze ab, fingere nach einem Taschentuch, nochmals angehackt und den Atem angehalten. Der Brave und ein Beihirsch verhoffen zu mir her, der zweite rupft noch an den Birken. Und jetzt habe ich den richtigen Hirsch im Zielfernrohr. Er hat allerhand oben! Im Wildbret ist er fast um die Hälfte stärker als seine beiden Trabanten. Mein Zeigefinger sucht den Stecher. Klick macht es ganz leise, und gleich darauf hat der Hirsch das Geschoss auch schon am Blatt. Er geht wie ein Lippizaner vorn hoch, zwei, vier, fünf Fluchten, dann bricht er zusammen. Erst jetzt prasseln die beiden Beihirsche weg. Wie eine Erlösung kommt es über mich. Auf Sicht liegt halb verdeckt mein Hirsch. Schussbereit gehe ich vorsichtig hin, der Recke ist aber bereits verendet. Barhäuptig befühle ich die Stangen und blicke voll Dank auf zu Hubertus.

Man kann glauben, etwas von der Jagd zu verstehen oder nicht, ein neues Revier kennt man frühestens nach einem Jahr erst richtig. Jetzt, nach fast eben dieser Zeit, schien das Wissen der meisten Wechsel und der besten Einstände ein gutes Jahr zu versprechen. Allein ob der jagdlichen Strapazen waren Georg, den ich oft mit hatte, und ich manchmal schier an Leib und Seele gebrochen. Der herbstliche Gaisenabschuss hatte uns durch die oft komplizierte Bringung des Wildes – fast kein Abfuhrweg konnte mit dem Auto befahren werden, und in einigen Revierteilen wurde infolge der unmöglichen Bringung gar nicht geschlagen – fast, aber eben doch nur fast, den „Nipf“ genommen. Lediglich Tasso, mein Gebirgsschweißhund, schien alles mit Ruhe zu tragen. Die Jagd in der Ebene hatte uns verwöhnt. Und gar im Winter, wenn das Thermometer hier immer um ein paar Grade mehr zeigt und der Nordwest- oder Nordostwind immer um ein paar Strich schärfer bläst, lernten wir erst den wahren Winter kennen. Die Fütterungen versorgten wir oft bei solchem Hundewetter, dass die Augenbrauen vereisten, das Gesicht alle Farben spielte und die Hände wie tot schienen. Zu sagen, es wäre nicht schön gewesen, fiel uns am nächsten Tag schon nicht mehr ein. Es war herrlich, nur reichlich strapaziös.

Die Sauen waren jetzt in die Eichen- und Buchenwälder in Richtung Osten abgewandert. Deutschkreutz und Neckenmarkt in der Ebene freuten sich darüber, und wir hier sehnten uns nach Tauwetter, Frühlingserwachen, Schneeglöcklein, Erdruch und Schnepfenstrich. Der kam auch endlich, und im Judensteigmais mit seinen feuchten Mulden, Salweiden und Birkenstauden quorrte und puitzte es, als ob nie Winter gewesen wäre. Erlegt habe ich nicht viele der faszinierenden Langschnäbel. Doch einmal bekam ich an einem Abend deren 16 in Anblick und einen dank der „Schwarzen Waidmannsheil" an den Rucksack. Doch der Wahrheit zur Ehre: Ich hatte heuer schon einige gefehlt.

Mit dem ersten Schnepfenlaut fängt für mich das Jagdjahr wirklich an. Das erste Quorren im abendlichen Gaukelflug, und die letzten Wintergedanken fallen von einem ab. Glücklich geht es im lauen Dunkel heim. Das Herz wird weit. Es muss Frühling werden. Doktor T.'s Leiden hatte sich leicht verschlechtert und er schlug mir deshalb vor, den ganzen Abschuss zu übernehmen. In einem Jahr lief die Pachtperiode aus. Dann würde ich schon weitersehen. Vorerst griff ich einmal zu.

Jeder Mensch hat, mag er noch so wohlgeformt, edel an Geist und Wesen und erhaben über alles sein, irgendetwas, das ihm zur Vollkommenheit fehlt. Das ist ja schließlich auch normal und bekannt. Doch was mich betrifft, so nehme ich diese ganzen Prädikate nicht unbedingt für mich in Anspruch. Jagdlich traue ich mir zwar einiges zu, doch habe ich einen, so glaube ich, schrecklichen, wenn auch seltenen Fehler. Und das Traurige daran, ich weiß es. Wahrscheinlich durch meinen Beruf bedingt, ist es die Sucht nach endlich geistloser Tätigkeit.

Ich baue für mein Leben gerne Hochsitze, Leitern aller Art, Sitze in Baumgabeln, Sitze, die nur durch in die unschuldigen Bäume geschlagene gespitzte Hufeisen erreichbar sind. Getarnte und freie, offene und geschlossene, und solche, die ich mit viel Schweiß zustande bringe und dann gar nicht benütze. Freunde sprechen von Tonnen verbrauchter Nägel, im Frühjahr monatlich zweimal zerschlagener Hacken und stumpfer Sägen, und außer Georg gehen mir im Frühjahr alle aus dem Weg. Nun wird man vermuten, dass ich ganz komfortable, elegante (der wahren Jagd nicht zugehörende) Sitze fabriziere. Ich muss bitter enttäuschen, die Masse war nur für mich und furchtlose Kamikazemenschen benutzbar. Hans machte mich immer dann, wenn er eine passende Gabel in einem Gipfel fand, darauf aufmerksam: „Passat a!“, meinte er stets ernst und mich vorsichtig abschätzend. Und Georg hatte einen hoch auf einer Eiche befindlichen, mit zwei Leitern, vier Hufeisen und einmal Umsteigen auf die andere Seite erreichbaren Sitz den „Luis-Trenker-Sitz“ benannt. Doch bei mir bissen sie auf Granit. Wie ein Fels stand ich in der Brandung. Es wurde weitergebaut. In futuristischer Linienführung.

Als das Wetter so im April einigermaßen passte, rieb sich der Eisenhändler bei meinem Eintreten in sein Geschäft aber schon mit ganz, ganz freundlicher Miene die Hände. Ich wusste, was der Antijäger dachte: „Ein armer Narr, aber mein bester Kunde!“ So ist eben das Leben. Was aber meine Sitze und auch die Jagd anbelangt: vom Ecker Poldl sollte ich noch allerhand lernen.

Mit dem Ecker Poldl

Der Ecker Poldl war das, was man einen fermen, bodenständigen Jäger nennt. Als ich ihn kennenlernte – bei der Ersatzteilsuche für einen „umgebauten" Mauser –, war ich irgendwie angenehm von ihm berührt. Er sprach nicht viel, aber aus dem, was er sagte, hörte man einen feinen Jagdinstinkt heraus. Später beeindruckten mich seine gelegentlich gebrauchten Redewendungen ungemein. Schilderte er zum Beispiel den Anblick eines guten Stückes, hieß es gleich: „Da bemerk i, dass die Birn zeitig sein", ein angespanntes Horchen war bei ihm ein „Loṣen wia a Bär in da Gerschtn", und bei passender Gelegenheit präsentierte er das elegante: „Ja, zu spät den Arzt geholt!" Eine weitere Eigenheit kennzeichnete den Poldl. Von Kameraden hatte ich gehört, dass er in seiner Gegend als tüchtiger und angesehener Waldläufer galt, so richtig bodenverbunden. Seinen ersten Hirsch hatte Poldl schon mit 16 Jahren erlegt, und als ich dann einmal in sein Haus kam, sah ich nur drei Rehkronen an der Wand. Allerdings solche, dass ich den bereits gezogenen Hut im Gedanken gleich nochmals abnahm. Sonst waren aber keine Trophäen sichtbar. Poldls Frau erzählte gelegentlich einmal, dass er wohl in den Jahren schon genug davon hätte, „eh lauter guate", wie sie sagte, aber nur die an die Wand hänge, die an eine besonders denkwürdige Erlegung erinnerten. In meinen Augen ein ganz gesunder Standpunkt, um den ich ihn fast ein klein wenig beneidete.

Für die Schwarzwildjagd ging der Poldl bestimmt als Damenfriseur zu des Teufels Großmutter! Beruflich war er ein gelernter, ganz gewiegter Zimmermann. Und – ähnlich mir – dazu auch noch ein halber Waffennarr! Alles Mögliche, das für ihn erschwinglich schien, hatte er schon ausprobiert. Der saubere Kugelschuss galt ihm als Höchstes. Und dieser Grundsatz brachte den Poldl zu seinem neuen Gewehr. In einer Bauerngemeinde beheimatet, war er natürlich auch Mitpächter der dortigen, immerhin über 24 Quadratkilometer großen Gemeindejagd. Es galt als abgemacht, dass die Jagd immer „daheim" blieb; Fremde hatten nichts zu bestellen. Der Wald, viel Laub und wenig Nadel, lagen in hügeligem Gebiet, und man konnte sehr oft von einem Hang zum anderen das Hochwild stehen oder ziehen sehen. Nur haben konnte man es nicht, weil es zum Schießen viel zu weit war. Dem Poldl sein Um und Auf waren aber Hirsch und Sau. Um Ägidi warf ihn das Hirschfieber aufs harte Lager. Aber oben in der Hütte, wie seine Frau mit Duldermiene andeutete. Beruflich kam er überraschend nach Deutschland, und als ich ihn dann daheim wieder traf, gab es eine Sensation. Er hatte dort irgendwo Bekanntschaft mit einem Jäger, wahrscheinlich einem „bodenständigen", denn von den anderen hielt der Poldl nicht viel, gemacht. Dieser Jäger entpuppte sich dann als Besitzer einer „vom Hofe", und der Poldl kam nach Wien und bestellte gleich so ein Donnerrohr. Natürlich hoffte er, mit diesem Gewehr die Distanz über die heimatlichen Gräben überbrücken zu können. Die Lieferzeit wurde zur Qual. Mit schmerzlichem Gesicht äußerte sich Poldl, dass er gar nicht wüsste, wieso denn ein Büchsenmacher dazu gleich ein Vierteljahr brauchte. Überhaupt wären das die größten Halsabschneider – aber im gleichen Atemzug pries er sie wieder als wahre Helden der Arbeit und Präzision.

Die Zeit verging, der Poldl kam aus dem Salzburgischen heim, und da hätte ich ihn einmal fast ernstlich beleidigt. Irgendwo kannte er dort einen Bauern mit einer kleinen Eigenjagd und brachte, wie ich meinte der Kuriosität halber, „einen sehr günstig erhandelten" uralten Drilling mit nach Hause. Neugierig besah ich das mir stolz präsentierte Ungeheuer. Zweifellos war da ein fremder Schaft und anscheinend als Zugabe eine zweite Sicherung drauf. Ich meinte unschuldig, der Drilling hätte fast so viele Knöpfe wie meines verstorbenen Onkels alte Knopfharmonika. Da verschwand das stolze Lächeln Poldls und er zog mir auch schon den Drilling aus den Händen. Die gute Laune war weg. Anschließend erfuhr ich aber zur Entschuldigung, dass alles miteinander nur 300 Schilling gekostet hätte, und um die Scharte auszuwetzen, gratulierte ich kräftig. Ich hätte aber um keinen Preis der Welt aus diesem Ding einen Schuss abgefeuert. Psychologisch muss dieser Kauf aber der Ausgleich zum „vom Hofe" gewesen sein, denn der Stutzen – immer noch nicht geliefert – kostete eine Stange Geld.

Eine Weile hatte ich dann nichts vom Poldl gehört, als eines Sonntags das Telefon läutete. „Der vom Hofe" wäre da, und wenn ich Interesse hätte, so möge ich rüberkommen. Poldl schien sehr nervös. Vor seinem Haus kam er mir dann gleich entgegen und begrüßte mich herzlich, drinnen aber schloss er schnell hinter uns die Tür und drückte dann herum. So hatte ich ihn noch nicht gesehen. Ich sei sein Freund und großer Ballistiker und derlei mehr. „Poldl, was ist denn los? Ich kenn dich ja nicht wieder. Und überhaupt: ein neues Gewehr im Haus und so ein Gesicht!" Poldl seufzte wie ein Galeerensträfling, und dann legte er los. Ja, das Gewehr wäre schon da, es wäre auch sehr sauber gearbeitet, auch das Glas wäre allerhand, aber ...! Der Hub, der Affe (Hub war einer seiner besten Freunde), der wäre ja wahrscheinlich nur neidig, na ja, aber immerhin hätte er angeblich mit einem bekannten Büchsenmacher gesprochen und der hätte ausdrücklich betont, dass der Schütze beim Abfeuern einer solchen Pak unbedingt frei stehen müsse. Wenn da die Schulter beim Rückstoß nicht mitfedern könne, dann wäre das Schlüsselbein beim Teufel. Natürlich sei das eine ganz blödsinnige Übertreibung, aber er, der Poldl, hätte gestern, und jetzt setzte er ein verlegenes Lächeln auf, den ganzen Nachmittag geschuftet und im Revier eine Art Schießmaschine gebaut und ich möge doch mitkommen und mir die Sache beaugapfeln. Eventuell könnten wir – er sagte „wir" – ja die Kanone abfeuern. Ich war fassungslos. So ein Unsinn! Dann brüllten wir doch beide los. Der Poldl aber erst einen Augenblick nach mir. Als ich dann Gewehr und Glas und hernach die Patronen in der Hand hielt, zeigte auch ich mich nicht mehr so ganz sicher. Das waren ja doch die reinsten Underberg-Fläschchen! Immerhin ist bei uns das Reh das meistverbreitete Schalenwild. Und da einmal die „Underberg" verwenden? Gute Nacht!

Die Schießmaschine hatte es wirklich in sich. Ein tolles Ding. Ich wusste nicht, sollte ich mit offenem Munde bloß staunen oder heulen vor Lachen. Da waren in einem kleinen Akaziengehölz vier nebeneinanderstehende Bäume abgeschnitten, die brusthohen Stümpfe verbunden und verspreizt, oben zwei Querlagen aus den gefällten Stämmen und darauf Schaumgummi, Lederbänder und was es derlei sonst noch gibt.

Mit offenem Mund sah ich zu, wie Poldl geschäftig, eigentlich ganz nach artilleristischer Manier, das Gewehr mit Rücklaufmöglichkeit befestigte. Trug sich das alles wirklich zu? Aber da war er auch schon fertig und die lange Grete feuerbereit. Die Scheibe auf 150 Meter Entfernung blinkte uns aus der kleinen Heide entgegen. Poldl lud, ich visierte genau an, stach ein, und wie von einer unsichtbaren Kraft angezogen, wichen wir beide, jeder auf den anderen zeigend, von der Kanone zurück. Gewieher! Aber keiner geht näher. Verflucht noch mal, der Kerl hat mich schon ganz verrückt gemacht! Und ich gehe zum Gewehr, greife zum Abzug. Junge, du hast drei Kinder, und „Krach" ist der Schuss auch schon draußen. Die „Underberg" hängt wie vorher „in der Geige"! Von übergroßem Rückstoß nicht die Spur. Gleich noch mal auf denselben Haltepunkt, und der Bann ist gebrochen. Vom Poldl schien mir, dass seine Komplexe gleich einer weißen Taube davonflatterten.

Wir schossen dann noch einige Male. Die Schussleistung war sehr gut, nur das Zielfernrohr etwas verstellt. Aber das hatten wir bald korrigiert. Als alles vorüber war, musste ich noch schwören, ja nicht wiederzukommen und diese Festungsanlage zu fotografieren. Poldl musste dann wieder beruflich ins Ausland, und erst einige Wochen danach hörte ich von ihm. In einem finsteren Graben hatte er einen Rehaufbruch für die Sauen paratgelegt, und gleich am nächsten Abend dort einen Überläufer auf einige Schritt mit seiner „vom Hofe" erlegt. Ich freute mich für ihn. Als ich dann mit ihm zusammentraf, erklärte er mir ganz ruhig, was ich schon längst gedacht hatte. Hirsche hätte er in der Brunft genug gesehen, aber mit dem Schießen über den Graben, immerhin so mindestens 300 bis 400 Meter, nein, das wäre nichts. Er hätte nur einmal auf einen durchs Zielfernrohr geschaut, aber nicht geschossen. Das wäre doch nicht weidgerecht bei so einer Entfernung. Trotz Atomladung wäre der Schütze dahinter auch nur ein Mensch. Ein winziges Ruckerl, und der Hirsch wäre bloß angekratzt. Anschließend erzählte er mir von den armen Funkenmariechen zu Köln, und es gab fast einen Riesenrausch. Nun blieb der Poldl bis zum Winter daheim. Einmal, anfangs Dezember, fiel über Nacht verheerend viel Schnee. Tags darauf setzte ein Sturm ein, dass einem Sehen und Hören verging. Einige Orte waren von der Außenwelt völlig abgeschnitten. Allein das Heulen und Toben draußen und das Wimmern im Ofen trieben mich ins Revier. In den Hochwaldmulden und in den Gräben musste es jetzt ganz windstill sein, das wusste ich aus Erfahrung. Vielleicht kam ich zu dem ohnehin schon lange fälligen Tier. Zum Pauliberg konnte ich ob der schlechten Verkehrslage nicht, und so versuchte ich es daheim.

Am Hasenberg, einem kleinen Hochplateau, kam ich nur ganz vorgebeugt und mit fast geschlossenen Sehern vorwärts. Der Schneesturm donnerte Tasso, dem „Bayrischen", und mir entgegen, als ob er uns zwei Narren vom Revier heimjagen wolle. So alle 50 Meter drehte ich mich um, Tasso kroch ganz dicht an mich heran, wir zeigten dem Sturm den Rücken und ich ließ mein Gesicht von den tausend Nadelstichen ausruhen. In den Hochwaldmulden dann mutete es wirklich wie in einer Kirche an. Nur hoch oben hörte man die wilde Jagd heulen und jaulen. Wo es windstill war, steckte alles voller Rehe. Hochwild kam mir aber, außer einem Tier mit Kalb bei der Fütterung, nicht in Anblick.

Am nächsten Tag rief mich Hub an. Paul, Poldl und er wären gestern hinten in den Gräben gewesen. Na, das war eine schöne Leistung! Denn bei diesem Wetter gute vier, fünf Kilometer durchs Revier zu stapfen, dabei immer bergauf und bergab, das gab schon aus. Ich sagte nichts, freute mich jedoch aufrichtig, dass ich Gleichgesinnte hatte. Ja, und da wären sie wieder heimgezogen, und Paul und er wären oben im Sturm gegangen. Den Poldl hätte es aber noch in den einen Graben gezogen, und in einer kleinen Fichtendickung wäre unter einer „Stauern“ ein Mordskeiler eingeschoben gewesen. Sie hätten zugeschaut, wie Poldl das Gewehr gehoben hätte, es wären so an die 150 Meter von ihnen bis zum Poldl gewesen, aber sie hätten vor lauter Sturm gar keinen Schuss gehört. Erst als er wie ein Verrückter mit den Armen umhergerudert hätte, wären sie heruntergestapft. Ja, und da sei dann der eben verendete Keiler dagelegen, und ich möge doch meine Patienten zum Teufel jagen und zum Sauleberessen kommen. Ich konnte aber beim besten Willen nicht weg. Nun waren das alles Schüsse, die mit fast jedem anderen Kaliber auch Erfolg gebracht hätten. Aber bald darauf, einen Tag vor dem Heiligen Abend, bescherte „die vom Hofe“ dem Poldl doch eine richtige Weihnachtsgabe. An diesem Tag gehen wir immer noch zum letzten Reviergang hinaus. Eigentlich bedeutet er das Ende des Jahres. Wohl wird da selten etwas geschossen, mehr der Besinnung gilt dieser Gang.

Und so stapfen am Vormittag wieder der Hub – aber bei dem kann man mehr sagen, er schnauft –, der Paul und der Poldl durchs Revier. Immer parallel mit dem ungarischen Stacheldraht. Vor einem Hügel teilen sie sich. Die beiden links und rechts und der Poldl als Nimmermüd über den Kamm. Und weil es die Sonne und Hubertus gut meinen, steht der Poldl endlich oben und äugt in die Runde. Und da drüben, am nächsten Rücken, Donnerwetter, da steht ein Hirsch wie eine Statue in den Brombeeren. Aber was für einer! Durchs Glas sieht der Poldl sofort, dass da was los ist. Der Hirsch, ein Kronenzehner, hat anscheinend eine Minenverletzung. Das Haupt trägt er etwas schräg und hat nur eine Stange, die zweite ist vollkommen weg. Bei dem einen vorhandenen Augspross fehlt auch die Hälfte. Der Geweihte steht auf der Kuppe, ein Herankommen gibt es nicht. Wie der tut, hat er den ganzen Körper voller Splitter. Entfernung zum Hirsch so an die 250 Meter. Der Poldl geht die ballistischen Daten durch, setzt sich, und es rauscht hinüber. Der Minenhirsch liegt im Feuer. Poldl sagt, dass dann der Hub, als er den Berg endlich hochkam, gejault hätte wie so mancher Jagdhund, wenn die Plesshörner schmettern. Dann hätten sich

Sind sie es nicht wert, dass man sich viele Nächte um die Ohren schlägt?

Die verminte Stacheldrahtgrenze nach Ungarn hin fügte dem Wild so manche Verletzung zu.

Wo die Leiter aufhört, geht's auf eingeschlagenen Hufeisen weiter!

Berittene Patrouille am Stacheldraht der ungarischen Grenze

aber doch gleich über dem gestreckten Stück die Hände mit dem Bruch gefunden.

Ich freute mich für Poldl, und mit ihm über „die vom Hofe". Als Poldl und ich über den Pauliberg sprachen, meinte er, mich ob der Saujagdmöglichkeit als sein Opfer gefunden zu haben. Ich wiederum hegte die Überzeugung, er sei meines geworden, denn Zimmerleute sollen wahre Spezialisten beim Nageln von Holz sein! Ja, und jetzt war Poldl hier bei mir am Pauliberg. Er beäugte sich am Straßl, dem das Revier kreuzenden Abfuhrweg, die hohen Tannen, drehte sich um und sah sich den riesigen, aufsteigenden Schlag an. „Na, geh'n ma 's an!" Poldl hatte Hubert und Franz mit, beide aus der gleichen Ortschaft. In Hubert lernte ich einen Waffentauschpartner von dem Schlag, die es am aller-, allerdicksten hinter den Ohren haben, kennen. Mir Unschuldslamm hielt er immer wieder vor, ich würde ihn begaunern, ihn an den Abgrund bringen. Seine Waffentauschgeschäfte waren ein Erlebnis, sowohl für ihn als auch für die anderen. Er pflegte sich in ernsten Situationen lächelnd immer exakt hochdeutsch auszudrücken. Doch jagdlich und beruflich ein Könner. Auf alle Fälle, wie mir schien, jagdlicher, erhabener Gent, bis er mich einmal unerwartet in die Rippen stieß und schallend lachte. Sein liebster Ausdruck: „Das haut ein Lamperl um!"

Die Leiter wurde gute 17 Meter hoch. Das war insofern vielleicht keine Kunst, als ja die Tannen hier am Schlagrand fast das Doppelte an Höhe erreichten. Das Aufstellen aber glich einer guten Zirkusnummer. Doch die Krone kam, als Poldl zum Wagen ging und aus seinem Gepäck einen Gurt fischte. „Zum Anschnallen oben", erklärte er mir mit erhobenem Zeigefinger und ganz selbstverständlicher Miene. Er dachte eben an alles. Georg und mir blieben die Mäuler offen. Der Poldl war in der Tat ein Meister.

Doch wie das komischerweise so im Leben ist, gesessen bin ich auf dieser Leiter, glaube ich, nur zweimal. Man fühlte sich wie auf der Santa Maria im Mastkorb, grad dass man nicht begeistert rief: „Land in Sicht!"

Mit einem Schulfreund, der aus dem Marchfeld zu Besuch bei uns weilte und dem ich die Monsterleiter zeigen wollte, stieß ich auf eine, ich sage es ohne Übertreibung, unheimlich starke Hirschfährte. Nach nächtlichem Regen war dieser Kapitale etwa 100 Meter auf dem Straßl, übrigens an der Leiter vorbei, entlanggezogen. Die Schalenlänge betrug so an die elf Zentimeter. Eigentlich stiegen mir selbst Zweifel auf, als mein Freund und ich nach erfolglosem Morgenansitz die Fährte fanden. Auf meinen Ausruf „Bitte, da hast ihn ja!“ brach der Freund in ein Gewieher aus und sprach das Trittsiegel für eine „Kaiblfährtn“ an. Weit und breit ließ sich aber keine etwa dazugehörige Menschenspur finden, das nächste Dorf lag kilometerweit entfernt. Und nach einigen Wochen stand diese Fährte im abseits gelegenen dunklen „Wurzengraben“. Trotz beharrlichsten Ansitzens bekamen wir diesen Geweihten nie in Anblick, auch erfuhr ich nichts dergleichen aus dieser Gegend.

Einmal saß ich nachts bei besagtem „Straßl“ auf Sauen an. So vor Mitternacht wechselte ein enorm starker Hirsch über den Abfuhrweg und dann quer über den Schlag. Und sein Geweih? Genaues konnte ich nicht ausnehmen, aber der Hirsch hatte einen derartigen „Christbaum“ oben, dass ich ganz aus der Fassung kam. Vielleicht war es der mit der „Kaiblfährtn“.

Auf dem „Straßl“ stand auch immer wieder die Fährte einer groben Sau. Einmal war ich dort mitten im Wald angesessen und hatte in der tiefen Dämmerung im Bachbett Schwarzwild gehört, doch nicht in Anblick bekommen. Auf den Feldern ringsum reifte das Getreide, was die Sauen in Bewegung brachte. In einigen Tagen war Vollmond.

Den Sitz hatte ich schnell zusammengezimmert, und schon am nächsten Abend saß ich dort an. Vor mir der Jungmais mit dem sumpfigen Bachbett, hinter meinem Rücken die Straße und über mir mondklarer Himmel. Hase, Reh und Hochwild waren schon in der richtigen Reihenfolge vorbeigezogen. Nach Mitternacht vernahm ich von ferne etwas, was dem Blasen einer Sau ähnelte. Gleich bin ich hellwach. Nach einer Weile wieder das gleiche Geräusch. Und jetzt auch leises Steinerieseln. Der Keiler kommt auf dem „Straßl“ und zieht zum Feld hinaus. Er muss gerade auf dem sandigen Stück weiter unten sein. Der Wind steht gut, und flugs bin ich von der Leiter, mache ein paar Schritte durch das Moos und stehe auf der Böschung neben dem Abfuhrweg. Jetzt bläst die Sau wieder, ganz eigenartig, keine 20 Schritt mehr von mir. Der Blick dorthin ist mir durch den Jungmais versperrt, doch muss der Keiler auf keine acht Meter vorbeikommen. Das Zielfernrohr bringe ich vom Gewehr nicht mehr herunter. Aber es geht auch so! Der Basse muss ja direkt anstoßen, und es ist ganz hell. Da, ein leiser Tritt, wieder einer – ich denke noch, dass ich die Sau eigentlich gar nicht rieche, auf die Entfernung, wo doch der Wind so gut steht – da ist sie auch schon. Im Glas taucht – ein Menschenkopf mit Hut auf. Ich habe den Finger am gestochenen Abzug, schaue nun mit beiden Augen und sehe, dass ein bewaffneter Mann da vorbeiwill. Natürlich kann von Doktor T. niemand im Revier sein, dazu kenne ich die Verhältnisse zu gut. Der Förster ist es auch nicht.

Ich habe mich sofort von meinem Erstaunen erholt und mäusle den Mann an. Er fährt herum wie der Blitz und schaut mir in die Mündung. Nein, er rührt sich nicht! Er hat die Situation bestimmt erkannt. Wenn ich jetzt zusammengezuckt wäre. Mir fällt der gestochene Abzug ein! Den Mann erkannte ich dann als Bewohner einer der umliegenden Ortschaften! Ich war fassungslos! Er auch! Als er mir dann erklärte, dass der Wildschaden so groß wäre und er sich nun irgendwo seinen Teil holen wollte, kam ich aus dem Staunen erst recht nicht heraus. Der Mann beteuerte, nie in seinem Leben in diesem Revier einen Schuss abgegeben zu haben. Er wollte dies auch nicht. Er wäre nur auf der „Durchreise"! Eine einmalige Situation. Ich wog das Für und Wider ab. Immerhin war ich vor dem Gesetz nur Jagdgast. Außerdem kannte ich den Mann. Sollte sich morgen dann die Behörde um die Sache kümmern.

Am nächsten Morgen meldete ich den Vorfall dem zuständigen Förster und Doktor T. als Pächter. Der hatte es aber ernstlich mit dem Herzen und so verlief die Sache ohne viel Aufsehen. Aber versprochen hat uns der Schuldige gelegentlich eines späteren und harmlosen Zusammentreffens bei allen Heiligen und Nichtheiligen, dass er nie mehr eine Waffe angreifen und unser Revier schon überhaupt nicht mehr betreten würde.

Ich freute mich, dass meine Ferlacherin so in Ordnung und ich damals nicht nervös war. Es ist ganz gut, wenn man absoluter Herr über seinen Zeigefinger sein kann!

Es war Herbst geworden, und als wir in der Kohlstatt doch noch einen Sitz fabrizieren wollten, kam Oberförster T., der, wie schon erwähnt, die letzten Jahre vor der Pensionierung hier abdiente, leistete uns Gesellschaft und begann zu plaudern. Poldl kannte ihn überhaupt nicht, und ich von dieser Seite nur halb. Und das war gut so. Wie das so geht, kam beim Leitermachen das Gespräch auf das schöne Geschlecht. Poldl hatte da nämlich eine Hübsche irgendwo in Landsee beim Vorbeifahren gesehen. Und nun schilderte er sie uns: „Herrliche Figur, busenbetont, schulterlanges Haar, wiegender Gang und lange, wohlgeformte Beine. Na, jedenfalls Klasse." Die Maid ging ihm nicht aus dem Sinn. Nur ihr Gesicht hatte er nicht gesehen. Und da hakte Oberförster T. ein. Das könne doch nur jene sein, die er persönlich als oberster Richter der Schönheitsjury mit dem allerersten Preis ausgezeichnet hätte. Als Oberförster T. unsere ratlosen Gesichter sah, ereiferte er sich noch mehr. Ja, er hätte diese zarten Fesseln gesehen, und da wären eben alle seine Gedanken, weil auch die anderen Kandidatinnen nicht übel gewesen wären, über Bord gefallen. Er hätte die Fesseln betastet und dann überhaupt nichts mehr denken können. Und dann hätte er sofort energisch den „Supermiss-Titel" verlangt. Welcher ihr auch zugesprochen worden wäre. Wir sahen einander ratlos an. Wo sich denn das zugetragen hätte, fragten wir. Etwas verwirrt warteten wir auf eine Antwort, und Leiter blieb Leiter und Sitz blieb Sitz. Beim vergangenen Kirtag, hier in Landsee, sagte der Oberförster. Weil man sich uneinig gewesen wäre, hätte man ihn als wirklichen Fachmann geholt. Zuerst waren wir erstaunt, doch dann lachten wir schallend. Unmöglich, das musste wieder eine neue der bekannten Münchhausiaden des Oberförsters sein. Beleidigt, wie es schien, und mit strafendem Blick zugleich erörterte er noch Details. Bis wir nicht mehr wussten, wie wir selbst hießen.

Das Rätsel löste sich im Winter danach, als ich mit Georg bei T. im Tessenbachtal einkehrte und mir seine Gattin beiläufig erzählte, wie ihr Mann vor Jahresfrist einer jungen Lehrerin, die mit dem Wagen nicht weiterkonnte und damals Sommerschuhe angehabt hätte, mit Gummistiefeln aushalf. Er hätte ihr sogar beim Hineinschlüpfen behilflich sein müssen. Ich erwiderte nichts, und Georg und mir ging ein Licht auf. Wahrscheinlich muss mein Gesicht so ähnlich wie das von Schorsch gewesen sein, den ich verstohlen anblickte, nämlich dämlich ...

Es ließ mir keine Ruhe, ich wollte den neuen Sitz in der Kohlstatt ausprobieren. Den ganzen Tag hatte ich die Kohlstatt im Sinn, und als ich dann am späten Nachmittag den Wagen bei der Ruine – von hier brauchte man etwa eine halbe Stunde, um zu Fuß dorthin zu gelangen – abstellte, war mir so wohl zumute wie nur selten. Trug der prangende Herbst unterm wolkenlosen Himmel oder der zu Herz und Seele dringende Tannenduft die Schuld daran? Wer weiß! Ich war jedenfalls fidel, und Tasso, der Schweißhund, auch. „Tasso“, welch schnöder Name für solch edlen Weidkameraden! Ich hatte ihn mir aus dem Steirischen geholt, und den Papieren zufolge hieß er „Packan“. Doch schien mir dieser Name zu stimmlos für den „Bayrischen“. Meine Kinder nahmen mir die Arbeit des Namengebens ab. Und bevor ich es versah, hieß Packan fortan Tasso. Tasso war sonst die Ruhe selbst und eine Art Vornehmheit in Person, doch heute wirbelte er um mich herum, dass ich energisch werden musste. Vorsichtig pirschte ich den Judensteig entlang durch den Bestand. Wider Erwarten kam mir aber kein Stück Rehwild in Anblick. Schon wollte ich, am Talgrund angelangt, zu den nahen „Ruinenwiesen“ hinpirschen, als Grunzen und Brechen das Murmeln des Baches übertönten.

Sofort stehe ich wie angenagelt. Mit den „Schwarzen“ hatte ich um diese Zeit nicht gerechnet. Drüber dem Bach sehe ich auch schon im Dickicht etwa vier Sauen brechen. Entfernung an die 20 Gänge. Allein der Unterwuchs ist so dicht, dass ich die Schwarzkittel nur schemenhaft erkennen kann. Kniend bringe ich endlich ein Stück ins Fadenkreuz. Vor der Sau dichte Äste! Ein Erinnern an das in diesem Fall vielleicht trügerische H-Mantel-Geschoss huscht vorbei. Doch der Schuss bricht. Da geht auch schon, etwas zu rasch, die ganze Post ab. Zu hören ist nun ein tolles Brechen, und heidi sind die Überläufer schon weg. Jetzt erst setze ich mich hin und, was sollen Worte, jeder kennt diesen bangen Zustand: „Habe ich oder habe ich nicht?“ Ins eintönige Plätschern des Baches poltern schnelle Schritte vom Gegenhang herab. Da steht auch schon Oberförster T. vor mir. Er ist trotz der vielen Jahre in Österreich der Sprache nach doch noch ein halber Ungar. Wir grüßen einander, und ganz erhitzt fragt er: „Wos is? Hob Schießerei gehört.“ Und wischt sich mit dem Sacktuch den Schweiß von der Stirn. Ich berichte ganz kurz, dann gehen wir zum Anschuss. Aufgebrochenen Boden und Fährten finden wir wohl, aber keine Sau und kein Tröpfchen Schweiß. Doch da, ein paar abgesplitterte Zweige. Fünf bis sechs Schritt vor dem Platz, wo die Sauen standen, musste die H-Mantel abgelenkt worden sein. Auch der Oberförster ist ganz verzweifelt. Da nimmt er mich bei der Achsel und hebt belehrend den Zeigefinger: „Sie mochen olles folsch. Mochen Sie wie ich, olle Toge sofort ‚Express‘ lesen, durt steht in diese Bladl Horoskop. Und wenn schlecht, donn gor net in Revier gehen. Wenn ober Sterne gut, donn feuern, wos geht!“ Und nach einer Kunstpause, in der ich ihn nur mit offenem Mund ansah, fuhr er fort: „Können nur gonz kapitale Stücke doliegen!“ Dabei sah er mir ununterbrochen in meine wahrscheinlich verstörten Augen und machte ein so ernstes Gesicht, dass ich nur rasch beipflichtend mit dem Kopf nicken konnte.

Um die erste freie Kurve des Straßls gehen und ganz oben auf guten 300 Schritt am Hang den Hirsch sehen, war eins. Das Glas zeigte einen guten, ewigen Achter. Doch da hatte mich der Hirsch auch schon weg. Langsam zog er zu den Basaltfelsen, die den Schlag begrenzen, und ich musste untätig zusehen, wie er dort auf bekanntem Wechsel in den Tannen verschwand. Etwas verdrossen kam ich zum Kohlstattsitz und hoffte, ob des eben Geschauten auf etwas ganz Grobes, Seltsames. In Anblick bekam ich nicht eine Maus. Die Kohlstatt schien wildleer. Die Gedanken beim Achter, der jetzt wohl irgendwo im undurchsichtigen Bestand des Rosenbaumweges umherziehen mochte, suchte ich mit Tasso im Dunkeln den Weg zurück. Jetzt war aber auch er, wie es schien, enttäuscht. Lustlos trottete er mit mir zum Wagen. Klar, in zwei Wochen sollte die Brunft losgehen, und der Achter sucht schon. Mit dem Anröhren müsste es gehen, dass ich da nicht früher daraufgekommen bin! Ich selbst traute mir auf diesem Gebiet nicht viel zu, und verderben wollte ich nichts. Es gab einen Mann, der da helfen konnte. Nicht bloß ein Meister, nein, eine Art Virtuose des Röhrens, einer, der mit den Hirschen sprechen konnte. Der Baranits Lazi in Deutschkreutz. Der musste her! Lazi war mein Freund und auch willig, doch was nützte es: Sein Jagdherr hatte sich für den nächsten Tag angesagt. Da konnte er selbstredend nicht weg. Die Brunft war überall in vollem Gang und ich fast mit den Nerven fertig. Am Pauliberg allerdings blieben die Hirsche stumm. Anscheinend gab es zu viel Kahlwild. Außerdem waren die Brunftplätze pirschend so unzugänglich, dass es eine reine Glückssträhne bedeutete, wenn man hinkam. Und über allem lag das große Gespenst des Vergrämens mit all seinen Folgen.

Die Brunft verging, und ich hatte keinen Hirsch. Einmal hatte ich mit Romy, dem alten Bukowinajäger, der mich beruflich besuchte, das Röhren versucht. Doch als der sein Instrumentarium hervorkramte, schwante mir schon nichts Gutes. Ein Kuhhorn sollte das Mittel zum Zweck sein. Von Sirenengesang keine Spur. Das Ganze hörte sich etwa so an, wie man sich die Trompeten von Jericho vorstellt. Schnell stellte ich das Orchester ab. Immerhin sollen, wie er mir schwor, die Hirsche in der Bukowina auf diese Melodei hereingefallen sein. Aber das war nach Romys eigenen Erzählungen schon sehr lange her. Der Ecker Poldl lud mich zu einem Riegler bei ihm daheim ein. Mittlerweile hatte er mit seiner „vom Hofe" wieder einen Überläufer erlegt, und bei dem einen wollte er es nicht bewenden lassen. Geschossen haben wir bei dem Riegler wohl nichts, doch lud ich natürlich die Sippe zu mir auf eine Safari ein. Ich hatte da etwas ganz Eigenes im Sinn. Der Ruinenberg wurde das ganze Jahr nicht bejagt und hat immerhin ideale Einstände. An zwei Hängen so zehn- bis fünfzehnjährige Jungmaise, für normale Menschen unzugänglich. Wenn man oben von den Ruinentouristen bei Schönwetter absah, so hatte die Angelegenheit jagdlich Hand und Fuß. Zudem kannte ich drei Zwangswechsel. Ich griff mir an den Kopf, dass ich nicht schon früher auf diese Idee gekommen war. Hier, in der nordseitigen, fast jedem Lärm abgewandten Lehne musste einfach alles daheim sein. Vom Fuchs übers Reh, bis zu Sau und Hirsch. Nur „derpacken" müsste man es. Geländemäßig war die Sache für burgenländische Verhältnisse nicht ohne. Wild gab es aber so viel, dass ich die im Vorjahr errichteten Lecken, mitten im dicksten Bestand und mitten am Hang mit seinen gut 250 bis 300 Metern Höhe angebracht, alle vier Monate neu füllen musste. Hier dürfte seit Urzeiten kein Salz gereicht worden sein.

Treffpunkt Ruinentor. Georg hatte diesmal auch mitkönnen, und ich war mit ihm und Tasso gerade gekommen, als Poldls Wagen um die Kurve kreuzte. Stolz stellte er mir seine Mannschaft vor. Alles Freunde von mir und, wie mir schien, gerade für heute bei der zu erwartenden Schinderei die richtigen Leute. Franz, ein Jäger, der für Schnepfen wahrscheinlich seinen Onkel als Sklaven an den Nil verkauft hätte. Ein guter Schütze. Hubert, ein Bär von einem Mann, verschmitzte Augen, eine treffende Zunge. Einmal, als ich mit ihm pirschte und ich vielleicht mit der Wegstrecke übers Ziel schoss, hatte er nur mit dem Kopf gewiegt und „von Riesenschritten durch ganz Europa" mit todernstem Gesicht gemurmelt. Im Profil muss Lukullus so ausgesehen haben. Er war auch so eine Art und ein gewaltiger Herr des Humpens dazu. Aber was soll ich sagen, ein alter Bekannter und ein fabelhafter Schütze ebenso. Weinhauer war er übrigens auch. Von seinem „guten, soliden Landtropfen" beutelte es mich immer wie bei einem Malariaanfall.

Der Plan war einfach. Beim Spitzmais den Tannwaldgraben zuerst, dann Spitzmaisrand und als drittes Ruine. Das hieß so viel, dass alles Wild, das sich eventuell durchstahl, praktisch in den letzten Trieb gedrückt wurde.

In nicht ganz einer Stunde waren wir beim Tannwaldgraben postiert. Einer drückt langsam durch, die anderen stehen vor. Georg wollte als Erster durchgehen. Poldl und ich standen am Ende des Grabens, jeder hinter einer der dort einzelnen alten Buchen. Die anderen zwei vor uns auf der drüberen Seite. Der Tannwaldgraben bildete die südliche Grenze des dicken Tannwaldmaises. Eiche, Buche, Lärche, Tanne, so fünfzehn Jahre alt und schier undurchdringlich. Und als ich meinte, Georg müsste gerade angefangen haben, sah ich schon Tier und Kalb über eine schmale Blöße ziehen. Die mochten wohl Franz kommen. Da: Schuss bei Hubert. Jetzt höre ich den vorn kommenden Georg laut husten. Und mir kam wie auf dem Präsentierteller eine alte Gais mit einem ganz jämmerlich schwachen Kitz. Das mochte wohl nur sieben Kilogramm wiegen. Jetzt, im Herbst! Das Kitz lag im Feuer, und die Gais flüchtete wie der Leibhaftige. Kam vom Poldl zurück, und im lauten Widerhall meines Schusses brach sie keine zehn Schritt neben dem Kitz verendend zusammen. Georg schien jetzt nur noch 150 Gänge von uns weg zu sein. „Hirsch, Hirsch!" Prasseln und Krachen, und bei ihm ging es wie die wilde Jagd zurück. Jetzt blaffte ein Schrotschuss bei Poldl. Und da kam auch schon Georg schwer atmend zu uns hoch. Ich zeigte auf die Rehe und rief nach den anderen Schützen. Hubert hatte einen Hasen erlegt, Poldl leider einen Haselhahn gefehlt, und neben Georg war der Hirsch prasselnd, wie zum Greifen nahe, zurückgebrochen. Nichts Kapitales, wie er sagte, angeblich ein Abschüssler, Sechser oder Achter. Tier und Kalb waren in der Kracherei, die der Hirsch verursacht hatte, verschwunden. Georg wagte aber nicht zu schießen, der Hirsch zog links oberhalb des Grabenrandes, und der Schuss hätte uns gefährden können. Ein guter Anfang.

Als nächsten Trieb nahmen wir den Spitzmaisrand. Viel ließ sich da nicht erhoffen, obwohl der Spitzmais immer voll Wild steckte. War ja auch kein Wunder, der dichteste Einstand weit und breit. Stellenweise gar nicht zu durchdringen. Den Rand des Spitzmaises bildete schluchtartig der obere Tessenbacharm. An der rechten Bachseite begann der 70-jährige Klosterberg-Hochwald mit seinen Fichten, Tannen und Lärchen.

Die Strecke versorgt, und wir waren schon am Anstellen entlang des Hochwaldes. Georg und Poldl drückten, voneinander auf gute Schrotschussweite entfernt, parallel zum Bach die 300 Meter durch. Obwohl das Anstellen mit gutem Wind und ohne jeden Lärm erfolgte – ich war der letzte und wusste, dass kein unnötiger Laut das Bachplätschern durchdrungen hatte –, blieb uns Erfolg versagt. Poldl ballerte zweimal auf einen Haselhahn, und Georg sprangen zwei Rehe ab. Uns kam nichts in Anblick. Damit mussten wir aber rechnen, da ja nur eine Seite mit den paar Schützen abgestellt werden konnte. Ich hoffte aber das Beste, denn sollte auf der anderen Seite etwas unbemerkt den Trieb verlassen haben, war es mit Sicherheit zum Ruinenhang gewechselt. Dort musste, wie Georg sich fachkundig ausdrückte, der „Stall" sein. Es würde sich ja zeigen!

Noch keine halbe Stunde mochte vergangen sein, und wir standen schwer atmend vor der Ruine. Als ich vor dem Ruinentor den Wind prüfte, überlegte ich nicht lange: Alle anderen sollten sich vorstellen, Georg würde den Wechsel gut besetzen, und ich selbst wollte am äußeren Ruinenrand mit Tasso über die Felsen stolpern. Und sollte wirklich ein Stück den Rückwechsel nehmen, so konnte ich selbst auch noch zu Schuss kommen. Die 20 Minuten Wartezeit für mich schlichen dahin, und Tasso zerrte diesmal ungeduldig an der Leine. Auf geht's! So 50 Meter nach dem Tor wurden sechs Fasane, vier Hahnen und zwei Hennen, hoch, und einer davon gehörte Sekunden danach dank der Hirtenberger Schwarzen Schnepf mir. Mit den Bunten hatte ich hier nicht gerechnet. Der Widerhall des Schrotschusses kam vom Heidriegel zurück. Ein guter Helfer beim Andrücken. Mit dem Wind im Rücken stocherte ich mich durchs erste Geröllfeld unterhalb der langen Burgmauer. Hier, wo alte knorrige Eichen und Buchen, ein paar riesige Tannen zwischen den Felsen wuchsen, die Holzbringung schien ja da völlig aussichtslos, bildeten Inseln von Holunder, Heckenrosen, Haselnuss und Tannenunterwuchs gute Einstände. Die ersten Steine kollerten zu Tal, und ich balancierte zwischen Steinen und Heckenrosen dahin. Halt! War das Steinrieseln, das Kollern noch von mir verursacht? Musste wohl schon von Wild sein. Rehe, Hochwild? Unten sah ich ein Reh nach hinten durchbrechen. Da riss mich

Tasso aus dem Schauen. Der Hund, sonst die Disziplin selbst, zerrte an der Leine, dass er fast nicht zu halten war. Ich war etwas außer Atem, und bevor ich es noch fasste, flüchteten keine zehn Schritt links ober mir mehrere Überläufer aus den dichten Himbeerstauden. Drei, vier, fünf, alle gleich stark. Sie schienen sich fast zu überschlagen, so eilig hatten sie es. Das Gewehr brachte ich noch an die Wange, aber mehr auch schon nicht. Ehrlich gesagt, hätte ich die Schwarzkittel so plötzlich gar nicht erwartet. Auf der drüberen, nicht so felsigen Seite, da ja, dort hätte ich eher mit ihnen gerechnet. Ich wartete nun darauf, hinter der Ruine einen Schuss zu hören. Nichts. Nun aber: Rumms! Rumms! Wie Donner rollten zwei Kugelschüsse durch das Tal. Zu mir kam nichts zurück, und nach einer Viertelstunde war ich am ersten Zwangswechsel bei Georg. Bleich wie der Tod schwankte uns Franz entgegen. Ob seines Anblicks erschrak ich gewaltig. Etwas Furchtbares musste passiert sein. „I hab a Sau g'schossn!“, stammelte er. „Da liegt sie“, und er zeigte nach hinten. So viel gelacht hatten wir alle schon lange nicht mehr. Dann aber freuten wir uns aufrichtig über sein Weidmannsheil. Der Schwarzkittel war allerdings seine erste Sau. Die Rotte war Franz ober dem Zwangswechsel, der über den Kamm führte, im Troll gekommen. Den zweiten Schuss hatte er nur noch zur Sicherheit auf das schlegelnde Stück abgegeben. „Vor Überraschung“, wie er später sagte.

An Poldl war eine Gais vorbeidefiliert, er hatte aber wegen der Felsen dahinter und der so gegebenen Gellergefahr nichts riskieren wollen. Alles in allem konnte ich zufrieden sein, und an den Gesichtern sah ich, dass es die anderen auch waren.

Poldl ließ es sich nicht nehmen, die Sau allein über die Felsen an der Ruine vorbei zum Wagen zu schleppen. Georg half dann aber doch das letzte Stück. Franz erholte sich nur langsam von seinem „Sauglück“, wie er sich ausdrückte. Die Rehe vom Tannwaldgraben holten Schorsch und ich, und müde und schwitzend kamen wir im letzten Tagesschimmer zum Ruinentor. Nebenbei hatte ich materiell nicht viel von dem Schwarzkittel. Die geschätzten 35 Kilo verteilte ich dann daheim nach der gehörigen Feier mit Franz. Er hatte sich sogar zu Sekt aufgerafft. Poldl sah ich hernach drei Wochen nicht. Als ich ihn gelegentlich besuchte, gestand er mir angesichts seiner Gattin, dass er keine Ruhe gegeben hätte, bis er nicht binnen zwei Tagen seinen Anteil am Wildbret verschlungen – von einem Essen konnte man da nicht mehr reden – gehabt hätte. Dann wäre er eine Woche krank gewesen, fügte er kleinlaut hinzu. Und ich hielt ihm lachend die Hand hin, „Schlag ein, Weidmannsheil".

Das Jagdjahr und mit ihm die sechsjährige Jagdperiode näherte sich dem Ende. Der Abschussplan war noch weit nicht erfüllt. Von den fünf freien Aufhabenden erst zwei zur Strecke gebracht. Es zeigte sich nun, dass das Hochwild hier durch Holzschlag, Motorsäge, durch Beeren- und Schwämmesucher, durch Besenzweigschneider und Christbaumdiebe und nicht zuletzt – ob der landschaftlich so schönen Lage – durch Sonntagsbesucher und Spaziergänger viel zu sehr beunruhigt war. Oder gab ich dem allen nur die Schuld? Hatte ich im Sommer und im frühen Herbst mit jedem Schuss gegeizt? War mir der in Anblick gekommene Geweihte immer als zu schwach oder zu jung erschienen? Jetzt drängte die Zeit. Hans, den ich hier gerne sah, erging es ebenso. In der Feistzeit lag er einmal hinten im Revier beim Quarzbruch oben auf den Felsen von Mittag bis Abend. Unter ihm führte einer der besten Hochwildwechsel vorbei, und die Mühe hätte sich fast gelohnt. Ein guter Zehner, so vom neunten Kopf, kam abends mit seinem Beihirsch ganz vertraut aus dem Walddunkel gezogen. Der Beihirsch zeigte immer Blatt. Wie zum Trotz. Der Gute, ob lauter Schauen und Staunen von Hans, zog von Stamm zu Stamm, und Wunder, war auf einmal nicht mehr da. Nur der Beihirsch. Und den wollte Hans nicht strecken. Jetzt, bei Winteranfang, tat es ihm leid, dass er nicht auf den Alten sofort Dampf gemacht hatte. Zu spät! Ich hatte während der zwei Jahre so manchen Hirsch in Anblick bekommen. Man kann nicht alles haben, und mehrere gute Hirsche fast nie. Zudem fieberte alles der neuen Freude entgegen. Welches Revier sollte mir für die nächsten sechs Jahre gehören? In Neudorf unterhalb des Pauliberges hatte ich ein heißes Eisen im Feuer. Es würde sich ja weisen.

Einmal fuhr ich noch allein hinauf zu Klosterberg und Spitzmais, Wurzgraben und Ruine. Das Essen hatte ich für den ganzen Tag mit, und so wurde es ein beschaulicher Wandertag. Raureif lag, und während ich alle Stätten und Revierteile abging, die mir innerlich etwas gaben, in denen ich allein oder gemeinsam mit Freunden trotz der nur kurzen zwei Jahre doch viel erlebt hatte, zeigte sich der Wald in einer herrlichen Pracht. Aus dem grünen Dom war ein kristallener weißer geworden. Die Birken ließen traurig die reifbehangenen Äste hängen. Die Tannen und Fichten bogen sich ob der eisigweißen Verbrämung, und auf den Heckenrosen neben dem Weg prangten die roten Hagebutten wie in kristallenen Eisschalen. Oben auf den Kämmen, wo in der Nacht der Nebel und die Kälte viel stärker gewesen waren, standen die Raureifkristalle zentimeterlang von den Ästen ab. Die Sonne kam mittags voll heraus, und ein Funkeln und Flimmern wie von Abertausenden Diamanten zeigte sich überall. Traurig schritt ich durchs Revier. Nachmittags hob sich etwas der Nordwind, und als ich am Rosenbaumweg aus den hohen Tannen herauskam, begann der ganze Wald zu ächzen und zu stöhnen. Abschied, dachte ich, als mir der weiße Zauber ins Gesicht staubte. Ich verliere den Wald und dieser die weiße, blitzende Pracht. Wir haben doch etwas Gemeinsames.

Glückliche Tage

Wir hatten es geschafft. Nach stürmischen Wehen waren Hans und ich nun selbst Revierinhaber. Er im Girmer Urbarialwald bei Laz unten in „Pannonien", ich selbst in Neudorf unter dem Pauliberg. Eine solches Hochgefühl hatte uns erfasst, als die Sache perfekt war, dass wir, man könnte so sagen, mit stolzgeschwellter Brust schliefen.

Seltsam, wie wir uns jagdlich im Kreise bewegten. Das Neudorfer Revier grenzte an den Pauliberg mit seinen wunderbaren Erinnerungen. Die bandförmig sich dahinschlingenden Ruinenwiesen mit dem Tessenbach bildeten die Reviergrenze. Neudorf ist ein kleiner Ort, quasi im östlichen Vorgebirge des Pauliberges gelegen. Also auch schon hügelig. Höchster Punkt meines Königreiches war der Höhweg mit 555 Metern Seehöhe. Für Pannonier beachtlich. Das Revier Neudorf ist relativ klein, landschaftlich aber ein Kleinod. Hügelland. Nach Osten freier Blick in die Ebene, nach Hause, nach Lackenbach, und weiter dort, wo der Neusiedler See schon drüben in Ungarn blinkt. Viel Nadelwald, mit vielen Tannen. Auch schon Felsen in den Gräben. Zyklamen und Wacholder. Heckenrosen und Wiesenenzian. Dahinter Wald. Bis zur Rosalia, wenn man will. Bestimmt 20 bis 30 Kilometer. Ein Traum hatte sich erfüllt. In Girm ein kleiner Urbarialwald, gemeinsamer Waldbesitz der Deutschkreutzer Nebengemeinde Girm. Dort, wo ich bei Laz meine Erlebnisse mit dem Einstangenbock in der Kalten Kuchel und davor mit dem Einstangenhirsch gehabt hatte. Bestandesmäßig fast nur Eiche und Buche. Im Frühjahr hundertfaches Taubengurren in den schier undurchdringlichen Dickungen. Im Sommer Gelsen in Tausenderschwärmen, im Herbst viele Hasen und Fasane.

Natürlich war das erste Jahr ein Jahr des Aufbaues. Zwar stand in Girm Wild in Hülle und Fülle. Was ich in Neudorf anfangs nicht sagen konnte. Aber man will ja doch alles so haben, wie man es sich selbst schon lange vorstellte. Neue Lecken, neue Sitze. Ich leide anscheinend noch immer an meiner Hochsitzseuche. Fütterungen und Pirschsteige und Wechsel und Suhlen. Nicht zuletzt auch neues Land und neue Leute. Hier wie dort.

So verging fast das ganze erste Jahr, die ersten Böcke, wenn auch mit bescheidener Trophäe, eben Hegeabschüsse, lagen auf der Decke – und blieben in bester Erinnerung. Schon deshalb, weil sie eben die ersten wirklich eigenen waren. Da bescherte mir der Herbst im Kohlgraben unversehens ein herrliches, hier seltenes Geschenk. Im Kohlgraben erlegte ich einen Haselhahn. Gleich darauf einen einzelnen anwechselnden Überläufer am Abend beim Höhweg. Ein wunderbarer Auftakt.

In Girm begann die frohe Zeit mit buntem, schillerndem Hahn und purzelndem Löffelmann. Dort und da wurden Rotröcke erlegt und Dachse gegraben. Der Winter kam, und als wir beide Bilanz machten, konnten wir zufrieden sein.

Meinen Tasso hatte ich trotz Impfung an der Staupe nach langem Siechtum verloren. Und trauerte. Doch: Ohne Hund ist der Jäger ein Fass ohne Spund, heißt es, und so musste ich an einen anderen Hund denken. Ein roter Spaniel wurde es. Senta hieß die Hündin. Ein wahrer Jagdgefährte wurde sie mir, etwas stürmisch und rastlos, aber das konnte man ja nützen. Zudem mit wunderbarer Nase und Passion. Senta habe ich so manches Weidmannsheil zu danken. Ein neuer Frühling hält Einzug. In Girm früher, in Neudorf ob der Höhenlage später. Schnepfenstrich am Höhweg oben, einmalig und zu schnell vorbei. Salz wurde ausgetragen und die Böcke bestätigt. Wie im Flug verfloss die Zeit. Die Bockschusszeit ging auf. Und ich erlegte den Höhwegspießer. Das kam so.

Das Revier wird der Länge nach von einem Hügelkamm, den Höhäckern, durchzogen. Diese entlang verläuft der Höhweg, der in westlicher Richtung, dem Pauliberg zu, zum besten Aussichtspunkt des Reviers führt. Hier am Waldrand steht an der Weggabelung eine starke, 70- bis 80-jährige, oben in zehn Meter Höhe bestens gegabelte Eiche. Dahinter führt der Höhweg, nun schon im Wald, nach links zu den bereits bekannten und jetzt im fremden Revier gelegenen Ruinenwiesen, nach rechts zum riesigen Judensteigmais. Die Eiche war mit ihrer Gabelung zu verlockend. Versuchsweise erstiegen, bot sich eine überwältigende Aussicht. Bis weit nach Ungarn. Hier musste auch ohne Nagelseuche ein Sitz her! Die Mühen der Hochsitzbauerei, von Georg wurde ich bestens unterstützt, waren nicht vergebens gewesen. Dieser Auslug hatte immer wieder neue Reize. An klaren Tagen konnte man den Neusiedler See, einen Teil des Seewinkels und natürlich noch die kleine ungarische Tiefebene sehen. Nachts faszinierte es, das funkelnde Lichterspiel der Ortschaften zu betrachten und an vergangene Jagdtage dort unten zu denken.

Mai. Herrlich grüne Wiesen, bunte, wiegende Blumen und trillernde Lerchen und Bockfieber oder Bockungeduld, wie man will. Bisher kannte ich hier von der Höhwegeiche aus vier Böcke. Abends zogen zwei davon immer gemeinsam aus. Ein junger, kaum lauscherhoher Spießer und ein ebenso hoher, gleichmäßiger Gabler. Pünktlich kamen sie aus der rechten Waldecke, fast immer im Troll, auf den davorliegenden Klee. Wahrscheinlich Geschwister. Und die beiden anderen Böcke? Ein etwa dreijähriger, mittlerer Sechser. Gut veranlagt, mäßig geperlt, noch Zukunft. Der vierte im Bunde schließlich ein im Wildbret starker Bock mit fahlem, grauem Gesicht. Er kam immer zum Schluss. Erst im allerletzten Licht stand er meist links von der Eiche am Dickungsrand, verhoffte lang und zog dann, wie unschlüssig, nervös immer wieder verhaltend zum Klee. Obwohl ich es in zwei Wochen einige Male versucht hatte, schien es ein Ding der Unmöglichkeit, den Heimlichen richtig anzusprechen. Eines war sicher: Jedes Mal stoben die anderen Rehe sofort auseinander, wenn er in ihre Nähe kam. Die Trophäe musste besonders hoch sein. Mehr konnte ich nicht sagen. Der Bock ließ mich im Unklaren. Nur so viel glaubte ich behaupten zu können: Enden hatte das Geweih nicht. Ich sah immer nur lange, blitzende Stangen, die Lauscher weit überragend. Mit Pirschen war hier

„Packan“ alias Tasso im Pauliberg-Revier

Spieße wie Dolche, mindesten 23 bis 25 cm lang – ein „Mörderbock“!

Die Trophäe von „Black Man“

Der Eissprossenzehner mit den ebenmäßigen Stangen

nichts zu wollen. Doch dann, als ich trotz aller Wetterunbill bei Nieselregen nochmals ansaß, kam der Bock tatsächlich etwas früher. Plötzlich, im grauen, bleiernen Abenddunst, wechselte er über den Weg. Kaum 50 Gänge entfernt. Eigentlich hatte ich nicht bemerkt, wo er hergekommen war. Wieder flitzten die anderen Rehe wie elektrisiert in die Umgebung, und er stand nach ein paar verfolgenden Fluchten allein und breit auf dem Kleeackerl. Na bitte, jetzt hatte ich es! Die dunkle Vermutung, die ich ob seiner schemenhaften Trophäe und aufgrund seines Verhaltens gehegt hatte, fand sich nun bestätigt. Nachdem das angelaufene zehnfache Glas endlich blankgewischt war, zeigte es in aller Deutlichkeit: Mindestens siebenjähriger Bock, Spieße wie Dolche, etwa 23 bis 25 Zentimeter hoch. Gut bis zur Hälfte geperlt. Ein Mörder! Jetzt wurde mir auch das Verhalten der anderen Böcke klar.

Hinter mir hängt, ob des Regens vorsorglich mit der Mündung nach unten, die Ferlacher Bockbüchsflinte 7 x 65 R am eigens dazu eingeschlagenen Nagel. Endlich habe ich sie in der Waagrechten, was ja bei dem durchnässten Zeug gar nicht so einfach ist. Will durchs Fadenkreuz blicken und denke: Du bist mein! „Doch worauf der Mensch am meisten ist erpicht, das kriegt er meistens wirklich nicht!“ Das achtfache Kahles – ich hatte es mit dem Hensoldt vertauscht – zeigte nur eine graue, verschwommene Waschküchenlandschaft. Also mit nassen Fingern herumgewischt. Wertlos! Ich muss in die Tasche greifen um das trockene Taschentuch. In der Bewegung kann ich schon mit freiem Auge erkennen, dass der Bock anscheinend ganz ohne Ursache nach rechts, zum Waldrand hin, abspringt. Verhofft dort noch und äugt zu mir herauf. Werden etwa 120 Gänge sein. Dieser Teufel hatte also doch meine hastigen Bewegungen wahrgenommen. Und während ich endlich mit dem Tuch auf den Linsen herumfummle, springt er auch schon mit dem höhnischsten, abgrundtiefsten „Böh, böh“, das ich kenne, ab. Ich schelte mich einen Toren, und was es da bei uns noch so ähnliche Dialektausdrücke gibt.

Jetzt wird es erst dämmerig, und natürlich bäume ich ab. Bei diesem Wetter habe ich genug für heute. Mein Hubertusmantel ist nass wie ein Badeschwamm, und mit leicht knatschenden und schwappenden Gummistiefeln geht es heimzu. Kühl versuche ich daheim das Ganze noch einmal zu überdenken. Ganz einwandfrei mein Fehler. Unverständlich, dass ich plötzlich alles vermasselte. Der Bock ist älter und gewitzigt, obendrein scheint er unverträglich. Jetzt ist Ende Mai, und vermutlich zieht der höchstens noch ein, zwei Wochen so solid auf den Klee aus. Was man bei dem Mörder solid nennen kann. Morgen dürfte es sinnlos sein, da ist er immer noch vergrämt. Aber übermorgen steigt die Aktion! Jawohl, den passe ich mir früh im Morgengrauen ab. Ganz klar!

Das Wetter hat sich zum Guten gewendet, und ich bekämpfe daheim, als der Wecker viel zu früh rasselt, den inneren Schweinehund, der mich mit aller Macht ins wohlig warme Bett zurückziehen will. Nach kurzem Imbiss fahre ich los. In Neudorf, bei den letzten Häusern, prüfe ich im Dunkel den Wind. Der weht mir sanft und lau aus sternenhellem Himmel ins Gesicht, und er kommt vom Pauliberg und somit vom Höhweg. Also runter zum Triftweg und dann am Waldrand hoch zur Höhwegeiche. Indianerleise pirsche ich, ob der Steigung zwar dampfend wie ein Tramwayross, dahin und bin bald vor der unteren Höhwegwiese. Und der Eichensitz steht schon schwarz und eigentlich verheißungsvoll am Horizont vor mir. Nichts ist bisher abgesprungen. Kein Reh habe ich auf dem Weg zum Hochstand vergrämt und somit die wahrscheinlich wieder auf dem Klee äsenden Stücke nicht beunruhigt. Das letzte Wegstück ist am schwersten. Immer wieder stehe und lausche ich, und endlich kann ich mich lautlos wie eine Katze Sprosse für Sprosse auf die Leiter hinaufziehen. Oben angekommen, blendet mich das Licht der Dörfer unten im Tal, das jetzt doppelt so hell gegen die dunklen Wiesen und Felder wirkt. Noch kann ich nichts erkennen, und ich ziehe den Hut tiefer in die Stirn, um meine Augen vom fernen Licht der Sterne und der Lichterinseln unten, der Ortschaften ringsum, abzuschirmen. Obwohl es jetzt eigentlich ziemlich kühl und frisch wird, mache ich es mir hier oben so behaglich, wie es geht. Endlich zeigt sich im Osten erstes, fahles Grau. Allmählich lichtet sich der Himmel dort unten in Ungarn, und ein schier unvorstellbar zartes, blasses Blau steigt empor. Schon vermag ich mit dem Glas den so verheißungsvollen Klee, der dort nass vom Tau ganz matt und graugrünsilbern zu erkennen ist, von den Wiesen und Feldern ringsum zu unterscheiden. Doch diese Seite ist leer. Vollkommen! Ja, wo sind denn die Rehe? Um diese Zeit müssten doch ein paar irgendwo umherstehen. Auch die Gaisen, die jetzt ob der baldigen Setzzeit ganz heimlich sind, könnten doch so zeitig am Morgen hier draußen sein. Fern drüben beim Kohlgraben schreckt ein Reh, und zwei weitere antworten oberhalb im Judensteigmais. Die gehen mich nichts an. Weit unten erkenne ich auf einer Wiese beim einzelnen Birnbaum am Höhweg zwei Rehe. Sie ziehen schräg zu mir und überfallen den Weg. Die beiden jungen Böcke spielen jetzt auf der Wiese umher und springen dann hinunter zum Kohlgraben ab. Die Sterne sind schon lange verschwunden, und der Himmel ist von einem zarten, herrlichen Blau erfüllt. Es wird immer heller. Auf den Wiesen lassen sich bereits die Blumen unterscheiden. Aber die Bühne ist außer einem Lampe, der entlang des sandigen Höhweges unentwegt zu mir herhoppelt und dann nach einem possierlichen Männchen im Wald hinten verschwindet, leer. Der Neusiedler See unten taucht nun plötzlich aus dem dunstigen Graublau der Ebene wie eine silbern gleißende Schüssel auf. Das Gleißen wird immer intensiver, und gebannt starre ich auf dieses Schauspiel, während schon die ersten Vögel um mich zu jubilieren beginnen. Mit dem Glas verfolge ich dieses wunderbare Farbspiel noch besser. Das flüchtige Silber des Sees wird flammend orange, während durch die schwarzen Äste und Ritzen des Hochwaldes – der den dort unter mir liegenden Höhweg und damit den Blick in die Ebene unterbricht – die Sonne wie ein feurig leuchtender Opal durchschimmert. Wie doch jetzt plötzlich alles nur noch Pastellfarben hat. Und Abertausende Blumen leuchten in der grünen Wiese auf. Ich blicke nach links, und am Rand des kleinen Schnepfenmaises, der in die Wiese etwas vorspringt und von wo ich im Dunkeln gekommen bin, fegt auf 80 Gänge der Schadbock wie wild an einer Eichenstaude. Kein Zweifel, der Spießer ist es! Jetzt, wo ich mit keinem Anblick mehr rechnete! Im nun strahlenden Sonnenlicht habe ich ihn auch schon ohne zu zaudern im Fadenkreuz. Im jäh die Stille zerreißenden Knall, fast kann ich es noch gar nicht fassen, macht der Spießer einen Ruck zurück, und das Echo des Schusses wabert noch in der Luft, als er wie eine Rakete in den Mais abgeht. Zwei, drei Fluchten, und eine Staude wackelt dort ganz fest, wie von einem Anprall. Sonst nichts mehr! Wie eine Erlösung steigt die Freude warm in mir empor, und das Herz pocht wie wild in der Brust. Mit dem Glas erkenne ich bald, dass der Bock dort am Rand der kleinen Böschung verendet liegt. Ja, es stimmt. „Juchuh!" Mein Hut fliegt im Bogen zur Erde zurück und ich baume erregt ab. Bin auch schon beim Bock, und da fährt mir die Ehrfurcht richtig in die Glieder. Gestreckt liegt er zu meinen Füßen, hier, wo im Herbst immer der blaue Enzian, den ich so liebe, im Schnepfenmais blüht. Am Blatt stehen einige rubinrote Schweißtropfen neben dem fingerstarken Ausschuss. Des Bockes Lichter sind für immer ins Leere gerichtet. Ich bück mich nieder und fasse zaghaft nach dem Geweih. Es ist besser, als ich dachte, bestimmt 24 Zentimeter hoch und voller Perlen. Nadelspitz die Dolche und blitzblank. Eine seltene Trophäe. Bin auch stolz, dass ich den Schadbock jetzt noch vor der Brunft erlegen konnte.

Meiner Frau habe ich einen ganzen Arm voll zarter, blauvioletter Wiesenglockenblumen, weißgelber Margeriten und rosa Kuckuckslichtnelken gebracht. Die Wiese war ja voll davon. Warum sollte sie nicht auch etwas vom Höhweg haben.

Es wäre alles gut gewesen, und ich vermeinte, etwas viel Besseres könnte mir heuer nicht mehr in Anblick kommen. Da begegnete ich „Black Man" ...

Ein ungewöhnlicher Name für einen Rehbock, ich geb's zu, aber „Black Man" war ja auch ungewöhnlich. Im Allgemeinen lehne ich solche Amerikanismen ab. Sie sind wohl überhaupt allen Grünröcken ein Gräuel, denn „Black man" verträgt sich nicht gut mit unserer bodenständigen Einstellung zur Jagd. „Black man" heißt so viel wie „Schwarzer Mann", und just als ich den so benannten Bock erstmals in Anblick bekam, fiel mir dieser den Nagel auf den Kopf treffende Name augenblicksschnell ein. Sicher war das Stimmungsbarometer mit maßgebend, denn meine Gedanken kreisten noch um einen interessanten Afrikabericht unserer Jagdzeitung. Dazu kam überdies der dunkle Hochwald hier am Kohlgrabenrand, aus dem der Bock urplötzlich, wie ein Schemen, ausgetreten war und nun unruhig in den Junglärchen stand. Seine mich alles andere vergessen lassende Trophäe riss mich aus den Träumen. Auf den ersten Blick ließ sie sich gar nicht so leicht einordnen. Jedenfalls waren die lauscherhohen Stangen schwarz und wie pechig, an Gamskruken erinnernd. Hatte das Geweih überhaupt Enden? Irgendwo zwischen den spielenden Lauschern war etwas Verkrümmtes, Verbogenes, wie ich jetzt erkennen konnte. „Junge, Junge", murmelte ich zu mir selbst, „was ist das für eine Trophäe!" Abnorme Trophäen haben schon immer mein besonderes Interesse geweckt. Dieser Bock, dunkelrot, mit grauem Gesicht und unruhig wie der Leibhaftige selbst, dürfte fünfjährig sein. Sehr stark im Wildbret, und nichts ließ auf eine eventuelle parasitäre Erkrankung, auf die seine schwarzen, verbogenen Stangen zu deuten schienen, schließen. Ich saß auf meinem Kirschbaumsitz und starrte gebannt auf diesen in den Lärchen nicht bloß ungestüm, sondern richtig wild umherfetzenden, noch nie gesehenen Bock. Auf den Wiesen, die hinter dem Kirschbaum liegen, kannte ich heuer bisher – wir schrieben Ende Mai – vier Böcke. Normalerweise hätte jeder durch den vor mir liegenden Lärchenjungmais ziehen müssen. Außer einem aber hatten alle diese Zone gemieden, und dieser eine, anscheinend mutige, schien beim Durchwechseln auch recht in Eile zu sein. Hatte ich schon damals auf Grund dieser Tatsachen einen starken Bock hier als „Hausherrn" vermutet und ihn mir mit einer respektgebietenden Trophäe vorgestellt, so wusste ich jetzt: Dieser Hausherr stand vor mir. Am anderen Ende des Maises stand eine Schmalgais, und ich hoffte, dass die beiden Stücke bald auf die Wiese austreten würden. Doch ich wurde eines Besseren belehrt! Der Pechstangige trollte so 30 Gänge am Rande weiter, fetzte an einer Lärche umher. Ein Aufwerfen und Sichern, und mit vier, fünf Gängen war er im dunklen Hochholz verschwunden. Vergebens wartete ich auf ein neuerliches Austreten. In tiefer Dunkelheit stieg ich sinnend von meinem Kirschensitz. Nein, den Pechstangigen wollte ich nicht so formlos strecken, eines Tages musste es sicher so weit kommen, doch bis dahin wollte ich mich an ihm erfreuen, und hatte ich ihn nicht bis zum Spätsommer hin erlegt, na, dann sollte er eben bleiben. Denn gesund musste dieser Bock ja sein, ein kranker wäre im Wildbret viel schwächer, nicht so kraftstrotzend wie „Black man". Überdies hatte ich vor, ihn – wie es so schön heißt – vor der Erlegung noch auf die Platte zu bannen. Freilich, eine Rechnung ohne Wirt! Der Pechstangige trat nämlich immer später aus, und obwohl ich ihn einige Male in Anblick bekam, wehten mir Wind und Wetter vergebens um die Ohren. Die Kamera mit Teleobjektiv konnte ich jedes Mal ungenützt verstauen. „Black man" und gutes Licht waren unvereinbare Dinge. Dass er seinen Kohlgraben behauptete, galt als sicher. Fast bei jedem Ansitz konnte ich neue Schlagstellen wahrnehmen. Die anderen Böcke mieden die Lärchen auch weiterhin. Im Übrigen machten sie mir, seit ich den Pechstangigen kannte, keine rechte Freude mehr. Von den vieren heuer war einer ein auf Gabler blendender Spießer, dreijährig und mit weiter Auslage, gut lauscherhoch, abschussnotwendig. Der musste noch vor der Brunft weg, doch jedes Mal, wenn er am oberen Rand der Wiesen austrat, mochte ich den Finger nicht krümmen. „Bist ja nur geduldet vom Pechstangigen, sonst hätte er dich schon über Berg und Tag getrieben." Mit solchen Gedanken blieb der Finger gerade – und ich ohne Bock.

Die Zeit verging, und es trat das ein, was ich im Stillen befürchtet hatte: „Black man" zog nicht mehr aus. Er stand jetzt im Kohlgrabenstangenholz. Der Sommer war da, und die Sauen gingen im Weizen zu Schaden. Beim vollen Tageslicht hatte ich auf den Höhäckern ober dem Kohlgraben einen Überläufer gestreckt und einen Freund auf die Schwarzkittel eingeladen. Ich steckte beruflich wieder einmal in einer Sackgasse, und Freund Hans blieb drei Tage. Als er mir zum Abschied Bericht erstattete, schilderte er nur, dass an jedem Morgen vor der Höhäckerkanzel zwei Böcke auf den Wiesen gewesen wären. Beim dritten Morgengrauen hätte ein „unheimlicher, schwarzstangiger Bock“, Lungenwurmtrophäe oder so, einen schwachen Bock durch den Morgennebel über den Berg hinaufgetrieben und anschließend auch noch den einen Sechser durch den Schnepfenmais „eskortiert“. Der dritte Bock wäre beim Auftauchen des schwarzstangigen Bockes ohnehin gleich „abgefahren“. Hans beschrieb die Trophäe und meinte, mir eine Neuigkeit zu sagen. Ich winkte müde ab. „Hans, den kenne ich schon seit fast drei Monaten. Nächste Woche bringe ich ihn zur Strecke. Dort kommt die Trophäe hin“, und ich zeigte auf eine leere Stelle an der Jagdzimmerwand. Hans machte große Augen und ich lächelte. Wie heißt es doch? „Ist die Kugel erst einmal aus dem Lauf, hält kein Teufel sie mehr auf!“ Mit Worten und Lippen soll es ähnlich sein! Nun versuchte ich es mit Pirsch und Ansitz, Ansitz und Pirsch. Ansitz an stillen, warmen Tagen und Pirsch bei Nieselregen. Der Pechstangige aber war aus seinem Einstand nicht herauszubringen. Als ich es dann schon zu arg trieb, hörte ich im Kohlgraben sozusagen als Gutenachtgruß ein kurzes, tiefes Schrecken. Die Hans gegenüber fixierte „Erlegungswoche“ gehörte natürlich schon längst der Vergangenheit an. Jetzt ärgerte ich mich, und mehr als einmal sagte ich zu mir selbst: „Warum hast du nicht schon früher geschossen? Warum nicht?“ Einen Toren schalt ich mich ob meiner Anblicksduselei. Das kam dabei heraus! Das einzige, was ich erreicht – oder besser gesagt nicht erreicht – hatte, war, dass mir im morgendlichen Nieselregen „Black man“ auf einer nebelverhangenen Waldwiese entgegenzog. Man ist eben auch nur ein Mensch, und all der vergebenen Stunden und Strapazen gedenkend, ging ich ruckartig in Anschlag – und das nasse Glas zeigte mir bloß einen verschwommenen roten Fleck. Ohne zu schrecken sprang der Bock ab.

Die Brunft begann. Natürlich hatte ich mir die hohe Zeit des Rehwildes das ganze Jahr über in den herrlichsten Farben ausgemalt. Doch sei es, dass ich gerade in der Rehbrunft wenig Zeit hatte, sei es, dass das Wetter nicht mitmachte, ich kam einfach nicht dazu, „Black man“ mit dem Blatter zu betören, ihn aus seinem grünen Dom zu locken. Heute weiß ich, dass ich mir damals keine

Zeit nahm, und mir selbst andere dringende Dinge vorschützte, um den Zauber des Bewusstseins, einen solch magischen Bock im Revier zu haben, länger genießen zu können.

Eines Vormittags brütete ich am Schreibtisch über Befunden. Da überraschte mich meine Tochter mit einem Strauß herrlich duftender Zyklamen, „frisch gepflückt, riech doch einmal", und ihre Augen strahlten. Tatsächlich, der feine Duft drang mir bis in die Seele. Im selben Augenblick dachte ich an den Kohlgraben mit dem Pechstangen-Bock. Dort wuchsen rings um den Einstand in den schattigen Gräben die duftenden Zyklamen. Heute noch musste ich hin! Nachmittags nahm ich die Büchse aus dem Schrank. Senta begann ein Freudenkonzert anzustimmen. Doch diesmal durfte sie nicht mit. Die Kohlgrabenwiese war eine Pracht. Gelb der Hahnenfuß und das Habichtskraut, zartblau die Wiesenglockenblumen, und ab und zu die lila-karminroten Steinnelken. Darüber taumelten Blutströpfchen, Dukatenfalter und Bläulinge. Und Heuschrecken hüpften kreuz und quer. Dunkel hob sich von der Wiese der Waldrand mit den grausilbernen Stämmen der Tannen und den dunkelbraunen Fichtenstämmen ab. Im schattig-düsteren Graben gluckerte ob der heißen Tage bloß ein Rinnsal. Über zarte Nadelpolster pirschte ich zum schon lange nicht benützten Hochsitz auf der Holzabfuhrtrasse. Der feine Harzduft der Föhren durchströmte den schwülen Wald. Zur Brunftzeit ist das Rehwild fast den ganzen Tag auf den Läufen, und darauf hatte ich in den letzten Tagen meinen Plan aufgebaut. Hier, im stillen Winkel, den zu dieser Jahreszeit kein Fuß betrat, musste ich Rehwild in Anblick bekommen. Zudem schnitt die Trasse des Holzabfuhrweges den Bestand in zwei Teile. In der Rocktasche steckte der Blatter. Was konnte da schiefgehen? Ich döste vor mich hin. Ein Bussard miaute irgendwo über mir, und weit links hinten ratschte ein Häher. Musste wohl in der Nähe der Dachsburg sein. Kein Reh. Ans Blatten dachte ich gar nicht, die Stille war einfach zu schön. Ein Löffelmann hoppelte den Abfuhrweg entlang auf mich zu. Haltgemacht, und links und rechts genascht. Eine Abwechslung, dem Dreiläufer zuzusehen. Mit dem Glas betrachtete ich Mümmelmann genüsslich. Wahrscheinlich einer von denen, die ich nie bekommen würde. Dieses Stangenholz mit seinen Gräben war ja beim Jagen praktisch nicht abzustellen. Als ich das Glas wieder vor den Augen hatte, riss es mich herum – hinter dem Lampe brannte im Stangenholz am Trassenrand ein roter Fleck. Entfernung gut 100 Gänge. Ich sah nur Spiegel und Hinterläufe eines Rehes, das bewegungslos verharrte. Dunkelrot die Decke. Anscheinend sicherte das Stück. Eine Ewigkeit schien es, bis das Reh dann auf den Abfuhrweg heruntersprang. Starker Träger. Ein Bock. Er hatte vielleicht noch fünf Meter Schneisenbreite zu überqueren. Jetzt sah ich dem Bock von hinten zwischen die Lauscher: „Black man!“

Glas ab. Die Büchse flog wie von selbst an die Wange. Ein Riesenfarnbusch verdeckte jetzt das halbe Stück. Zwischen zwei Fichten am Wegrand musste der Bock durch, wenn er in den Graben hinunterwollte. Ich hielt das Fadenkreuz dorthin. Er kam. Haupt, Träger, Blatt. Im Schuss sah ich nur einen roten Schatten abwärts durchs Farnkraut des Bestandes wischen. In mir gab es keine Zweifel, die Kugel musste Leben gefasst haben. Nun hieß es warten. Die „Sicherheitsviertelstunde“ wollte nicht vergehen.

Vorsichtig pirschte ich dann zum Anschuss. Beim großen Farnkrautbusch spähte ich in den die Trasse begrenzenden Graben. Die Mühe war unnötig gewesen, auf einem Wurzelstock hing unter mir verendet der Bock. Als meine Hände ins tiefschwarze Geweih griffen, nahm ich glücklich den Hut ab. Der Schuss saß Blatt. Unser Tauziehen war zu Ende. Wäre der Bock nicht schon bergab gestanden, hätte er noch auf dem Trassenrand im Feuer bleiben müssen. Nach der roten Arbeit ging es heimzu. Als ich den weiten Graben mit dem Bock auf dem Rücken schweißdurchnässt hinter mir hatte und im Dämmern des Abends den letzten Hang durch den Bestand zu den Erbäckern erklomm, machte ich, nach Atem ringend, Rast. Den Bock ließ ich von der Schulter gleiten und setzte mich neben ihn ins Moos. Nur ein leises Plätschern des Kohlgrabenbachs flüsterte in die Lautlosigkeit der Dämmerung. Ein betörender Zyklamenduft lag in der Luft. Eine lange Weile saß ich so im Dunkel des Bestandes und ließ im Gedanken die bisherigen Begegnungen mit dem Bock vorbeiziehen. Dann nahm ich ihn wieder mit dem Bergstock über die Schulter. Und im Gehen sinnierte ich: „Ist jetzt, ohne ‚Black Man', der Zauber des Kohlgrabens dahin?"

Wie das so in der heutigen Zeit ist, infizierte mich ein Freund mit seinen Jagdreisen. Ihm ging es um die Trophäen, ich wollte einmal weg und Land und Leute, Wild und Jagd erleben. So ließen wir uns beide je einen Mauser in Kaliber 9,3 x 62 bauen. So für alle Fälle. Und weil ich das Maß vollmachen musste, ließ ich einen Lauf herholen und auf den Hülsenkopf wurde „Thor", der Name des germanischen Donnergottes, eingraviert. Die Probeschüsse klangen wie die Salven der Aurora. Die Schussleistung war aber hervorragend, das muss auch gesagt sein. Was versucht man als Jäger nicht alles an Waffen und Munition! Mit jedem neu erwünschten Gewehr will man ja doch nur dem Zauber Jagd und damit dem Glück näher sein. Ob das immer gelingt?

Herbstnacht

Auf den Erbäckern gingen die Sauen unverdrossen an den Kartoffeln erheblich zu Schaden. Die gleiche Misere auch beim Kukuruz, dessen Ernte kurz bevorstand. Etwas musste geschehen! Also versuchte ich es. Die Herbstnacht war so hell und klar wie selten einmal. Wie im Märchen flimmerten unzählige Sterne am Firmament. Goldrichtig, dass ich so warme Kleidung trug. Freilich hatte ich nicht ahnen können, in so eine Situation zu kommen. Ferne tiefe, mahnende Glockenschläge erinnerten mich an die Kirche in W. Zwei Uhr früh! Nun lag ich schon eine gute Stunde in der Furche auf meinem Lodenmantel und konnte nicht vor und zurück. Vom Triftweg bis hierher in die sanfte Mulde vor dem Querwald war ich gekommen. Dann Pause. Ich wusste eigentlich immer noch nicht, hatten mich die Sauen bemerkt oder hatte das wüste Blasen einem anderen Konkurrenten gegolten. Der leise Wind stand mir ins Gesicht, also bestens! Ich hob das Glas und blickte wieder über den mondtauglitzernden Klee zum Kukuruz hin. Die Sauen brachen noch immer in diesem Feld, als ob es auf dieser Welt kein anderes Ziel gäbe, als die planmäßige Vernichtung dieses Maisackers. Ratsch. Krach. Und ratsch, ritsch, krach, krach. Ab und zu konnte man die Schwarzkittel förmlich erkennen. Jetzt schwankt die rechte Kukuruzwand hin und her, und ein Überläufer trollt heraus, um gleich wieder im Kukuruz zu verschwinden. Ich muss achtgeben, dass die Sauen nicht von meinem Glas geblendet werden, der volle Mond steht akkurat bei Landsee in einer Linie hinter dem Kukuruz. Verflucht noch einmal, jetzt hör ich die Sauen hinten, für mich unerreichbar, Richtung Wald auswechseln. Den Geräuschen nach sind es bestimmt an die zehn Stück. Eine bricht plötzlich wieder.

In der nun herrschenden Stille wirkt es umso lauter. Das muss doch noch vor mir sein. Wieder Stille, dann ein Rauschen. Wahrscheinlich der letzte Nachzügler. Er aber kommt in meine Richtung. Aus dem dunklen Schatten der dem Mond abgewandten Kukuruzwand schiebt sich ein schwarzer Kasten auf den Kleeacker. Nach Gebrech und Statur ein Keiler. Blasen, Winden. Es mögen so an die 100 Gänge sein. Der Keiler äugt zu mir. Leicht hebe ich den Kopf. Jetzt kommt er langsam schräg auf mich zu. Hoffentlich spürt er nicht meine Blicke! Jetzt ist alles egal, langsam rutsche ich zurück. Wegen des Taues halte ich die 7 x 65 R über den nassen Klee hoch. Komisch, der Schwarze bemerkt nichts. 70 Gänge noch. Die Ellbogen schmerzen. Ein paar Sekunden muss ich es noch aushalten. Jetzt habe ich ihn im achtfachen Kahles. „Mann, der hat dich schon spitz“, durchfährt es mich heiß, und das Herz hämmert. Die Sau steht spitz zu mir und wie zu Erz erstarrt. Und ich selbst wage fast nicht zu atmen. Ganz, ganz langsam wandert das Gewehr vor. Der linke Arm, auf dem ich aufgestützt bin, wird langsam steif und schwer wie Blei. Nun habe ich endlich das Gewehr vorne, muss es aber noch in die entsprechende Höhe bringen. Wie lange das dauern kann! Bruchteile von Sekunden werden zu einer Ewigkeit. „Pffff, pffff“, der Basse bläst plötzlich tief und laut. Mein Gott, jetzt hab ich es, der fährt gleich ab. Nur nichts falsch machen. Jetzt fällt die Entscheidung. Habe ihn schon im Fadenkreuz. Er will sich abwenden, steht leicht schräg, bin rechts am Blattansatz, und „Rumms“ überraschen mich selbst Schuss und Kugelschlag. Und in den Atemzug, als der Widerhall noch vom Heidriegel drüben zurückrollt, mischt sich ein durch Mark und Bein gehender Klagelaut. Schrill und bis zum letzten Nerv dringend ist dieser „Schrei“, wie ihn eben nur eine Sau bei einem Knochentreffer ausstoßen kann. Die Haare stehen mir richtig zu Berge. Ich kann nichts erkennen, denke, dass der Schwarzkittel annehmen könnte. Blitzschnell rolle ich mich zur Seite. Neue Patrone aus der Brusttasche heraus und wieder geladen. Wenn das nur etwas schneller ginge! Die leere Hülse fliegt im Bogen weg. Verschluss zu. Blöde automatische Sicherung, wozu die jetzt wohl gut sein soll. Entsichern! Nur

Sekunden habe ich dazu gebraucht. Da rumpelt die Sau zurück, rauschend in den Kukuruz hinein, und ich kann nur ohnmächtig feststellen, dass sie weg ist. Klar, ein Nachtschuss auf flüchtiges Wild ist unmöglich, und sei es selbst bei bestem Mond. Aber ich war doch mitten drauf! Zu schnell habe ich Idiot geschossen, ganz instinktiv, ohne zu denken und zu wollen. Ich beiße die Zähne zusammen und knirsche wütend damit. Von der Sau ist weder was zu hören noch zu sehen. Erst sind wenige Sekunden vergangen, da durchdringt ein wildes, entferntes Rauschen und jetzt ein stöhnendes Blasen und wieder ein weiteres Brechen und Rumpeln dort unten beim Ende des Maisackers die Stille. Für mich unerreichbar, denn dorthin habe ich kein Schussfeld. Die Sau wird bestimmt auf der anderen, mir abgewandten Ecke aus dem Kukuruz herausziehen und in den oberhalb liegenden nahen Querwald wollen. Gute 100 Meter muss sie dort über freies Feld, aber ich weiß, es ist sinnlos, jetzt bis dorthin kommen und ihr den Weg abschneiden zu wollen. Von hier habe ich keine Sicht, und bis ich, den ganzen Kukuruz entlang, dort bin, ist die Sau schon lange vorbei. Ein fernes Brechen von dürren Ästen bestätigt meine Theorie. Das Stück ist auf dem Weg hinunter in den Kohlgraben. Machtlos! Ich lege mich auf den Rücken und blicke auf zum unendlich weiten und klaren Firmament. Über mir steht Orion, der große Jäger und Liebhaber. Wie oft habe ich schon zu ihm aufgeblickt in den Nächten unter Sternen. Heute tue ich es ohnmächtig und ratlos. Was habe ich falsch gemacht? Vorwürfe plagen mich. Die Ballistik gehe ich durch. Hätte ich doch nur die Thor, die gute 9,3, mitgehabt. Blödsinn, auch die 7 x 65 R ist eine vieltausendfach bewährte Patrone. Dort liegt der Schaden nicht. Es liegt an mir. Was ist denn eigentlich diese Jagd? Ein Exekutieren, ein Dahintöten, ein Morden ohne Ende? Bin ich so gierig, einen Schwarzkittel zu erlegen, dass ich jedes Maß verliere? Habe ich den Schöpfer nicht im Geschöpf geehrt, wie es in dem so oft strapazierten Spruch „Das ist des Jägers Ehrenschild ...“ heißt?

Nein, so ist es nicht, ich will mir auch kein Unschuldsmäntelchen umwerfen. Mir fallen die vielen Fütterungsgänge ein, die ich in der Notzeit des Wildes allein, mit Georg oder Hans unternahm. Wie oft habe ich dabei gar kein Gewehr getragen, um ja noch mehr Futter schleppen zu können. Wie oft habe ich in den Gräben unten, vollbeladen mit Futter, schweißbedeckt nach Atem gerungen. Bin bis zum Bauch durch den Schnee gestapft. Und das eine Mal, als ich ein paar Tage weg war und erst spätabends von einer weiten Reise heimkam, da bin ich, kaum dass ich die geliebte Heimatluft eingeatmet hatte, mit dem Rucksack voll Kukuruz doch noch bei heulendem Nordwind und tiefer Nacht ins Revier gefahren, um meine Sauen versorgt zu wissen. Und habe auch dem Rehwild die Raufen und Tröge gefüllt. Sinnlos war es damals, nachts loszuziehen, aber keine Macht der Welt hätte mich gehalten. Ich musste ganz einfach ins Revier. Und gäbe es ohne uns Jäger überhaupt noch Wild? Wer bringt noch größere Opfer für seine „Leidenschaft“, was Geld und Zeit anbelangt. Und freue ich mich nicht von ganzem Herzen über jeden Anblick? Oder soll ich das Schießen aufgeben und anderen, besseren überlassen? Wenn diese Sau nicht zustande kommt, greife ich lange kein Gewehr mehr an! Voll banger Zweifel starre ich zum Himmel. Was soll ich tun? Ein Kälteschauer durchrieselt mich. Der Mond ist gelblich rot geworden und steht nun genau über der Ruine. Rasch sinkt er. Etwas Fantastisches zeigt sich jetzt. Die große, runde, feurige Scheibe steht genau hinter dem aufragenden Ruinenturm, und ich kann jeden Vorsprung, jede Kante, jede Öffnung als schwarze Silhouette vor dem feurigen Riesenball exakt erkennen. Ich muss den Feldstecher nehmen, um dieses Schauspiel, das nur Sekunden dauern kann, noch näher zu sehen. Fantastisch ist es! Der Mond, mit der Ruinensilhouette davor, füllt fast das ganze Blickfeld aus. Nicht zu glauben, doch wahr. Man kann es förmlich sehen, wie er sinkt. Jetzt ist der große Bogen oben am Turm wie ein Fenster vom Feuerglanz noch durchglüht, doch schon beginnen die Schatten dort mächtig zu werden, und wie ein feuriges Schiff versinkt der runde Ball hinter den Mauern.

Ein tiefer Seufzer durchfährt mich. Was habe ich getan? Wo mag jetzt der Basse sein? Ist er schon verendet oder im Wundbett beim Bach unten im Kohlgraben? Sicher geht er in der dicksten Dickung ins Wundbett. Ob er die Suhle bei der Buche annehmen wird? Angeschweißtes Wild sucht ja in seiner Not Kühlung.

Das eine weiß ich: Nach Schweiß oder Schusszeichen kann ich erst im Morgengrauen suchen. Mit Senta werde ich mehr wissen, wenn ich mehr wissen muss. Dass die Sau liegt, davon bin ich felsenfest überzeugt. Es klingt lächerlich, aber hätte mir Diana so ein Schauspiel wie diesen in seiner Intensität noch nie erlebten Monduntergang nach diesem Schuss gezeigt, wenn ich ein Verfemter, ein Verbrecher und ihrer Huld nicht würdig wäre? Oder bin ich abergläubisch wie ein altes Weib? Oder bloß so, wie fast alle Jäger es sind? Hin und her jagen die Gedanken um Für und Wider.

Ich rekapituliere den Schuss. Sicher, ich habe rechts von vorn einige Rippen gestreift, und dann ist der schräg stehenden Sau entlang das Geschoss weich in den Wildkörper eingedrungen. Und nach der ganzen Anatomie muss es sogar den linken hinteren Schlegel gefasst haben. Vielleicht den Knochen dort. Ein verdammter Schuss. Wieder kommen wellenartig die Gewissensbisse. Nur auf breit stehendes Wild schießen! Ist das nicht ehernes Gesetz weidmännischen Jagens?!

Es wird schon nicht so schlimm sein. Wie ein Verfemter haste ich nun heimzu. Schlafen kann ich nicht, wälze mich hin und her. Wäre es nicht des Hundes wegen, hätte ich die Wartezeit ohnedies im Revier verbracht.

Im ersten bleiernen Grau bin ich, den Spaniel an der Leine, an der Stelle meiner Schandtat. Schon habe ich erwogen, einen besseren, auf Schweiß „wirksameren" Hund herbeizuholen. Es gibt zwei, drei in der Nähe, die mir jederzeit zur Verfügung stehen. Aber zuerst will ich sehen, was los ist. Diese restlichen Nachtstunden gönne ich niemandem. Aber welcher Jäger kennt sie nicht. Gepeinigt von Vorwürfen und Ängsten, unruhig, mit fliegenden, sinnlosen, abgehackten Träumen. Voll Aufstöhnen und Zähneknirschen, und morgens voll von schamhaftem Schweigen, bevor man nicht weiß, wem man zugehört. Dem erstrebten Guten oder dem verwünschten Bösen. Grauslich kalt ist mir. Ob des schlechten Gewissens? Ohne Frühstück bin ich losgehastet und habe nach einigem Suchen meinen gestrigen Platz gefunden. Lege mich zu Boden, um in die gleiche optische Lage zu kommen wie beim Schuss. Ja, dort muss es sein. Der Anschuss ist bereits aus einiger Entfernung zu erkennen, die Ausrisse sehe ich dunkelschwarz wie Wunden aus dem graubraunen Boden leuchten. Die Sau schätze ich danach auf etwa 90 Kilogramm. Der Hund an der Leine zerrt, wird immer aufgeregter. Wie ein Staubsauger fährt seine Nase den Boden ab, und ich sehe es auch schon. Schweiß. Dunkelrot, mit Schnitthaar gemischt. Ein kleiner, kaum zentimetergroßer Knochensplitter daneben. Kniend und mit Mühe den Hund haltend, prüfe ich die Lage. Muss von einer Rippe sein. Der Schuss dürfte doch dort sitzen, wo ich ihn vermute, ist wahrscheinlich vor der linken Keule wieder herausgegangen. Also auch noch weich. Das Gewehr nehme ich von der Schulter und entsichere, während ich dem Hund und der gut sichtbaren Fährte folge. Durch die Kukuruzwand durch und drinnen entlang. Schweiß an den beiden gelblichen Maisblättern, da nach 30, 40 Gängen in Kniehöhe bräunlich rot, und ich knie hin und rieche und reibe mit den Fingern daran. Leber! Weit kann es jetzt nicht mehr gehen.

Die Wundfährte ist leicht zu halten. Der Schweiß spärlich, aber doch alle paar Schritt wahrzunehmen. Noch dazu kenne ich ja im Großen und Ganzen die Fluchtrichtung. Tatsächlich, am Ende des Kukuruzackers führt sie, immer auf Deckung bedacht, im kürzester Richtung zum Querwald. Dort durch, bei der Linde an der Ecke vorbei, quert sie nicht verfehlbar den Weg. Richtung Kohlgraben steht sie, wie angenommen. Die Schalen haben im weichen Waldboden wenn auch nicht tiefe, so doch deutliche Spuren hinterlassen. Schweiß lässt sich nur fallweise finden. Gute 250 Meter sind wir, Senta und ich, schon der Fährte nachgehangen. Wie das Schwarzwild doch hart ist! Ich glaube sicher zu sein, dass die Sau unten in der Suhle steckt. Die Wundfährte führt pfeilgerade in diese Richtung. Bei dem Schuss muss die Sau ins Kühle. Und so folge ich nicht mehr der Fährte, die jetzt, den Weg überquerend, in den Urbarialmais führt, sondern umschlage das Ganze. Gehe wegen des Windes weit hinauf. Oben, beim Kirschbaum am Prandllärchenmais in der Trift über die abfallende Wiese, und bin schon im Kohlgraben unten beim schluchtartigen Bachgrund. Dort drüber, im großen Bogen durch den düstergraugrünen Hochwald wieder zurück in die Richtung, in welche die Fährte zeigte. Den Hund immer kurz an der Leine – wie gut, dass ich ihn auf „hinter mich" dressiert habe –, pirsche ich über Moospolster und Nadelstreu im Halbkreis zurück zum Bachlauf. Von der starken grausilbernen Buche, so schätze ich, muss ich im Bestand hinunter zur 40 Meter entfernten, unten im sumpfigen Kohlgrabengrund liegenden Suhle sehen. Ein Häher ratscht laut. Verfluchter Madjasch! (So heißen bei uns an der ungarischen Grenze die Häher.) Kreischend streicht er ab. Hier im düsteren Fichten- und Tannenbestand bin ich auch schon oben bei der ersten Buche am Grabenrand. Den moosgrünen Boden entlang habe ich bisher nichts bemerkt. Auch Senta blieb ohne jedes Zeichen einer Erregung. Ein gutes Omen. Unten in der Schlucht vor mir plätschert leise der schmale Kohlgrabenbach zwischen den dort sumpfigen, schwarzen, glänzenden Stellen. Vorsichtig blicke ich, vom Stamm der starken, grausilbernen Buche gedeckt, zum schmalen Bachlauf hinunter. Zwei breite Schlammlöcher vorne sind unberührt und glänzen schwarz zu mir herauf. Und links oben bei der dritten Suhle daneben ist alles ganz zerwühlt, und am Rande liegt auf ihren Läufen reglos die Sau. Ein erlösender Seufzer entfährt meiner Brust. Verflixt, die Sau befindet sich in einer derartigen Stellung, dass ich nicht erkennen kann, ob sie noch lebt. Ist es überhaupt das von mir in der Nacht beschossene Stück? Die Sau ist ganz mit Schlamm beschmiert und liegt, den Kopf auf den Vorderläufen, den Wurf gegen den Wind. Eigentlich müsste man doch bei der Morgenkälte den Atemdampf sehen, fällt mir ein. Und bei der Tageszeit sucht sich doch eine „normale" Sau auch einen anderen Platz in der Dickung.

Senta liegt ganz flach hinter mir. Was soll ich tun? Ich habe keine andere Möglichkeit. Über Kimme und Korn visiere ich, vom Fichtenstamm gedeckt, den liegenden schwarzen Kasten dort an. Das wird was für den Hund werden. „Wumm", donnert es hinunter, wie auf eine Scheibe. Hinter das Blatt habe ich den Schuss angetragen, und genau dort spritzt der Schlamm jetzt hinter der Sau auf, klatscht zurück, und der Schwarzkittel macht nicht den leisesten Zucker. Der Hund zerrt an der Leine. Ich habe es erwartet, denn das konnte ich dem Spaniel, dem so wunderbaren, passionierten Stöberer, dessen Leben nur der Jagd gilt, nie ganz abgewöhnen. Ich schnalle ihn und bin nach etlichen atemlosen Sprüngen fast zur gleichen Zeit wie Senta beim schon lange verendeten Keiler. Jetzt, von der Nähe, sehe ich auch Schweiß hinten an der linken Seite der Sau und ebenso im Schlamm. Lange musste der Keiler nicht leiden, denn in der Suhle ist nur eine lange, von ihm gezogene Bahn. Dort muss er sich, bereits todwund, noch einmal gewälzt haben. Der Spaniel umtanzt in der Suhle die schlammige Sau, und ist bald schwarz statt rot. Die Waffen sind eigentlich schwach, etwa zwei Finger breit ragen sie aus dem Gebrech. Der Keiler hat aufgebrochen schätzungsweise wirklich 80 bis 90 Kilo, und ich stehe bis zu den Knöcheln im Schlamm davor und greife in den schwarzen, klebrigen, schlammverschmierten Kamm und eifere mit schwarzen Händen den Hund an. Gleich daneben, in Griffweite, ist eine abgestandene dunkle Wasserlache. Als ich mich hinbeuge, um mir die Hände zu waschen – ich will der Sau doch den letzten Bissen von der starken Tanne oben holen –, da sehe ich im Wasser mein vornübergebeugtes Gesicht wie im Spiegel, vom blauen Himmel umrahmt, mir entgegenglänzen. Da kann ich einfach nicht anders – und zwinkere mir selbst mit dem einen Auge zu.

Es sollte in die Karpaten gehen. Eine Woche vorher saß ich noch an einem klaren Abend auf den Hochäckern an und dachte schon an die ferne Karpatenjagd. Hase, Reh, Hochwild in der richtigen Reihenfolge, drei Tiere, ein Kalb, ein Hirsch, zogen aus. 40 Schritt vor mir konnte ich sie im Mond genau ansprechen. Der Hirsch ist so im dritten Kopf. Zukunftsachter. Wer den schießen würde, wäre ein Kindermörder.

Im Mais krachte es. Blasend schob sich etwas näher, und das Hochwild prasselte davon. Neugierig wartete ich auf das Stück. Ruhe, Blasen, und ein Keiler brach auf der Wiese. Zog dann, als ich mich gerade zum Schuss entschlossen hatte, im Schatten zur nahen Fasanenschütte in den Schnepfenmais und machte es sich dort beim Kukuruz gemütlich.

Die folgenden Tage fährtete ich ihn immer auf der „Trasse", dem Waldweg, auf dem ich „Black man" erlegt hatte. Am Tag vor der Abfahrt, es war Anfang Oktober, rief ich Hans an. Die Sauen hatten wieder einmal ein Feld umgebrochen. Wenn er wolle, so könne er den Keiler schießen. Es wäre ganz sicher. Hans saß in der Vollmondnacht wirklich an, wahrscheinlich um mir zu beweisen, dass er doch auch nachts ein „Bursch" wäre. Ich gönnte ihm die Sau. Es würde seine zweite sein. Vor der Abfahrt zur Karpatensafari wusste meine Frau, dass ich noch bis gut acht Uhr früh in Fischamend telefonisch erreichbar wäre. Dort gab es zum Abschiedsfrühstück gebackenen Hecht, liebevoll serviert. Knapp vor acht Uhr läutete das Telefon. Meine Frau berichtete mir, dass Hans mit einer Sau vor dem Haus wäre, so groß, dass der Kopf nicht mehr in den Kofferraum ginge. Es wäre ein Keiler mit bestimmt 150 Kilogramm. Einen Dachs hätte Hans auch mitgebracht, einen Fettwanst, an die 20 Kilo schwer. Ich freute mich für ihn.

Von der Karpatensafari daheim, legte ich im ruhigsten Winkel des Reviers, hinter dem Kohlgraben, eine große Schwarzwildfütterung an. Ganzjährig wollte ich hier füttern. Beschickte die Fütterung mit Obst, melassierter Trockenschnitte, Druschabfall, Zwetschgen und Mais, Mais, Mais! Zum Teil grub ich ihn ein; die Sauen würden ihn schon finden. Ich hatte tatsächlich Glück, nach vierzehn Tagen war die Fütterung angenommen. Es hätte auch sechs Monate dauern können. So viele Sauen wie vor zehn Jahren, als ich noch nachts ins Revier fuhr, nur um die Schwarzen im Dunkeln am Brand, den Waldäckern oder auf der Dutka hören zu können, wenn sie aus Futterneid laut quiekend und grunzend aufs Feld zogen, diese Zeiten gehörten der Vergangenheit an. Die Sauen waren eben überall viel zu stark bejagt worden. Blaubelag und Hochrasanz wirkten sich aus.

Bei meiner Fütterung hatte ich zwei Überläufer und eine starke Bache mit Frischlingen. Und ich war glücklich. Als sie mir zum ersten Mal kamen, taufte ich sie nach den Fährten die „Buam und die Tante“.

Aber jetzt zog mich das Hochwild in seinen Bann. Das tägliche Füttern der Sauen war ob des dauernden Bestätigens der Schwarzkittel ebenso beglückend wie anstrengend. Doch wollte ich meinen Hochwildabschuss auch hinter mich bringen.

Der Trift-Hirsch

Feistzeit und Hirschbrunft, das ist die Zeit, die so manchem Weidmann das Herz höher schlagen lässt. Zeit, um auf den Geweihten zu weidwerken. In meinem Revier war gerade das Gegenteil der Fall. Fast das ganze Jahr über zog das Hochwild auf den Höhäckern aus, doch zu Ägidi, Zeit der Herbstzeitlosen, wurde es immer weniger, die Stücke blieben ganz aus, zogen zu fernen Brunftplätzen. War die Brunft dann vorüber, flammten die Kirschbäume rotgelb auf und begannen die Buchen zu gilben und die Birken golden zu werden, so standen wieder einzelne Fährten auf der Trift und dem parallel laufenden, die Höhäcker begrenzenden Höhweg.

Die beste Zeit aber war nun, Anfang November. Die Fährten mehrten sich, einmal bekam ich ganz überraschend am späten Nachmittag ein einzelnes Tier in Anblick. Ich begann, konstant mittags abzufährten. Nach zwei Wochen wusste ich Bescheid. Außer gelegentlichen Durchzüglern, darunter einmal auch eine einzelne, ganz verteufelt starke Fährte, zog täglich ein Rudel mit fünf Stück aus. Drei Tiere und zwei schwächere Hirsche waren es. Mindest jeden zweiten Tag aber zog ein sehr guter Aufhabender mit Beihirsch aus dem nahen Stangenholz auf die Saat. Die Wege des Rudels und der beiden anderen hatten sich einige Male gekreuzt. Der Geweihte schien mir sicher. Einige Tage konnte ich nicht ins Revier, doch dann kontrollierte ich wieder regelmäßig. Alles war beim Alten.

Jetzt, wo ich täglich an „meine Hirsche" dachte, sollte ich den Zauber stören? Komisch, wie man manchmal denkt. Im Revier aber angelangt, verflogen diese Schatten, und als ich den Tannenduft auf dem Triftweg einatmete, schien ich wie verwandelt.

Wie das immer so ist, wenn man eine Zeitlang dem Revier fernblieb, meint man beim ersten Gang hernach besonders guten Anblick zu haben, Dianas Huld viel mehr als sonst zu spüren. Mir ging es so. Im letzten Büchsenlicht traten aus dem gut 200 Gänge entfernten Jungmais drei, nein fünf Stück, und ohne Umschweife zog das Rudel auf die am Hang ober mir liegende Saat. Mein Rudel! Leicht bebend das Glas vor die Augen haltend, sprach ich an: Drei Tiere, ein Sechser, so vom zweiten oder dritten Kopf, und ein gleichaltriger Achter. Nein, schussbar war da keiner. Im letzten Schimmer äste das Rudel vor mir. Ein Brechen im Jungmais und alle schienen wie erstarrt. Es zog noch ein Stück heraus; ich konnte es aber leider nicht mehr ansprechen. Ich saß da auf meinem Kirschensitz und war glücklich. Das sind im Leben die schönsten Stunden, wenn man etwas, was man schon lange mit heißem Herzen herbeisehnte, zum Greifen nahe hat und es da bleibt. Man darf sich nur nicht übereilen. Vorfreude ist ja die schönste Freude.

An den nächsten beiden Abenden blies lebhafter Wind. Zwar guter Wind, und ich saß natürlich wieder an, aber das Hochwild zog nicht aus. Jedenfalls nicht, solange man die Hand vor den Augen sah. Vom Abfährten wusste ich, dass die beiden anderen Stücke manchmal auch durch das Stangenholz schräg hinter meinem Kirschensitz zogen. Ich musste es versuchen. Dort könnten sie eigentlich schon früher dran sein. Am nächsten späten Nachmittag pirschte ich einmal verkehrt, von der anderen, unteren Seite her, durchs Stangenholz. Bei den Erbäckern am Waldrand saß schon der „Portier“ in der Ecke. Ich hatte den Stammhasen deshalb so getauft, weil er täglich vor dem Abfuhrweg am Waldsaum äste. Auf 100 Gänge hoppelte er zur Seite und ließ mich vorbei. „Mümmelmann, wenn heute nur alle so vertraut sind wie du!“, dachte ich still. Wacholderdrosseln, bei uns Kranawetten genannt, schwirrten schnarrend von Wipfel zu Wipfel. Wintergäste! In den Brombeeren im Graben gewahrte ich gerade noch eine Gais mit Kitz und musste warten, bis sie in Richtung Lecke zogen. Eine gute Viertelstunde musste ich auf dem Weg sitzend opfern, um die beiden nicht abspringen zu lassen. Hoffentlich kam der junge Sechser nicht nach, der immer mit der Gais zog. Nein, ich hatte Glück. Dort, wo der Bach die Grenze zwischen Mischwald und Hochwald bildete und ich im vorigen Jahr den stolzen Ritter, den Haselhahn, erlegt hatte, ging es von nun an immer bergauf. Ich musste verschnaufen. Abends zieht hier der Wind, und sei es auch nur ein Hauch, immer bergab. Gut für mich. Auf der ungefähren Höhe der Felder im Holz angelangt, musste ich erkennen, dass der Wald seine Hirsche lieber behalten wollte. Hier drinnen, in der Nähe der Saufütterung, war kaum noch Schusslicht. An einer halbwegs günstigen, weil einigermaßen Ausblick bietenden Stelle setzte ich mich, mit dem Rücken an einen Stamm gelehnt, auf den braunen Waldteppich. Hörte den Meisen zu, die da noch von Stamm zu Stamm huschten und vernahm ganz leise das entfernte Plätschern des Baches. Hier im grünen Dom, in dieser geweihten Stille, erkennt man erst jäh den Kontrast der Zeit. Das feine Summen, das man noch auf den Feldern vom Verkehr aus dem Tal heraufhört, ist hier verschwunden. Wie das noch einmal wird?

Ein Krachen reißt mich aus meinen Träumen. Wieder, und jetzt näher, ein Geweihanstreifen. Es geht aber alles so schnell, dass ich bloß noch registrieren kann: Das müssen die beiden Geweihten sein. Plötzlich atemlose Stille. Sind es 30 Schritt oder ist es näher? Jetzt wieder leises Knacken und Weiterziehen. Ich kann nur einen Schatten erkennen. Dass es zwei Stück sein müssen, registriert allein mein Ohr. Scheußlich, dass man den Pulsschlag so im Hals spürt. Das Knacken entfernt sich langsam, und ebenso kehrt die Ruhe wieder. Nichts zu machen. Hier brauche ich nicht mehr her, wenn ich nicht schaden will. Da fällt mir ein, wie ich vor Jahren bei Geza am Schwarzen Herrgott in einer Bodenmulde saß und in der letzten Dämmerung das Kahlwildrudel über mich hinwegsetzte und neben mir vorbeidonnerte. So an die achtzehn Stück. Ein Vergrämen war damals der Preis für meine Ungeduld gewesen. Wenn es so düster ist, dass ein Ansprechen zur Unmöglichkeit wird, hat man eben Kraut und Lot sein zu lassen. Und wer das bis heute nicht weiß, der kommt schon noch darauf. Wenn auch erst nach bitteren Lehren!

Am nächsten Tag küselt der Wind ununterbrochen. Kaum im Revier und die erste Fährte erkannt, breche ich die Safari ab. Heute habe ich kein gutes Gefühl. Oder sitzt mir der Schreck von gestern noch in den Knochen? Theatralisch denke ich, dass wahre Weidgerechtigkeit im Sich-Bescheiden liegt und fahre heim. Doch dort angekommen, mache ich mir wieder Vorwürfe. Vielleicht hätte es gerade heute geklappt.

Ein neuer Abend kam, es war windstill, und der Kirschensitz hatte mich wieder. Eine Gais, aus dem Mais kommend, überquerte die Saat. Im verblassenden Licht zog ein Stück Hochwild auf etwa 150 Gänge schräg aus der Ecke auf die Wiese und weiter in Richtung Saat. Ich bin ganz ruhig und hebe das Glas. Ein Achter, so vom vierten Kopf.

Keine 50 Schritt dahinter ein guter Hirsch! Infolge des dunklen Hintergrundes kann ich ihn noch gut ansprechen, und als er zuerst braun und silbrig vom letzten Licht umfangen wird, weiß ich es, und warme Freude durchrieselt mich ob des Erkennens. Es ist der Eissprosszehner, von dem ich schon vier Jahre die Abwurfstangen habe. Ich wundere mich über meine Ruhe. Die beiden Hirsche ziehen auf die Saat ober mir. Ich habe nur noch Augen für den Zehner. Doch der zieht und zieht. Am diesseitigen Rand des Feldes stehen vereinzelt einige brusthohe Föhrenstauden und bilden dort den Horizont. Gerade dahinter hält er im Ziehen inne. Längst habe ich angeschlagen. Und zwischen zwei bebenden Schauern, ob der beglückenden Erkenntnis, dass, wenn es heute auch nicht klappen würde, wirklich mein Zehner da ist, steht er plötzlich breit. Meine „Thor“, die gute 9,3 x 62, muss in Aktion treten. Ich steche, bin am Blatt. Werden jetzt auch so 150 Gänge sein. Verflixt, will der Geweihte schon wieder abdrehen? Rasch hinter das Blatt gefahren. Die 9,3 x 62 ruckt etwas, Kugelschlag und Feuerstrahl. Reiße das Gewehr herunter und sehe noch, während der Widerhall vom die Höhäcker überragenden Heidriegel und Ruinenberg zurückebbt, die beiden Hirsche von mir weg in Richtung Mais wie geölt abfahren. Der Schwache vorn. Gefehlt? Nein, das kann nicht sein! Auf der Wiese, über welche die Hirsche flüchten, ist eine kleine flache

Mulde. Und nur ein Stück springt von dort jetzt in den nahen Mais! Oder ist das andere schon vorn gewesen? Mein Puls fliegt wie verrückt. Verflixt, was soll ich jetzt tun? Und verteufelte Technik und Ballistik. So eine Patrone, so ein Abkommen und der Hirsch liegt nicht im Feuer! Oder liegt er doch? Kugelschlag war einwandfrei da. Nicht dumpf wie beim Weichschuss, nein, heller. Der Schuss muss im Brustbereich sein. Jetzt wird mir erst bewusst, dass es inzwischen ziemlich zunachtete. Beim Abbaumen ist mir ganz grausig zumute. So eine Chance! Und die habe ich nicht genutzt. Es hilft nichts. Ich muss bis zum Morgen warten. Wenn ich den Geweihten aufmüden würde, gäbe es ein Drama. Ob er nicht ohnehin auf der Saat liegt?

Eine lange Nacht folgte. Welcher Weidmann kennt das nicht? War es schon zu spät gewesen? Aber ich hatte doch einwandfrei den Hirsch als meinen Eissprosszehner angesprochen. Aber was, solange man mit freiem Auge auf 150 Schritt noch die Enden erkennen kann, ist es für einen guten Schuss nicht zu spät. So tröste ich mich selbst.

Um vier Uhr früh sitze ich mit Senta im Wagen. Die Gedanken kreisen um den beschossenen Hirsch. Hatte ich nun Lunge und Leber? Oder nur Leber? Nein, es musste Blatt gewesen sein! Schräg, denn leicht hatte sich der Hirsch unmittelbar vor dem Schuss gedreht! Im ersten Morgengrauen stehe ich mit Senta unter dem Kirschbaum. Bin beim Anschuss und sehe die Ausrisse. Viel Lungenschweiß und Lungenfetzen. Die Thor hat doch ganze Arbeit geleistet. Als ich mit dem ungestümen Hund an der Leine in Richtung Fluchtfährte blicke, liegt dort auf Schrotschussweite mein Zehner verendet auf der Wiese. Ich konnte ihn nicht gesehen haben. Der kleinen Mulde wegen. Senta wird geschnallt und umtanzt auch schon den verendeten Hirsch. Vor dem Gefällten ist mir plötzlich, als wenn jetzt noch ein Bann von ihm ausginge. Ich muss niederknien und den Hut ziehen. Den so ungestüm verbellenden Hund lieble ich immer wieder ab und eifere ihn an.

Ja, es ist mein Zehner. Eissprosszehner, so ebenmäßig wie die Stangen, die ich schon von den letzten vier Jahren daheim habe.

Nur stärker ist er geworden. Die Enden blitzen weiß, und die Stangen sind dunkel, fast schwarz und wunderbar gleichmäßig. Er mag vom siebenten Kopf sein. Unwiderstehlich drängt es mich, das Geweih zu befühlen, die silbernen Nadeln zu greifen. Als ich den Tannenbruch hole, muss ich Senta ganz grob anfahren, so ist der Hund vom Hirschfieber befallen. Und als ich dem Hirsch dann den letzten Bissen in den Äser schiebe, blicke ich hinab in die Ebene nach Osten. Dort unten, irgendwo hinter der ungarischen Ebene, steigt jetzt ein glühender Ball aus dem grauen, dunstigen Horizont empor. Der Neusiedler See gleißt flach-silbern und fern in der Morgensonne. Ich habe meinen Hirsch, und einen Augenblick lang wird mir beklemmend bewusst, dass wieder ein Traum zu Ende ging.

Raunachtzauber

Schwarzwild wird in unseren Revieren hauptsächlich nachts bejagt. Schon ob seiner Lebensweise – es verbringt den Tag zurückgezogen in den hintersten Winkeln und Dickungen – bleibt den meisten Revierinhabern, so sie die Sauen bejagen wollen – und wer möchte das nicht! –, keine andere Wahl. Nun ist die Nachtjagd auf Sauen eine der strapaziösesten, aber auch eine der schönsten Jagdarten, die ich kenne. Eines gilt aber wie sonst vielleicht nirgendwo als oberstes Gebot: Nur der disziplinierte Jäger ist moralisch berechtigt, Sauen nachts zu beschießen.

Diese so reizvolle Jagdart ist, weidmännisch ausgeführt, auch eine sichere Sache. Jedenfalls wird, fermer Jäger vorausgesetzt, weit weniger Wild angebleit als bei den Waldtreibjagden.

Wie herrlich, wenn man, vom Wilde unerkannt, alles geruhsam betrachten kann. Ich möchte diese Mondnächte mit ihrem überraschenden Anblick nicht missen. Schindluder wird überall dort, wo ein leichtsinniger Mensch hinter dem Gewehr steht, getrieben. Aber sind wir es unserem Wild, der Seele des Waldes, nicht schuldig, leichtsinnige Schützen aus unseren Reihen zu verbannen? Nirgends kommt es mehr als hier auf das richtige Ansprechen und das Erkennen der Entfernung an. Eine Distanz richtig zu schätzen, ist oft gar nicht so einfach. Ich glaube, dass ich es in einem fremden Revier, in dem ich weder „Stock noch Stein" kenne, selbst gar nicht vermöchte.

Wer aber die Entfernung in seinem Revier kennt – weite Schüsse stehen nachts sowieso außer Diskussion – und nicht die Nerven zum Warten hat, bis das Stück Schwarzwild auch nahe genug, auf weidmännisch vertretbare Distanz, herangekommen ist, soll lieber den Finger von dieser umstrittenen Nachtjägerei lassen. Man muss hier, wie vielleicht sonst nirgends beim Weidwerken, eben auch verzichten können. Wer es nicht vermag, hat im Walde nichts verloren!

Ist unser Wild nicht heute mehr denn je auf den schützenden Mantel der Nacht angewiesen?

Allerorts werden Wälder mit neuen Wegen und Straßen erschlossen. Dickungen werden durch den Lärm des vordringenden Raubtieres Zivilisation, ob der neuen, fremden und lauten Geräusche ringsum, in vielen Revieren vom Wild nur noch nachts verlassen. Ohne Heger kein Jäger! Und wir sind als solche heute in steigendem Maße verpflichtet, unser Wild zu erhalten und vor der scheinheiligen, profitsüchtigen Umwelt zu schützen. Möge jeder, der in Vollmondnächten auf Sauen weidwerkt, daran denken.

Oben in Neudorf lag schon Schnee, bei uns hier aber war die dort weiße Pracht als Eisregen niedergegangen.

Auf den Erbäckern hatte ich die letzte heuer noch fällige Gais am frühen Nachmittag erlegt und sie nur bis hinauf zur einzelnen am Waldeck stehenden Pfefferschustereiche getragen. Dort brach ich sie auf und hängte sie zum Auskühlen an den Läufen auf. Heute habe ich ja noch Zeit. Bis zum Abend könnte ich einen ausgiebigen Reviergang machen und nach dem Wildstand sehen. Der Himmel zeigte sich verhangen, und der schwappige, nasse Schnee, ein paar Zentimeter hoch, mochte bei den tagsüber um null Grad wechselnden Temperaturen nicht besonders lange anhalten. So könnte ich wenigstens einmal abfährten. Im Wald drinnen waren natürlich, wie zu erwarten, die Sauen gewesen. Sieben, acht mochten es in der vergangenen Nacht gewesen sein. Eine war respektabel. Der Fährte nach bestimmt an die 100 Kilo schwer. Rehe überall und einige Hasen. Denen mochte der patzige Schnee auch keine Freude machen. Auf den Triftwiesen beim Plank fährteten sich die Tiere. Hatte ich ja auch erwartet. Über Höhäcker und Brunnriegel hinter dem Ort vorbei und zurück an der Lindgrabener Grenze. Die vereinzelten Hasen auf den Feldern, so sie mich, als ich auf sie zukomme, erkennen, „setzen sich planmäßig ab“. Und als ich dampfend über die ansteigenden Wiesen den Fuchsgraben herauf wieder zu den Erbäckern und zu meiner dort hängenden Gais will, höre ich schon im Dämmern unten beim letzten Kohlgrabenstück auf 200 oder 300 Meter eine Sau kreischen. Gleich darauf eine zweite. Damit habe ich jetzt am wenigsten gerechnet. Alles ist ruhig, als ich an einen einzelnen, auf der Wiese stehenden Obstbaum gelehnt, verschnaufe. Schießen werde ich heute, selbst wenn die Schwarzkittel herauskämen, nicht können. Viel zu trüb und diesig ist es. Aber wissen möchte ich doch, was dort los ist!

Weiter stapfe ich hinauf zur Eiche. Bei der Gais angelangt, höre ich die Sauen wieder am Waldrand unten brechen. Eigentlich ein Wunder um die Tageszeit, und noch dazu hier, in Ortsnähe. Vom Reviergang ermüdet, setze ich mich, an den Eichenstamm gelehnt, doch auf meinen Mantel hin und harre der Dinge. Von hier aus liegen die Erbäcker wie ein weiter, ausgebreiteter Fächer unter mir, und natürlich hat man, außer heute bei dem Wetter, gute Aussicht. Von den Sauen höre ich nichts mehr, und im Dunkel schultere ich dann die alte Tante heimzu.

Die Weihnachtsfeiertage sind da, und ich denke – natürlich was sonst, wenn der Mond zunimmt – an die einzelne stärkere Sau, die ich seither nun schon einige Male gefährtet habe. Nur umgestellt hat sie sich. Auf den Erbäckern damals gab sie anscheinend lediglich ein Gastspiel. Jetzt steht die starke Fährte immer im anderen Revierteil. Am Urbarialschlag am Tessenbachhang kann ich den Schwarzkittel fährten, wie er auf die Höhäcker zieht. Anscheinend steht die Sau, sie geht jetzt stets allein, nun am Heidriegel im Nachbarrevier.

Daheim treffe ich Feiertagnachmittags den Spathbauern. Er ist heute sehr aufgeräumt und erzählt mir von seiner Militärzeit. Da hätte auch er einmal eine „Wüdsau" geschossen. Allerdings nur den „Gnadenschuss" gab er ihr, wie er sagt. Mit dem Lastauto hätten sie irgendwo in Russland nachts plötzlich einen Riesenkeiler vor sich gehabt, und „Bumms" war es auch schon geschehen. Streng nach dem physikalischen Gesetz, wo ein Körper ist, kann ein zweiter nicht sein, erfolgte der Zusammenstoß.

„Jo, also Kirn hot der g'hobt wia a Goaß, nur verkehrt!" „Kirn" heißt hier landläufig Gehörn. Und drastisch entblößt der Spathbauer seine Zähne und zeigt mit beiden Händen wie weit die Hauer gebogen herausgeragt hätten. Schätzungsweise so wie etwa Gamskruken. Ich meine natürlich, was das doch für ein Rekordkeiler gewesen wäre, und er bestätigt es. „I sog Ihna, a nutza Jogi! Wirkli a nutza Jogi!" Was so viel heißt wie „Ein gewaltiger Brocken! Ein richtig gewaltiger Brocken!"

Ich kenne den Spathbauern, wir leben ja im gleichen Dorf, und zweifle nicht an seiner Schilderung. Bloß die 50 Sicherheitsprozent ziehe ich natürlich ab.

Jetzt erzählt er von einer Eule, die er hier abends beim Heimfahren vom Feld gesehen habe und erkundigt sich, was das wohl für eine Art wäre. Zeigt mir mit den Händen die Spannweite, Maße wie bei einem Geier, an. Und zur detaillierten Schilderung erklärt er wieder, diesmal die Eule betreffend: „Woar a nutza Jogi!" Also gut, warum soll nicht auch einmal ein „nutza Jogi" in der Luft umherfliegen? Warum nicht?

Vorgestern hat der Späth einen Hasen auf seinem Feld gefunden. Eingegangen. Ich rechne schon mit allem. Mit der einen Hand zeigt er mir die ungefähre Genickstärke des Löffelmannes an und sagt: „Woar a nutza Jogi!" Ich gebe mich geschlagen, verabschiede mich und werde meinerseits den Gedanken an die einzelne Sau in Neudorf nicht los. Verflixt noch einmal, wahrscheinlich ist auch sie ein richtiger „nutza Jogi"!

Draußen heult der Wind, der nächtliche Himmel ist mit einzelnen zerfransten Wolken bedeckt, die wie die Segelschiffe im Sturm rasch am hoch oben stehenden, fast vollen Mond vorbeisausen. Meine Gattin heißt mich einen Narren, bei diesem Wetter nachts ins Revier zu fahren. Bei dem Sturm käme doch nichts. Aber schnell gibt sie auf, sie kennt mich und weiß, dass es mich gerade bei extremem Wetter ins Revier zieht. Und helle Nächte unter den Sternen und jagenden Wolken ziehen mich an wie ein Magnet das Eisen. Zum Höhweg oben will ich. Seit dem späten Herbst befindet sich dort auf der leicht abfallenden Bürgermeister-Wiese neben der

Eiche eine Kanzel. Geräumig und massiv. Einstieg von unten durch eine Falltür. Ein Bett drin und Kippfenster. Die Wände gut isoliert. Sodass man eben auch einmal zur Not übernachten kann.

Es ist ganz hell. Heute könnte man richtig Zeitung lesen, wenn das jemand wollte. In den Wolken oben heult und saust es, und der böige Sturm zerrt an mir, als ich das eine kurze Stück über freies Feld muss. Im Querwald, den ich passiere, biegen sich die ächzenden Fichten. Natürlich ist kein Wild zu sehen. Warum bin ich eigentlich bei dem Sturm gekommen? Ist das Jagd?

Längst sind alle erhöhten Stellen vom Schnee leergefegt, und ich bin ganz erstaunt, als mir der Sturm den feinen Schnee ins Gesicht schleudert, während ich um die Querwaldecke biege.

Die Höhäcker liegen vor mir. Vorn unter dem Birnbaum stehen drei Rehe. In Deckung unten am Waldrand gehe ich an ihnen vorbei. Heute brauche ich nicht leise zu sein. Der Wind mit seinem Sausen und Rauschen in den Wipfeln, mit seinem Pfeifen und Zischen zwischen den Ästen schluckt in den Raunächten jedes Geräusch. In der Kanzel drinnen ist es wunderbar warm. So scheint es zumindest in der plötzlich gar nicht mehr erwarteten Windstille. Ein Fenster öffne ich und bin gleich wieder mitten im tobenden Sturm. Mit Pelzmantel und Schlafsack mache ich es mir bequem, während der Wind an der Kanzel in Stößen zerrt. Ich will dieses Naturschauspiel genießen, und jetzt weiß ich, dass ich im Unterbewusstsein schon allein deshalb hergefahren bin.

War da nicht ein Pferdegewieher oben hoch über mir? Oder jetzt Wagengerassel? Nein, Hundegekläff! Ich muss schmunzeln. Mit meinen Gedanken bin ich bei der wilden Jagd. Bei dem mit den Wolken durch die mondhelle Nacht dahinjagenden Jäger Hackelberg mit seiner apokalyptischen zottigen Schar. Zwei Hasen kommen hoppelnd über den etwas erhöhten Höhweg, der als Horizont auf gute 100 Gänge vor mir diese Wiese begrenzt. Oben in der linken Ecke bei der Höhwegeiche kann ich noch ein Reh erkennen, das dort wahrscheinlich an den Eicheln nascht.

Zwei Stunden vergehen, und ich habe einige Rehe, sogar ein Tier mit Kalb, aber keine Sau und keinen Fuchs gesehen. Der

Sturm gab nach, gleichmäßig kommt der Wind jetzt vom Osten her, und die Kanzel stöhnt schon lange nicht mehr. Nur ab und zu heult es hoch oben in den Lüften, es scheint, dass der Sturm in hohen Lagen noch immer tobt und nicht aufgeben will. Die vordem dahinjagenden einzelnen Wolkenschiffe sind nun eine durchgehende, fast den ganzen Himmel bedeckende, rasch dahinziehende Wolkenschicht geworden, durch die der Mond, so täuscht es, im Eiltempo schon der Ruine zu dahinstürmt. Ich habe genug vom heutigen Sturmgebraus, und steif schäle ich mich aus meiner Biwakkluft.

Beim Birnbaum unten steht diesmal nur ein Reh, sogar ein sehr starkes. Wird wohl ein Bock sein, der dort nach Fallobst sucht. Ein nadelfeiner Eisregen überrascht mich plötzlich, als ich wieder, diesmal in umgekehrter Richtung, den Querwald passiere. Stechend prasseln mir die feinen Kristalle ins Gesicht. Aprilwetter zur Jahreswende! Das schneeige Eisnieseln wird nun ganz heftig und ist, als ich auf den Urbarialschlag komme, genauso unvermutet wieder zu Ende, wie es begann. Muss wohl eine tiefe Wolke gewesen sein.

Von neuen Fährten, die vielleicht in der Zwischenzeit meine Spur gekreuzt hätten, ist nichts zu erkennen. Als ich nun auf dem freien Feld bin, bleibe ich gebannt stehen und starre staunend auf den diesigen graufahlen Himmel im Osten. Den Mond habe ich im Rücken, und vor mir wölbt sich quer über die ganze Ebene, die wie ein offenes Bilderbuch ausgebreitet daliegt, ein zarter Regenbogen. Noch nie habe ich so etwas gesehen! Es ist aber keine Täuschung. Nördlich beim Helenenschacht an der ungarischen Grenze beginnt er und überspannt weit ausholend meine Heimat, die Deutschkreutzer Bucht, um drüben südlich im Kroatischen wieder zu enden. Die meisten Orte, deren Lichter ich bloß verschwommen erkennen kann, sind in ein diesiges, dumpfes, düsteres Grau gehüllt. Dünn strahlen nur einzelne Lichter hoch. Fasziniert kann ich nur immer wieder staunen und gebannt dorthin starren. Ein feiner Eisschauer, ganz unerwartet und gar nicht sichtbar, trifft wieder mein Gesicht.

Es ist kein Trugbild. Der Regenbogen ist nur etwas schlanker und zarter, als man ihn von tagsüber her kennt. Die Farben sind ein wenig fahler. Ich sehe auf die Uhr, es ist zwei Uhr früh. Ein melancholischer Hauch von Poesie liegt über der Szene vor mir, die ich nicht fassen kann.

Das diesige Wetter ging in Schneefall über, und nach zwei Tagen lag eine weiße, stille, flaumige Decke unter grauem Himmel. Wieder will ich zu den Höhäckern, der Keiler lässt mir keine Ruhe. Vollmond! Der Himmel zu, aber alles hell und klar erkennbar. Als aber so um elf ein Fuchs daherschnürt und nicht um die Burg von der Wiese vor der Kanzel weg will, kann ich mich nicht halten. Er liegt im Feuer. Jetzt ist wohl die Sau vergrämt. Ich mache mir Vorwürfe ob des übereilten Schusses. Bin aber doch wieder froh, den Rotrock zu haben und gebe noch etwas zu. Nichts kommt mehr, außer einigen Rehen, in Anblick. Es beginnt zu schneien. Das Schusslicht ist weg, und so um drei Uhr baume ich ab. Durch den Querwald stapfe ich, den Fuchs im Rucksack, heimzu. Der Himmel ist grau und fahl. Sogar der Mond ist ganz verschwunden. Beim Urbarialschlag muss ich vorbei, und als ich dort beim Hohlweg bin, glaube ich zuerst, ein Mensch wäre da quer über den Weg gegangen. Ich beuge mich hin. Heiliger Hubertus, der Keiler muss da vor mir ausgewechselt sein. Es schneit stark, und die Fährte ist noch ganz frei. Vor mir ist er auf die Felder hinaus und noch nicht eingezogen. Ich kann mich nicht halten und folge der Fährte, alles vergessend. Vornübergebeugt stapfe ich vorsichtig nach. Hier oben auf den Feldern zieht sie jetzt nach links zu den Höhäckern. Nein, es ist sinnlos! Zurück! Wenn ich nicht alles verderben will! Ich kehre um. Kaum bin ich wieder in der Mulde am Weg, bricht laut vorne rechts auf etwa 40 Schritt etwas am Rand des Urbarialwaldmaises.

Dort ist ein schmaler Graben, und aus diesem zieht ein Hirsch langsam heraus und sichert. Spätestens in einer Minute hätte ich diese Stelle passiert. Ein junger Aufhabender, das verrät mir der schwache Träger. Mit freiem Auge kann ich das erkennen. Der Wind steht gut und ich stocksteif. Als der Hirsch von mir wegäugt und hinübersichert, erkenne ich im Glas einen schwachen gleichmäßigen Sechser. Wieder bricht es hinter ihm. Ein zweiter Hirsch, fast doppelt so stark wie der erste, schiebt sich heraus und verhofft. Das Glas habe ich noch immer an den Augen und komme aus dem Staunen nicht heraus. Der Hirsch ist wie ein Stier – man verzeihe den Ausdruck! –, so waagrecht ist sein Träger, und die kurzen, dicken Stangen stehen ebenfalls fast waagrecht, leicht geschwungen vom Haupt ab. Enden kann ich nur angedeutet erkennen. Es ist ja auch nicht hell genug. Haupt- und Beihirsch! Aber der Alte ist uralt und trägt eine seltene, nie geschaute Trophäe. Nun sichern beide zum Querwald, woher ich gekommen bin, und ziehen dann zum Weg hinauf. Gebannt verfolge ich sie im Glas. Jetzt müssen sie meine Spur kreuzen. Und wie die wilde Jagd, ganz ohne Übergang, brechen sie auch schon, meine frische Spur witternd, weg. Vergrämt!

Nachts auf eine warme Menschenspur zu stoßen, tut einem älteren Hirsch nicht gut. Jetzt werden sie, der Starke zumindest, wahrscheinlich tagsüber gar nicht mehr ausziehen. Mit gemischtem Gefühl bin ich beim Wagen, und ruhelos sind meine Gedanken bei dem seltenen Hirsch. Aber am nächsten Morgen fällt mir der Keiler doch wieder ein.

Hans muss her! Am Telefon palavern wir uns zusammen. Hans kann. Dem Keiler ist bei der Jahreszeit nicht anders als in der Höhäckerkanzel beizukommen. Dort davor am Topinamburacker neben der Wiese bricht er immer wieder. Wenn er sich nur nicht überstellt und woanders auftaucht. Sauen bleiben nicht lange an einem Ort, und wenn dieser noch so heimlich ist. Noch dazu will ich nicht mehr auf die Höhäcker. Das Bisherige reicht mir. Jeden Tag auf dem gleichen Sitz oder im gleichen Revierteil, das kann nicht gut sein. Diese meine eigene Regel will ich einhalten. Petrus hat zugemacht, aber einmal noch, bei bedecktem Himmel, wollen Hans und ich in der Kanzel ansitzen. Es ist ja Vollmond. Freilich vermag man ihn nur als hellen Fleck durch die dahinziehenden Wolkenfelder zu erkennen. Aber sein Licht ist da. Der leichte Wind säuselt, immer wieder an- und abschwellend, in den Fensterritzen.

Er steht jedoch gut, nämlich direkt zu uns. Es ist angenehm, bei solchem Wetter in einem geschlossenen Raum zu sitzen. Draußen friert es gehörig, aber in unseren Decken und Schlafsäcken ist es wohlig warm. Nur Rehe kommen uns ununterbrochen in Anblick, und um zehn Uhr beginnen wir, Hans hat anscheinend gute Laune, leise von allem Möglichen zu plaudern. Jagd und Waffen, Freunde und Hunde. Von Georg und Laz und Hannes, unserem gemeinsamen Freund. Von Blondinen, Rot- und auch Schwarzhaarigen. Mancher Witz wird erzählt, natürlich nicht immer die harmlosesten. Mit vorgehaltener Hand wiehert Hans bisweilen in sich hinein. Und ich schau nach links, nehme Hans sachte beim Arm und sage zu ihm, ohne mich abzuwenden, im gleichen Tonfall wie vorhin: „Rühr dich nicht, der Teufel ist da!“ Vor uns, auf etwa 60 Gänge, steht der Keiler reglos neben dem Maisrand auf der Wiese. Wie ein Phantom. Eine Sau wie ein Harmonium, und Hans rührt sich nicht. Nur seine Zähne scheppern wie ein Sack tauber Nüsse. Typische „Schwarzwildmalaria“! Gottlob, dass das Fenster zu ist. Der Keiler rührt sich nicht. Noch immer steht er wie angegossen. Zwei, drei Minuten vergehen, und ich lasse jede Hoffnung fahren. Der hat etwas spitzgekriegt. Gleich wird der Schnee aufstieben und alles vorüber sein. Jetzt ist auch Hans ruhig. Bloß seine Knie scheppern. Sauentatterich! Auch das geht vorüber. Der Keiler steht immer noch. Bewegt jetzt spielend die Teller. Bläst einmal kurz, als er den Wind prüft und beginnt zu brechen. Amen! Hans ist ganz ruhig, und wir geben einander wortlos Zeichen, wie wir es machen werden. Alles klar, nickt er.

Ganz, ganz zart und vorsichtig beuge ich mich zum Fenster hin, drehe den Riegel und schwenke es langsam, Zentimeter für Zentimeter, hoch. Hans hat die Bockbüchsflinte schon fast im Anschlag. Jetzt verhofft der Keiler. Keine Bewegung, nur beten, dass der Wind, jetzt, da das Fenster offen ist und er zu uns streicht, gut bleibt. „Wuff“ bläst die Sau sichernd, und unser Pulsschlag stockt. Da bricht sie wieder weiter. Hoffentlich kommt die heimtückische Malaria nicht zurück. Alle Heiligen rufe ich an. Die Sau steht breit wie die beste Scheibe, und ich beuge mich langsam und vorsichtig ins Dunkel der Kanzel zurück, während Hans schon aufgestützt ist und angelegt hat. Ein alles verschlingender, rotgelber Feuerstrahl zerreißt dröhnend die Stille. Diesmal überrascht mich der Schuss. Im Gedanken hatte ich noch einige Sekunden dazugegeben. Das Harmonium saust zurück, dreht sich um seine eigene Achse, und krach, fegt die Sau in die mannshohen Lärchen hinein. Aber nur hinein. Schon herrscht lautlose Stille, während noch der Schnee von den Lärchen stiebt. Und dort vom Maisrand kommt ein tiefer letzter Blaser. Das Testament! Jetzt sind wir beide doch ganz aufgeregt, und ich glaube sicher zu sein und gebe meinem Freund die Hand. „Weidmannsheil!" Und er „Weidmannsdank!" Eine gute Viertelstunde warten wir und gehen dann zum Bassen. Der liegt nur einige Schritt vom Anschuss weg, gleich beim Maisrand, wie vermutet, in den Junglärchen. Absoluter Blattschuss! Die Waffen sind gut und ein Hauer sogar etwas abgebrochen.

Da stehen wir beide wortlos und andächtig vor dem schwarzen zottigen Bassen, und stumm greife ich zur nächsten Fichte, die da in den jungen, dichten Lärchen steht und gebe Hans wortlos den Bruch, während hoch oben und fern wieder der Wind heult und jault, als ob da jetzt die wilde Jagd von dannen reiten würde. Hans hat aber viel prosaischere Gedanken als ich. Er sagt nämlich, als er endlich den Bruch auf dem Hut hat und bemerkt, dass ich immer noch auf den Keiler glotze, im besten Fischamender Deutsch: „Poldl, des woa hoit wieda amoi wos noch unsera Oart!" Tja, und ich weiß, wie unbarmherzig er bei solchen Anlässen immer mit der Malaria rauft und sage daher bloß seufzend: „Jawoi!"

Mit Georg auf den Schneekeiler

In der Rauschzeit konnten wir nur Frischlinge fährten. Es gab zwei Möglichkeiten, das Fernbleiben der stärkeren Stücke zu erklären: Entweder in irgendeinem Revier der näheren oder weiteren Umgebung zufällig weggeblitzt, oder sie befanden sich auf der weiten winterlichen Hochzeitsreise. Innig erhoffte ich Letzteres.

Die Rauschzeit war vorüber, die Sauen wieder da, anscheinend sogar zwei, drei Stück mehr als vorher. Ich meinte es ehrlich, die Schwarzkittel sollten hier hinten im Kohlgraben eine Heimstatt haben. Die Sache brachte aber so nebenbei auch reichlich Schweiß. Zweimal die Woche musste Kukuruz hingetragen werden, und das über Berg und Tal. Mit Hans und Georg wechselte ich mich beim Füttern ab, und es machte uns jetzt beim Schnee zwar viel Mühe, aber noch mehr Freude. Als dann Hans einmal bei der winterlichen Fütterung um des Anblicks willen ansaß, kam ihm noch bei Tageslicht eine etwa fünfjährige Bache auf fünfzehn Schritt. Gut bei Wildbret und ganz vertraut. Freudig erzählte mir Hans von seiner Begegnung. Als ich davon daheim meiner Frau erzählte, sang zufällig mein Jüngster nebenan „Wie lustig ist's im Winter, wie wird's im Sommer sein!" Und meine Gedanken kreisten auch schon um goldgelben Weizen und metallisch rauschenden fahlen Kukuruz. Und natürlich steckten überall Sauen drin. War aber noch viel Zeit bis dahin ... Vor einigen Tagen hatte mir Senta im tiefen Bruckgraben, der quer durchs Revier zog, bei hohem Schnee einen kapitalen Fuchsrüden in einem Grabenwinkel gestellt. Und ich konnte den Roten, mich selbst mühsam durch Schneewächten kämpfend und dem wütenden Hundelaut nachstrebend, erlegen, als er gerade zum Angriff auf den Hund übergehen wollte.

Seit Herbst schon fährteten sich in Girm immer wieder Sauen. Der Wald, fast nur Eiche und Buche, wurde so alle zwei Wochen von Neuem umgedreht. Zu Winteranfang war es genauso, und jetzt, im Februar, leuchteten morgens die schwarzen Flächen aus dem Bestand. Die Sauen hatten nachts gebrochen. Zwei Tage hatte es still dahingeschneit, und mit Georg war ich am Morgen des dritten Tages bei blauem, herrlichem Himmel zeitig früh auf dem Weg ins Revier. Kniehoher Schnee, wie Pulver! Vielleicht steckten die Sauen im Revier! Auf der Westseite des ein exaktes Rechteck bildenden Waldes besprachen wir kurz die Lage und teilten uns dann. Nach einer guten halben Stunde hatten wir den mitten im freien Feld liegenden Wald umkreist und sahen einander schwer atmend wieder. Bei mir war eine Bache mit sechs Stück ein- und ausgewechselt. Georg meldete, dass beim Sattelgraben eine einzelne Sau, nicht zu stark, ausgewechselt und mitten im Revier auf der Nord-Süd-Allee ein guter Keiler in den dichteren Bestand gezogen und den Russenweg überquert hatte. Er steckte jetzt irgendwo im südöstlichen Teil eines rund 30 Hektar großen, etwa fünfzehnjährigen Maises. Ich vermutete den Keiler in der Mitte des Bestandes, wo ich einige Weißdorninseln wusste. Was sollten wir tun? Den Bestand hätte man mit zahlreichen Schützen abstellen müssen. Einen öfter benutzten Wechsel hatte diese Sau nicht. Sie war also hier überall und nirgends daheim. Die Schützen hätten wir aus den Nachbargemeinden herbeitrommeln können. Nein, das wollte ich überhaupt nicht. Meine Freunde erreichte ich heute nicht mehr, und fremden Schützen ein Schauspiel zu bieten, nur um des schnöden Wildbrets wegen, da sollte der Keiler lieber 100 Jahre alt werden! Senta hatten wir ob des vielen Schnees heute daheim gelassen. Im Stillen kamen wir darauf, dass uns nur das Verlangen, zu wissen, ob die Sauen da wären oder nicht, ins Revier gezogen hatte. Jetzt war aber eine da, und zwar, wie Georg die Fährte beschrieb, eine unheimliche. „Teufel auch, Scharol, wir gehen den Keiler an! Parallel zur Fährte, einer links und einer rechts, und wenn die Widergänge beginnen, so heißt es aufpassen! Wir müssten nur auf uns selbst achtgeben. Der Schnee ist das reinste Pulver, auch kniehoch, die

Sau bemerkt uns erst, wenn wir vor ihr sind. Und wenn unser Plan nicht aufgeht, so lernen wir wenigstens was dazu!“ Georg war einverstanden.

Im Hauptweg sahen wir uns die Fährte an. Mir blieb die Luft weg. Das war keine Sau, das war ein Nilpferd! Georg musste über mein wahrscheinlich blödes Gesicht lachen. Mir kamen Zweifel, aber jetzt lief die Sache bereits. Irgendwie würde sie auch enden. Manchmal ist der Mensch eben leichtsinnig. Eins schien fast sicher: Bei dieser Methode würde der Keiler entweder liegen oder gesund abgehen. Anflicken, wie bei den meisten Jagden, würden wir ihn nicht so leicht. Wie die Hunde zogen wir links und rechts nur einige wenige Schritt auseinander der Fährte nach. Wir blickten einander noch einmal an und wussten, was wir meinten: Ab nun gab es kein Wort mehr zwischen uns, nur noch Handzeichen. Mühsam hingen wir schon an die 200 Gänge der Fährte nach. Jetzt schien sie im Kreise zu führen. Längst waren wir schweißgebadet. Der auf den Ästen gut spannhoch liegende Schnee rieselte immer wieder eisig ins Genick. Wie Schneemänner sahen wir aus. Mündung und Visier mussten schneefrei bleiben, alles andere zählte nicht. Die Fährte bog rechtwinkelig ab. Wir standen vor den Weißdornhecken. Georg winkte, er würde rechts gehen, ich sollte gerade folgen. Neben den Hecken zog die Fährte vorbei, nach 20 Gängen wieder ein Knick, erneut einer, diesmal ganz scharf nach rechts. Georg konnte ich in diesem Gewirr nicht sehen, wusste aber, wo er stand. Weiter. Nach einigen Gängen kreuzte sich die Keilerfährte. Georg stand keine zehn Schritt in den jungen Fichten. Eben als ich ihm zeigen wollte: Hier, hier muss der Keiler stecken, wurde der Weißdornstrauch hinter uns lebendig. Ein Blasen, und obwohl wir schon im Anschlag waren, aussichtslos! Eine Schneewolke stob mannsgroß hoch, alles ging so schnell, wie wir es uns nicht im Entferntesten hätten träumen lassen. Den Bruchteil einer Sekunde lang sah ich noch etwas Schwarzes mittendrin, und die Sau polterte davon. Das Brechen entfernte sich bogenförmig um uns herum nach Norden. Aus! Mit zwei, drei Hunden, Terriern, hätten wir den Bassen vielleicht stellen können. Vielleicht! Bei dem kniehohen

Schnee? Palaver. Rast. Palaver! Wir gehen noch einmal nach. Wahrscheinlich steckt die Sau im nördlichen Teil, der ist noch dichter! Zu all dem lässt sich nur sagen, dass wir beide keine Neulinge waren. Nur um den Wechsel kennenzulernen, waren wir schon mancher Hochwild- und Saufährte nachgezogen. Wir kannten uns im Revier aus und wussten: Mit etwas Glück müsste die Sache zu machen sein. Die Fährte zog hin und her. Nach guten 100 Gängen war der Schwarzkittel langsamer geworden, und jetzt zog die Sau dorthin und dahin. Anscheinend konnte sie sich nicht entschließen.

Nach zwei Stunden begannen die Widergänge im Nordteil, keinem Dickicht, sondern einem winterlichen Dschungel aus Akazie, Eiche, Birke, Buche und Heckenrose. Wenn man diese Verfolgung ein ausweglose Beginnen nennt, so antworte ich: Probieren geht über Studieren. Georg folgte jetzt der Fährte! Ich so zehn Schritt neben ihm. Es ging wieder im Kreis. Hier hatten wir besseres Schussfeld, der Bestand war höchstens brusthoch, man sah aber überall hinein. Wenn die Sau hier steckte, müsste sie ausgesprochen blöd sein. Nach einer Viertelstunde standen wir auf der sich in Kreisen kreuzenden Saufährte. Dann führte die Fährte schnurgerade nach Westen. Die Sau hatte sich anders entschieden. Keine Flucht, ein gleichmäßiges Ziehen. Erschöpft machten wir eine Viertelstunde Pause. Schon lange hatte keiner von uns mehr einen trockenen Faden am Körper. Doch weiter, der Fährte nach!

Nach einer guten Stunde kamen wir in den Miniwald, einen kleinen Revierteil, in dem kein Mensch eine Sau vermuten würde. Heckenrosen, Weißdorn, Haselnuss, Eiche, Buche. Alles mitsammen doppelt mannshoch. Die Sonne steht am Horizont, viel Zeit haben wir nicht mehr – jetzt gilt es. Nach 30 Schritt ein Widergang. Noch einer. Wir bleiben stehen, ich deute Georg stumm zu. Zwischen uns liegt eine Eichenbuschinsel. Dort muss sich die Sau eingeschoben haben, es ist der dichteste Teil hier. Wir gehen von beiden Seiten darauf zu. Ich sehe die Fährte ins Eichendickicht hineinstehen. Georg ist jetzt wohl nur einige Schritt weg, aber ganz verdeckt. Nun führt die Fährte zurück. Ich drehe mich weg – und rieche tatsächlich die Sau. Gewehr in Anschlag. Verflucht, gerade dahinter muss Georg sein. Da, plötzlich stiebt eine große weiße Wolke fünf Schritt vor mir hoch. Der Keiler bläst, wetzt die Waffen und flüchtet durch die Eichenstauden zwischen uns. Blitzschnell schießt es mir durch den Kopf: „Mein Gott, ist das ein Brocken!" Wie eine Lokomotive pflügt die Sau durch Schnee und Stauden. Ich brülle los: „Scharol, nicht schießen! Hier bin ich!", fahre mit dem Gewehr mit und habe Sekunden in dem stiebenden Schnee keine Sicht. Als sich mir einen Augenblick danach freies Schussfeld bietet, ist die Sau hinter der Eichenstaude und somit verdeckt. Verdammt! Georg, der immer nach meinen Schritten horchte, wusste sofort, dass der Keiler genau zwischen uns war und behielt seine Kugel im Lauf. Anschließend ging es ihm so wie mir. Keine Sicht beziehungsweise kein Schussfeld. Drüben, an den Stauden, hören wir den Bassen noch, wie er durch den dichten Bestand stürmt. Jetzt ist er endgültig dahin!

Das nennt man wahrlich Pech. Natürlich sind wir zum Teil selbst schuld, doch letzten Endes hatten wir es so gewollt. Nicht alle Tage ist Fangtag! Nur, der Keiler wäre zu haben gewesen, aber da hätte er annehmen oder es hätte freies Schussfeld sein müssen. Eben so Gedanken nachher.

Als wir uns, wie benommen, endlich sammelten und das Lager ansahen, konnten wir, was im Pulverschnee sonst nicht möglich war, erkennen, dass der linke Vorderlauf keine Schalen, sondern nur runde Ballen hatte. Minenverletzung vom nahen ungarischen Stacheldrahtverhau! Beim Wegflüchten war der Keiler gut brusthoch. Fluchtfährte von Schale zu Schale starke vier Schritt. Georg hat den Bassen aufgebrochen auf bestimmt 200 Kilogramm geschätzt. Und er versteht etwas davon!

Erst jetzt fällt mir ein, dass dieser Basse doch nur der starke Keiler vom Duolaz sein kann. Der, den ich damals mit Laz nicht erlegen konnte. Keine andere so starke Sau ist hier sonst bekannt. Nur immer wieder eine ganz starke, die einmal dort, einmal da in den Revieren ringsum auftauchte. Niemand kam auf sie bisher zu Schuss. Bestimmt, der Duolazkeiler war es.

Etwas über Schwarzwild

Das Schwarzwild tauchte hier im mittleren Burgenland 1955 plötzlich, förmlich aus dem Nichts, auf. Jahrzehnte hatte es hier keinen der schwarzen Gesellen gegeben. Wohl fiel so rund in jedem Jahrzehnt vorher in der weiteren Umgebung hie und da ein Stück, soviel man in Erfahrung bringen kann durchwegs respektable Keiler, doch niemals schwächere Stücke. Ein Beweis, dass es sich um ein schwarzwildleeres Gebiet und bei den jeweils zufällig alle heilige Zeit einmal gefährteten oder erlegten Stücke um ältere, auf der Wanderschaft befindliche Stücke handelte. Wesentlich früher, das heißt, vor 1848, mit seiner großen Jagdreform, mag Schwarzwild, schon durch die Lage bedingt, aufgetreten sein. Immerhin handelte es sich hier um das ehemalige Westungarn. Das üppige pannonische Klima und die dichten Wälder mit ihren Eichen und Buchen. Feldwirtschaft mit viel Mais und Kartoffeln. Alles zusammen ein Schwarzwilddorado. So gibt es hier zum Beispiel einen Revierteil mit gut 70 Prozent Eiche, der den Flurnamen „Saugarten" trägt. Der parallel dazu verlaufende Hügelzug mit fast reinem Nadelholzbestand heißt „Tiergarten".

Nach 1848 entstanden die sogenannten Urbarialwälder. Das sind von den ehedem fast zur Gänze als Grundbesitzer aufgetretenen adeligen Herrschern zwangsweise an die Bauern abgegebene Waldungen. Diese bestanden fast nur aus richtigem wildem Mischwald. In Niederösterreich werden sie treffenderweise „Bauernwald" genannt. Diese vegetationsmäßig für das Wild idealen Bestände werden jedoch heute, da forstlich nicht ergiebig, in zunehmendem Maße in Nadelholzbestand „umgeforstet". Vom jagdlichen Standpunkt aus natürlich nicht besonders erstrebenswert.

Wie gesagt, 1955 kamen plötzlich wieder die Sauen zu uns und begannen sich in diesem für sie neuen Lebensraum vehement zu vermehren. Der Höhepunkt, was Trophäen und Gewichtswerte betrifft, dürfte so zwischen 1960 und 1963 erreicht worden sein. Ob die Sauen durch die nach dem Krieg zerstörten Umfriedungen der Gatterreviere Lainz (Wienerwald) oder Eisenstadt (Leithagebirge) ausgebrochen sind oder als Folge der ungarischen Revolution 1956 über die Grenze kamen, lässt sich schwer sagen. Allerdings waren Sauen am See und im Leithagebirge schon immer, wenn auch spärlich, aufgetreten. Immerhin gab es hier schon einige Jahre nach dem ersten Auftreten ganz beachtliche Keiler. Etliche Stücke über 100 Kilogramm wurden erlegt. Mir ist der Abschuss eines Keilers mit 187 Kilo und eines weiteren mit 165 Kilo aufgebrochen bekannt. Man sagt dem Schwarzwild nach, dass es in einer Nacht weite Strecken, etwa bis zu 30 Kilometer, zurücklegen kann. Nun gut, dass Schwarzwild wandert, ist eine Binsenweisheit. Und in den ersten Jahren hielten sich die Schwarzkittel auch danach. Über die Fluren gewechselt, wieder eingezogen, zwei bis drei Tage hiergeblieben und dann in zehn, fünfzehn Kilometer entfernten Revieren aufgetaucht, um erst nach einigen Tagen wiederzukehren. Das konnte man durchwegs als Regelfall bezeichnen.

Schwarzwildschaden auf den Feldern, der Wunsch nach Keilerwaffen an der Wand oder einer Sauschwarte auf dem Boden leitete dann die große Bleioffensive ein. Natürlich mit allen Folgen einer überhasteten, unkontrollierten Aktion. Ungenügende Gläser zum Ansprechen, schwache Laborierungen und schwache Kaliber, saufiebrige Schützen dezimierten die Rotten zusehends. Die plumpe, falsche Rechnung, zuerst auf das stärkste Stück zu ballern, trägt heute ihre Früchte. Sauen über 100 Kilogramm sind selten geworden. Die Sauen haben sich umgestellt, sie wandern nur noch wenig und verbleiben gerne in ihren Einständen, dichten Wäldern mit sumpfigen, morastigen Revierteilen, eben Schwarzwildinseln. Nur dank ihrer hohen Zuwachszahl sind sie nicht auszurotten. Doch sind die ehedem so kapitalen Keiler mit 22 bis 24 Zentimetern Waffenlänge fast verschwunden. Es gibt eben keinen Zahn, der in zwei bis drei Jahren länger als zehn bis fünfzehn Zentimeter wird. Und das ist viel! Es ist auch nicht jedermanns Sache, Sauen im Revier zu haben und am drohend erhobenen Zeigefinger der Bauern achtlos vorüberzugehen. Vom finanziellen Teil ganz zu schweigen. In einer Zeit, in der der Landwirt mit Gewalt motorisiert und mechanisiert wird, wo ohne Kunstdünger kein Getreide gebaut, ohne Spritzmittel keine Wiese und kein Feld belassen werden, muss dem Bauern natürlich ein frühmorgens erblickter Sauschaden die Stirnader schwellen lassen und die Sache quasi als Anachronismus erscheinen. Nur ab und zu gibt es noch einige Einsichtige, die durchwegs der alten Generation angehören. Aber bezahlt muss immer werden. Hier gehört schon viel Liebe zum Weidwerk, um einen befriedigenden Ausweg aus der Situation zu finden.

Deutsche Schwarzwildmonografien sind mir deren drei bekannt. Der ehemals in der damaligen DDR erschienene „Briedermann“ und der „Snethlage“ als die Standardwerke sowie eine weitere westdeutsche von Rolf Hennig. Diese Bücher bilden wahre Fundgruben für jeden Schwarzwildjäger.

Glücklicherweise endlich selbst Revierpächter geworden, versuchte ich, diese drei Bücher praktisch auszuwerten. Mehr oder weniger ging es um das Problem, die Sauen heimisch zu machen, ohne dass sie im Feld zu Schaden gingen. Immerhin hatte ich selbst im reinen Nadelwald in einer Höhenlage von etwa 500 Metern, die „guten Gründe“ liegen hier so um 120 bis 250 Meter Seehöhe, damit Erfolg. Die Sache muss, einmal begonnen, Hand und Fuß haben. Mit halbem Einsatz ist nichts getan. Nachdem ein befreundeter älterer Jäger das erwähnte höher gelegene Revier gepachtet hatte und der Zeit und dem Arbeitsaufwand ob seines aufreibenden Berufes nicht gewachsen war – immerhin ist er um die Hälfte älter als ich –, verschwanden die Schwarzkittel aus dem Revier. Die Sache hört sich ganz einfach an, ist es aber nicht ganz. Auch zur Schwarzwildhege gehört Ausdauer. In einem ruhigen Revierteil, je dichter, desto besser, legt man eine oder zwei konstante Fütterungen an. Ganzjährig, versteht sich. Der Ort muss so gelegen sein, dass die Sauen auch entsprechend Ruhe und Feuchtigkeit haben. Sie lieben beides, und die beste Fütterung wird ihnen, so sie trocken und der Ort unruhig ist, verleidet. Also in der Nähe von Sumpf und Schlamm und mitten im Bestand. Nur ja auf keiner freien Fläche. Der wunde Punkt ist jedoch der, dass die Fütterung täglich beschickt werden soll. Stoßen die Sauen nämlich auf eine leere Schüssel, sind sie noch dazu je nach Jahreszeit vielleicht etwas hungriger als sonst, so kann es leicht geschehen, dass sie sich „beleidigt" zeigen und zu zigeunern beginnen. Damit haben wir sie dort, wo wir sie nicht haben wollen, nämlich beim Pulver und Blei en gros verbrauchenden Nachbarn oder im Feld. Und auch das ist von Übel. Sauen an der Fütterung direkt, also zum Abschuss anzukirren, halte ich – abgesehen von jagdgesetzlichen Bestimmungen, die da und dort anders lauten – für unfair und unweidmännisch gegenüber dem einzigen ritterlichen Wild unserer Reviere. Übrigens schneidet sich der so erpichte Mann selbst in den Finger, denn ab sofort werden Fütterung und Revierteil gemieden. Am Anwechsel ist der Schuss bei Weitem nicht so tragisch. Der Knall bei der Fütterung selbst hingegen stellt eine „tödliche Beleidigung", nicht nur im wahrsten Sinne des Wortes für das eventuell gestreckte Stück, sondern auch für die begleitenden Schwarzkittel dar. Einen älteren, erfahrenen Keiler oder eine ebensolche Bache wird man sich dann nur noch denken können. Zur Fütterung eignet sich Mais am besten. Körnermais fesselt das Wild an die Schütte. Mit Kolben kann man erleben, dass die Sauen solche sprungartig nehmen und bis zu 300 Meter weit verschleppen. Natürlich will man ja die Sauen an einem umschriebenen Ort haben, mit den Kolben sausen sie unter Umständen in der ganzen Dickung umher. Von den Getreidesorten geht eventuell noch Weizen. Gerste, Roggen oder Hafer werden hier nur in höchster Wintersnot genommen. Ansonsten verdirbt das Futter wertlos auf dem Boden. Druschabfälle, also gemischte Körnerfrucht, findet schon mehr Anklang. Also Mais muss, Sonstiges wie Getreide, Kartoffeln usw. soll zusätzlich geschüttet werden. Bestens bewährt haben sich hier zwei Obstsorten, und zwar Äpfel (keine sauren!) und Zwetschgen. Diese Zwetschgen- und Apfelgerüche ziehen weit durchs Revier, und insbesondere Zwetschgen locken Sauen von weit her an. Man kann sicher sein, dass die Sau, die heute dort Zwetschgen aufgenommen hat, auch in den kommenden Nächten wiederkehren wird. Leider gibt es aber diese beiden Obstarten nur während einer beschränkten Zeitspanne. Fallobst an der Schütte ist aber immer ein großes Plus. Salz ist ein weiterer Vorteil, obwohl es nur spärlich aufgenommen wird. Es kann natürlich vorkommen, dass die Sauen, insbesondere im Sommer zur Zeit der Getreideernte oder dann zur Kartoffel- und Kukuruzzeit, gerne ins Feld hinaus wollen. Das sollen sie übrigens auch, denn einmal muss ja geschossen werden. Bei der Schütte soll jedoch immer wieder, sei es ganz wenig, so doch, frisch geschüttet werden. Wir selbst wollen ja auch kein vor drei Tagen angerichtetes Mahl. Als Vorteil erweist sich, die Kirrung, das heißt den Mais, im Behälter in der Nähe zu lagern.

Und nachdem wir ja jetzt unser Schwarzwild nicht nur füttern und fährten, sondern ab und zu einmal auch sehen wollen, kann im Bestand am Anwechsel zur Fütterung und bei guter Windrichtung eine kleine Kanzel gebaut und gleich als eine Art Vorratsraum für schlechtes Wetter und damit schlechten Anmarsch zur Fütterung verwendet werden. Plastiksäcke (Kunstdünger usw.), immer wieder gut verschnürt, eignen sich dazu bestens. Man hat dann den benötigten halben oder ganzen Plastikeimer jederzeit leicht zur Hand. Natürlich zeigen sich die Sauen, so sie nicht gestört und fleißig gefüttert werden, bald vertraut. Ein beschaulicher, gelegentlicher Ansitz beim Sauwechsel wird dann große Freude bereiten. Die Schwarzkittel ziehen schon bald zeitiger zur Schütte, und da ja auch anderes Wild die Fütterung annimmt, kann man so immer wieder zu neuen Erkenntnissen über den Wildbestand des Reviers kommen. Wobei zu sagen ist, dass der Anblick allein jedem wahren Jäger schon große Freude bereiten müsste.

So konnte ich zum Beispiel an einer Schütte durch einen ganzen Winter zwei Böcke einwandfrei ansprechen. Beides ältere Gesellen, die so um die Schnepfenzeit immer seltener kamen und im Sommer verschwunden waren. Im strengen Winter standen sie plötzlich wieder vereint an der Sauschütte. Wochenlang sprang beim Annähern an die Fütterung immer wieder ein drittes Reh ab, bis ich durch Ansitz feststellen konnte, dass es sich um eine Schmalgais mit einer Unterkieferdeformation handelte. Natürlich war das Stück entsprechend scheu geworden und lebte praktisch nur noch hier an dieser Schütte.

Dass man bei solch einem Ansitz, und wenn es noch so lange dauert, zu bleiben hat, bis alles Wild wieder in den Einstand zurückzieht, versteht sich wohl von selbst. Wurde einmal etwas falsch gemacht, reagieren die Sauen abrupt mit Fernbleiben. Und wenn sie wiederkommen, so gibt es weit ausholende Bögen zum Windholen. Bei der Fütterung selbst sind sie dann wochenlang äußerst nervös. Diese konstante Saufütterung liegt, wie schon gesagt, im dichtesten Bestand, jedoch zweckmäßigerweise in der Nähe eines nicht mehr benützten Abfuhrweges, denn Zufahrt mit dem Futter muss ja sein. Am Feldrand legt man eine weitere Saufütterung in Form eines Wildackers an. Hier haben sich eine Art Kartoffelmieten gut bewährt. Das heißt, in tiefe Furchen werden Futterkartoffeln, die man unmittelbar zur Erntezeit am billigsten bekommt, mit Häcksel gut abgedeckt. Die Kartoffeln sollen ja nicht gleich gefrieren. In Abständen kommen dann armdicke Strohbündel zur Entlüftung hinein, und zwar so, dass das Stroh noch gut aus dem Erdreich ragt. Im Winter steigt hier das „Chanel No. 5“ oder „Elisabeth Arden Apple blossom“ für die Sauen heraus. Zuckerrüben frieren ob ihres Zuckergehaltes nicht so rasch wie andere Sorten und werden ebenfalls gerne angenommen. In die aufgebrochenen Stellen streut man sommersüber immer wieder etwas Mais als Saumagnet. Dieser Wildacker für Sauen soll eventuell so angelegt werden, dass er auf der Anmarschroute der Schwarzkittel ins Feld liegt. Etwa auf einer Wiese am Waldrand. Zuerst sollen sich die Schwarzkittel hier austoben. Und wenn hier auch geschossen wird und die Sauen sind dann vergrämt, bleiben sie immer noch bei der Schütte im schützenden Bestand und ziehen nicht sofort wieder ins Feld.

Diese Saufütterung kostet natürlich viel Fleiß und ebensoviel Geld. Wenn man es richtig macht und nicht knausert, so ergeben sich da pro Jahr ganz schöne Summen. Aber erfahrungsgemäß fährt der Revierinhaber noch immer besser. Und den Verdruss mit den Bauern ob des Wildschadens erspart er sich obendrein. So man Sauen als Standwild im Revier hat, wird man den Wildschaden zur Gänze ohnehin nicht vermeiden können. Denn Kolbenweizen (ohne Grannen) und milchiger Mais brechen jedes Sauherz, aber wir können ein gutes Gefühl haben, weil wir wissen, dass der Schaden ohne unser Zutun weit, weit größer wäre. Letzten Endes können wir aber nur durch unseren Fleiß und mit Vernunft – im Rahmen der gesetzlichen Schusszeiten, versteht sich! – fast das ganze Jahr über auf Sauen weidwerken.

Im so langen und strengen Winter 1961/62 erfroren, das heißt, verhungerten, hier in der Umgebung etwas über 30 Sauen. Das Jahr über wurde nicht gefüttert, und die eilends im strengen Winter herangeschafften Fütterungen waren für das so unstete Schwarzwild wertlos. Sauen wurden damals zum Teil auf den Waldwegen, nur noch aus Schwarte und Knochen bestehend, erfroren aufgefunden. Ein abgekommener Überläufer mit fünfzehn Kilo wurde erlegt – im Magen fand sich Erde. Eine bittere Angelegenheit! Wenn wir auch bei dieser Schwarzwildhege nicht alle Stücke an der Fütterung haben – das wird bei der Eigenart der Sauen nie der Fall sein –, so können sie doch bei Äsungsmangel jederzeit zur Schütte zurückkehren. Man wird sich wundern, wieso fallweise über Nacht so viele Sauen da waren. Und wem schlägt da das Herz nicht höher! Unsere Reviere sind viel, viel unruhiger geworden als noch vor einer Generation. Motorsäge und Traktor beherrschen Wald und Flur. Der Landwirt ist durch fast gleichbleibende Preise bei seinen Produkten gezwungen, intensiver und trotz Maschinen auch länger zu arbeiten. Daher bleibt uns für die Saujagd vorwiegend die Nacht. Nun kann Nachtjagd etwas sehr Schönes sein, wenn sie mit gutem Willen und bestem Charakter ausgeführt wird. Es hat seinen eigenen Reiz, durch die mondhellen Fluren zu pirschen oder in hellen Winternächten anzusitzen. Doch gehört dazu viel Erfahrung und Willensfestigkeit. Wer die nicht hat, möge die Finger davon lassen. Nachts verschwindet die Entfernung, oft hilft hier nur der Größenvergleich. Eine vorzügliche optische Ausrüstung ist selbstverständlich. Zum Ansprechen stellt das 7 x 50-Glas das Minimum dar. Zielfernrohre unter sechsfach sind wertlos. Bei variablen lasse man sich nicht vom Tageslicht beeindrucken. Über Kaliber und Laborierung ist schon viel debattiert und geschrieben worden. Ein sehr strapaziertes Thema. Aber der alte gute Satz: „Hochwildgeschoss muss Masse haben" gilt noch immer! Hier mehr denn je. Kleine Kaliber geben eben, wenn noch so schnell, minimalen oder gar keinen Ausschuss. Die Sauschwarte ist aber etwas anders als eine Rehdecke. Also mindestens 7-Millimeter-, wenn möglich aber 8- oder 9,3-Millimeter-Kaliber. Hier natürlich nicht die 9,3 x 72 R!

Bei den Sauen haben nicht die stärksten Keiler, sondern die Überläufer die besten Bärte. Sie sind eine begehrte Trophäe. Und liegt die Sau vor uns, dann erst einmal gut aufschärfen, das heißt Aufbrechen bis über die Vorderläufe zur Drossel, denn der Kasten ist bei den Sauen vorne durch den kurzen, dicken Hals besonders massiv ausgebildet. Kein Wild wird so rasch anbrüchig wie Schwarzwild. Ein Keiler im sommerlichen Weizenfeld gehört sofort aufgebrochen und in den Kühlraum. Dies sind alles gewiss keine Neuigkeiten. Aber gesagt soll es werden, denn ist erst einmal so eine Katastrophe eingetreten, ist es zu spät. Zu spät soll es aber bei unseren Sauen nie werden, das sind wir ihnen, die uns so viel Freude – aber auch Kummer! – bereiten, schuldig.

Mit Oktober 1970 ist im Burgenland eine neue jagdliche Ära eingetreten. Ein vorzügliches, modernes Jagdgesetz trat in Kraft. In meiner Heimat, dem mittleren Burgenland, haben sich mit Beginn des neuen Jagdjahres, das heißt, mit 1. Februar 1971, gleichgesinnte, offenherzige Weidmänner gefunden und erstmals eine generelle Schonzeit für Schwarzwild vom 1. Februar bis 1. Juni festgelegt. Und das gemeinsam in drei zusammenhängenden Hegeringen, der besten „Saugegend" hier. Es sollen nicht mehr „irrtümlich" im Frühjahr Bachen erlegt werden. (Führende Bachen genießen von Gesetzes wegen im Burgenland vom 16. Februar bis 15. Juli Schonzeit.) Und etwas älter werden die Stücke damit auch. Das Schwarzwild soll nicht mehr verfemt sein. Vielleicht finden wir in den nächsten Jahren schon Nachahmer!

Allen, die so denken, ein frohes Weidmannsheil zur Schwarzwildhege und Schwarzwildjagd.

Meine stahlblauen Gefährten

Über Jagdwaffen und Jagdmunition ist schon viel geschrieben worden, und ich weiß nicht, ob ich berufen bin, dem noch etwas hinzuzufügen. Doch zähle ich mich bis zu einem gewissen Grad auch zu den Waffennarren. Jäger, die ihre Gewehre lieblos als reine Werkzeuge benützen, dürften selten sein. Ich jedenfalls kenne nur ganz wenige. Das Extrem ist dann der „fanatische Waffenliebhaber". Ein Zeitgenosse, der – wir sprechen ja nur von Jägern – nie ein vollkommener Weidmann sein wird. Der alles Erreichbare an Schießprügeln um sich anhäuft, sie täglich beaugapfelt, davon träumt, was mit diesen Kartaunen schon alles geschehen ist und noch geschehen könnte. Und mag er besitzen, was er will, er wird diese Dinger selten oder überhaupt nie gebrauchen.

In diese Fetischistengruppe gehöre ich 100-prozentig nicht! Wenn ich mich selbst einschätzen müsste und die Anordnung ungefähr der des heutigen Parlaments gliche, das heißt, nach Art der politischen Einstellung von links nach rechts, wäre meine Vorstellung so: Feld- und Schrotleute, jeder zweite besitzt ein Putzzeug, links. In der Mitte die mit den kombinierten Waffen, Wald- und Aumänner, und ganz rechts die Superballistiker mit allen Kugellaborierungen, die es nur gibt. So gesehen müsste mein Platz zwischen Mitte und rechts liegen, und mein Nachbar wäre der Ecker Poldl.

Begonnen habe ich – wie könnte es anders sein – mit Luftgewehr und .22 long rifle im Mauserlein, gefolgt von etlichen anderen 5,6-und 9-Millimeter-Randfeuerpuffern. Als Halbwüchsiger kommt man auf die seltsamsten Ideen und Versuche. Jedenfalls versuchte ich intensiv, die Laborierung zu erhöhen. Das Resultat war, außer der Gefahr einer Verschlusssprengung, gleich Null. Es folgten dann noch etliche andere Versuche verschiedenster Art und dem jugendlichen Alter, Mitte der Kriegsjahre, angemessen. Das Wiederladen der .22 long rifle mit dem bekannten einfachen in Alkohol gelösten Gemisch aus rotem Phosphor und Kaliumchlorat. Bevor ich dann noch die entsprechende Chemieliteratur darüber las, musste ich leider bitter erkennen, wie von dem Zeug alles furchtbar zu rosten anfing. Heute weiß ich, dass es damals, der Zeit angepasst, natürlich viel mehr die Ballistik als die Jagd war, die mich zu diesen „Taten" hinzog. Zum Idol hatte ich im Stillen daheim im Ort den um ein Jahr älteren Berger Hans erkoren. Der durfte schon, auf irgendeine mir unerklärbare und auch unerreichbare Weise, jagen gehen. Sein Vater, der schweigsame Berger-Wirt, ein Wahrzeichen des Ortes, hatte, so glaube ich, die Jagdaufsicht des örtlichen Reviers. Aber viel wurde ja damals nicht mehr gejagt, und die Erinnerung an die damaligen Jagdveteranen verblasst.

Die Zeit eilte mit unheimlichen, grollenden Sturmesschritten dahin. Hatte ich daheim noch mit der .22 long rifle herummanipuliert, mussten wir Halbwüchsigen über Nacht zum Karabiner greifen. Es ist wahr, in einigen Wochen waren wir Männer, ob wir wollten oder nicht. Die Ballistik sah jetzt, wenn der Boden ohne Pause unter einem bebte, ganz anders aus! Die raue Wirklichkeit hatte von uns gnadenlos Besitz ergriffen.

Die ersten Jahre nach dem Krieg. Die große Liebe – außer Susi, Herta usw. natürlich – gehörte der Fischerei in den tiefen Marchauen. Ich glaube, dass ich es darin sogar zu einer gewissen Meisterschaft brachte. War ja auch noch ein anderes Fischen damals. Obwohl die Älteren und auch der Hans immer von den Jahren zuvor schwärmten. Immerhin hatte mein stärkster Hecht, ein halbes Jahr bestätigt und zwei Tage vor Weihnachten endlich aus der March geholt, eine Länge von 117 Zentimetern. Aber dann hielt ich es nicht mehr aus. Machte die Jagdprüfung und bestand sie als Bester. 1951 erhielt ich von meinen Eltern eine Suhler Doppelflinte, Kaliber zwölf. Eine der damals USIA-Gewehr genannten und mehr oder weniger im Schutz der Besatzungsmacht offiziell vertriebenen

Flinten. Immerhin war die Suhler, bunt gehärtet, mit gelben, wie runde Nadeln vorstehenden Signalstiften, beide Läufe Halbchoke, damals meine große Liebe. Etliche Hasen, ein paar Fasane und Rebhühner und sogar einen Erpel aus der Marchau schoss ich damit. Die ersten Hirtenberger Patronen hatten es in sich. Eine Art Zinkblechbodenkappe und graugrüne Hülsen ohne Beschriftung. Gestoßen haben sie wie der Teufel.

Dann kam ich ins Burgenland, und Geza schleppte von irgendwoher aus der Steiermark einen alten Browning-Automaten an. Ist ja eigentlich falsch, müsste Selbstlader heißen. Aber jeder sagt Automat. So auch ich. Über seine Schussleistung habe ich schon berichtet, sie war einfach wunderbar, wie die Browningautomaten mit ihrem einzelnen schwingenden Lauf ja alle bestens schießen. Nur muss ein fermer Schütze dahinterstehen. Auch ich habe anfangs „im Feuereifer" damit Fehler gemacht. Leicht bleit man zu viel an. Bald war das Gewehr wieder weiterverkauft. Den besten Ruf habe ich mir damals mit dem Browning nicht erworben. Wenn heute jemand mit so einer Orgel zu mir ins Revier kommt, so bin ich schon von vornherein misstrauisch. Aus Schaden wird man eben klug ...

Auch von der Ferlacher Hahnbüchsflinte des Peter-Onkels war bereits die Rede. Ich hatte sie einige Zeit als Leihgabe und schoss damit mehrere Rehe. Darauf das vierfache rostnarbige russische Zielfernrohr, selbst montiert versteht sich als Ehrensache, habe ich damit viel Freude erlebt. Auf Rehwild war die 8 x 57 IR eine gute und sichere Patrone. Die Vo dieser alten Tante lag je nach Laborierung zwischen 628 und 861 m/s. Eo von 201 bis 381 mkg. Schade um die Büchsflinte, sie war mir eine liebe „Freundin" geworden. Ihr Ende fiel eigentlich recht unrühmlich aus. Geza war nicht mehr da, und ich jagte bei Vater Pekowits im sandigen Unterfrauenhaid mit den guten Böcken und bei Laz in Deutschkreutz. Peter-Onkel hatte ich schon einige Male ersucht, mir die Büchsflinte doch zu verkaufen. Aber er wollte sich von ihr, obwohl er ja nicht mehr jagen ging, auf keinen Fall trennen. Ich solle damit machen, was ich wolle, und ich könne sie auch theoretisch ewig behalten, aber er möchte doch gerne ihr Eigentümer bleiben. Peter-Onkel bekam einen Hasen und ich blieb weiterhin Besitzer der narbigen Dame. Der Winter kam, und ich stapfte, in zwei Pullover und einen Hubertusmantel „eingemummt", durch die graublauweiße Schneelandschaft. Wie es der Teufel will, kam ich an einem Abend auf zwei Füchse nicht zu Schuss. Der Schaft war bei dieser Bekleidung einfach zu lang. Missmutig sinnierte ich nach, wie dem wohl abzuhelfen wäre. Wozu gibt es einen sogenannten Schaftschuh? Wie herrlich könnte man damit die Schaftlänge variieren! Also Säge her. Peter-Onkel würde bestimmt nichts dagegen haben. Runter mit einigen Zentimetern Schaftholz. Als ich dann beim letzten Sägezug das düstere, traurige Resultat sah, war mir gar nicht mehr wohl ums Gemüt. Aber die schwarze Schaftkappe, wieder daraufgeschraubt, deckte meine Sünde einigermaßen zu. Und die Fugen verstrich ich, so gut es eben ging. Die Anschlagübungen daheim im Zimmer mit „schwerer Feldadjustierung" gelangen bestechend. Jetzt hatte ich, was ich wollte. Das Ding flog trotz Hubertusmantels und zwei Pullovern nur so von selbst an die Wange. An den folgenden Sommer mit den heißen Tagen und dem Jagen im grünen Hemd wagte ich gar nicht zu denken. Selbstverständlich besaß ich bis dahin längst den ledernen Schaftschuh.

Wie das eben so ist, schoss ich dann gar nicht mehr viel mit der gekürzten Dame. Der Frühling nahte, und Peter-Onkel hatte einen Sohn. Der kam eben in jene Jahre, in denen die Jagdprüfung schon möglich ist. Ja, und da wollte er eben das Gewehr seines Vaters zurück. Warum auch nicht? Als er die Büchsflinte von mir holte und gleich damit probeweise in Anschlag ging – natürlich fehlte der Schaftschuh noch immer! – und der Schaft zwei, drei Zentimeter Luft bis zur Schulter hatte, meinte er so frei weg zu mir: „Gö jo, a bissl kurz!" Und ich darauf: „Oba wo, des g'hört doch bei an kombinierten G'wehr a so!" Allein, er gab sich nicht zufrieden. Die Hähne gingen gar so leicht, der Schaft sollte poliert und die Brünierung erneuert werden. Ich war es längst gewohnt, dass das Ding silbern glänzte. Ja, er hatte recht. Zudem wollte er ein neues Glas darauf haben, und ich musste als Berater mit zum Just, dem bekannten

Büchsenmacher im nahen Mattersburg. Mit keinem guten Gefühl öffnete ich dort die Tür, und ich vergesse niemals das Gesicht des Geschäftsführers. Der nahm das Gewehr behutsam und erstaunt in die Hand. Als ob er es mit einer alten, staubigen, auf einem dunklen Dachboden gefundenen Stradivarigeige zu tun hätte. Schaute uns sofort misstrauisch an. Ich blieb steinern, wie das Antlitz Washingtons am Mount Rushmore. Ging mit der Büchsflinte in Anschlag, und der kurze Schaft pendelte zwischen Brust und Schulter hin und her. Seine Augen flogen einmal zu mir und einmal zum jungen Matthias. Der aber musste ernst dreinschauen, er wusste ja nicht, warum der Büchsenmacher so komisch tat. Und ich, ja ich war eben ganz Washington oder Lincoln. Wie man will.

Ehrlich, ich hatte bei der Frisur in bester Absicht gehandelt und auch niemanden geschädigt. Der Matthias hat später, ohne es zu wissen warum, dafür seinen ersten Bock bei mir geschossen.

Aber zurück zum Just. Der Büchsenmacher setzte das Gewehr ab und musterte uns aufs Neue recht misstrauisch. Dann stieß er hervor: „Söltsam, söltsam, ma' glaubert es net, a so a Kaliber und des Gwehr is baut wie für a Kind!" Bald wären wir zwei Kunden da beleidigt gewesen! Ein Qualitätsgewehr so abzuwerten. Der Matthias hat, die lockeren Schlosse taten trotz Reparatur auch ihm nicht gut, die „kurze Emma" dann bald verkauft. Angeblich ist sie später irgendwo geborsten. Erde im Lauf oder so. Es waren aber doch schöne Stunden mit ihr.

Meister Just baute mir dann in Ferlach die 7 x 65 R/16/70-Bockbüchsflinte mit den silbergrauen Seitenplatten und den Wechselläufen. Dieses Kaliber ist hier das am häufigsten geführte überhaupt. Diskussion überflüssig. 7 x 64 beziehungsweise 7 x 65 R im Kipplauf ist ein Begriff für Zuverlässigkeit. Sechsfaches Hensoldt. Gibt es mehr? Den ersten Schrotschuss machte der Hannes, alter Kompaniero aus ruhmreichen Tagen, seines Zeichens Eszterhazyscher Revierförster. Neben der Straße saß auf 30 bis 40 Schritt eine Taube. Ein Auffahren, und im Knall sackte sie in sich zusammen. „Poldl, des G'wehr g'hoitzt!", meinte Hannes. Ich habe es nie bereut. Gleich darauf wurde ich zu ihm nach Hornstein auf Hühner eingeladen. Es war eine Freude. Wie angegossen lag der Schaft, und Hannes meinte tatsächlich, dass ich schon immer ein so guter Schrotschütze gewesen wäre. Ganz klar ließ ich ihn bei seiner Meinung.

Mit dem Kugellauf erlegte ich etliche Böcke, Hirsche und Sauen. Aber der erste Schuss war der schönste. Beim Pirschen auf der erhöhten Selitzatrasse, einem hangoben die Wiesen entlangziehenden Holzabfuhrweg, kam mir im Nieselregen unten mitten auf der großen Wiese nach dem Hirschwechsel ein Reh in Anblick. Entfernung etwa 150 Meter. Fahlgelb und seltsam dürr und langer Träger. Als es, ich hatte schon das Glas vor Augen, endlich aufwarf, da musste ich gleich nochmals die regennassen Linsen trockenwischen, ein Sechserbock, etwa 22 Zentimeter hoch, mit weißgrauem Haupt. Eineinhalb Stangen, und jetzt, im August, noch dazu alles im gelben Bast. Hager und abgekommen wie ein Friedhofsdeserteur. Also Parasitenbefall, aber zudem auch irgendwie Verletzung. Ein 100-prozentig krankes Stück.

Nun beginnt der kranke Sechser wieder zu äsen, und ich liege schon auf der klebrigen, gelblehmigen Böschung. Trotz Schnürlregens. Was das wohl für eine Trophäe sein mag? Der schwarze Balken ist so ein seltsamer Kontrast zum fahlgelben Bock dort in der sattgrünen Wiese mit den vielen weiß leuchtenden Margeriten. Von der linken Stange ragt nur ein Rest auf, ein Spieß, etwa zehn Zentimeter hoch, und dann peitscht auch schon der Schuss verhallend durch das Tal, und der Bock ist in einer großen, grauen, runden Wolke verschwunden. Schuss im Regen auf Wild in regennasser Wiese. Ich starre gespannt auf dieses Schauspiel, und wie von Diana huldvoll weggezogen, schwebt der von mir herbeigezauberte Dunstvorhang langsam ab, und dort unten liegt reglos und gelb mein Bock. Er hatte, wie sich beim Aufbrechen herausstellte, an die 20 kleine Metall- und Steinsplitter in sich. Die eine Stange war glatt abgeschlagen, wie mit einer Hacke. Es musste eine Verletzung von der nahen Minengrenze sein. Ein Wunder, dass der Bock überhaupt am Leben blieb.

Für Schonzeitzwecke hatte ich eine Walther-Kleinkaliberbüchse KKJ .22 long rifle mit Stecher. Über die Gediegenheit von Waltherwaffen zu debattieren, hieße Eulen nach Athen tragen. Ohne Glas habe ich damit am Ansitz beim Horst im Gemeindewald zwei oder drei Habichte heruntergeholt. Da kam das gleiche Modell, jedoch im Kaliber .22 Hornet auf den Markt. Der Hermann drüben in Neckenmarkt, der auch schon alles ausprobierte, was es an pulver- und bleiverbrauchenden Rohren gibt, hatte einen sogenannten Waldläuferdrilling erworben. Eine Doppelflinte mit Vierlingslauf in der Schiene. Und er erzählte Wunderdinge von der Leistung dieses Kügerls. Die Hornet ist ja die Weiterentwicklung der 5,6 x 35 R mit einer Hochleistungsladung. Geschossgewicht drei Gramm, Vo 725 beziehungsweise 740 m/s, ob DWM oder RWS. Wenn man sich die ungemein stark gekrümmte Flugbahn der .22 long rifle vorstellt, so ist der Gedanke an die Hornet eine glatte Versuchung. Ich erlag der Verlockung – und hatte die Walther-Hornet auch schon im Besitz.

Krähen, Elstern, Katzen – eine Passion! Auf 100 Gänge sprang der Tigerkater beim Neuacker-Akaziengrabeneck im Schuss mehr als halbmeterhoch und fiel verendet zu Boden. Drei Füchse sind beim Gerber.

Die Munition ist bald verschossen, sosehr lockt es, mit dem kleinen rasanten Geschoss einige Schüsse abzugeben. Die Bierflaschen auf 100 Meter zerspritzen nur so.

Da zeigt mir Meister Just anlässlich eines Zufallsbesuches seine neueste Schöpfung. Das Gewehr der Gewehre. Ein Mauserstutzen, eben von ihm fertiggestellt. Mit Gravur und wunderbarem Maserschaft. Mit Heliavier und Stecher und alles miteinander rund um einen Lauf des Kalibers .220 Swift (5,6 x 56). Wir schreiben 1957, und Meister Just bringt mir bei, dass ich ohne dieses Gewehr nur ein halber Mensch bin. Vo 1253 m/s, Eo 249 mkg. Die schnellste Patrone, die es gibt. Er zeigt mir eine Broschüre aus Amerika. „Eben Grisli mit Kopfschuss durch Swift erlegt.“ Das Ding muss eine unheimlich gestreckte Flugbahn haben. Da kommt selbst die 5,6 Super-Express vom Hofe nicht mit, und die bewährte Savage, mit der ich liebäugle, verblasst daneben zu einem harmlosen Schimmer.

Mir kommen aber so meine Gedanken. Runde 3900 Atü sind auch kein Spaß, und Ausschuss ist Illusion. Vom Schweiß zu schweigen. Ob diese Weitschüsse gar so gut sind? Die normale Streuung hebt doch schon nach 200 Metern jeglichen Sinn dieser amerikanischen Superpatrone auf. Aber ich will sie versuchen. Vom Zeißelberg, das ist ein 20 Meter hoher Hügel neben dem Selitzaweg, noch unten vor dem Wald in den Feldern, also vom Zeißelberg hinüber zu den Bacherlen sind es etwa 150 Meter. Und dort hakt doch richtig eben eine Nebelkrähe auf. Ich nichts wie auf den Hügel rauf, ohne zu dem „Rabenvieh" hinzuschauen, und haue mich dahinter hin, als gelte es das Leben. Das gilt es tatsächlich, aber jenes der grauschwarzen Enkelin derer von Hugin und Munin. Wie viele Hasen, wie viele Fasan- und Rebhuhnkücken mögen schon auf dein Konto gehen?! Und sie hält aus, obwohl ich es nicht fassen kann. Oder ist das wegen der sicheren Entfernung? „Klick" macht der Stecher, und ich halte die Luft an. Die Hacken sind abgewinkelt wie anno dazumal, und jetzt ist das misstrauische Luder, das dort unverschämt zu mir heräugt, bestens im feinen Faden des Abkommens. Der Schuss blitzt auf und kommt mir vor wie ein Fauchen der Hölle, nur auf den Teil eines Herzschlages komprimiert. In der Erle im Gipfel ist ein gut eineinhalb Meter großer schwarzer Ball, der in sich zusammenfällt. Nur einzelne schwarze Federn taumeln noch zu Boden. Ich bin ganz weg, nein, das ist keine Jagd, das hat mit Jagen nichts zu tun, Damit wird ein Stück in 100 Teile zerrissen. Ich schäme mich fast ob dieses Schusses, und am Nachmittag ist das Gewehr wieder bei seinem Herrn und Meister. Ich will es trotz all seiner Präzision und Ausgestaltung nicht. Daheim sinniere ich noch über diese Nebelkrähe nach. Wer strebt nicht nach immer Besserem? Bei uns Jägern ist es die so gepriesene Rasanz, aber hier gibt es Grenzen. Der alte Spruch: „... den Schöpfer im Geschöpfe ehrt!" ist da zur Farce geworden. Möglich, dass die Patrone auf Rehe hervorragend wirkt, aber der Sinn eines so kleinen Kalibers ist ja letzten Endes auch der Raubzeug- und

Raubwildabschuss. Den Balg eines geschossenen Fuchses könnte man bestimmt nicht mehr brauchen. Mögen andere mit der Swift glücklich werden. Mit Ali, dem Forstingenieur, palaverten wir bei Laz über Waffen. Ali stand nämlich vor dem Ankauf eines Gewehres, einer Ferlacher Bockbüchsflinte, gleich meiner. Und weil wir wieder einmal bei Rot saßen, Bismarckrot aus Pöttelsdorf, bei Mihalits im pannonischen Kreutz unten serviert, da kamen wir auf allerlei Gedanken. Mit Laz habe ich mich ja schon immer gut verstanden. Zudem war uns, Ali und mir, Laz haushoch überlegen. Er als alter Artillerieexperte kennt heute noch alle Verschlussteile der leichten und schweren Feldhaubitze ohne Luft zu holen auswendig. Er trägt das mit so einem Elan vor, dass wir kaum folgen können. Man müsste sich das einmal aufschreiben und ihn dann beim nächsten Vorhang insgeheim kontrollieren. Ob er nämlich nicht in den langen Atemzug, des besseren Klanges halber, auch irgendwelche Verschlussteile einer Kamera miteinbezieht. Metternich hat einmal gesagt, dass der Balkan im dritten Wiener Bezirk, in der Radetzkystraße, beginne. Man war schockiert, und er, der große Diplomat, hat dann angeblich mit Bestimmtheit darauf hingewiesen, dass der Balkan tatsächlich bei der ungarischen Pforte, nämlich in Hainburg beginne. Wir hier sind da noch 100 Kilometer weiter und feilschen mit Alfons um sein Gewehr, das er ja noch gar nicht besitzt, dass es nur so eine Freude ist. Er hat bei Just schon bestellt oder angezahlt oder so. Weil wir bemerken, dass er mit dem Gewehr eine riesengroße Freude hätte, beginnen wir mit den Einwänden. Er will es nämlich sehr kurz und handlich haben. Wir kommen ihm mit Rückstoß, bis zur Schaftsprengung und zum Sockelriss bei der Glasmontage. Streuung bis zum Gießkannenvergleich. Und weil wir nicht weiterkommen, und die vielen Beispiele von Unfällen nichts nützen, fällt Laz endlich das starke Mündungsfeuer bei kurzen Läufen ein. Ob er auch zumindest 75-Zentimeter-Läufe bestellt hätte. Nein, prustet Ali zurück. Dann, so viel ist uns klar, ist Ali verloren. Es gibt keine Hoffnung mehr, Ali wird die Augenbrauen abgesengt bekommen oder beim ersten Schuss irgendetwas vor ihm in Brand setzen. Da wird er nun wirklich skeptisch. Jetzt haben wir ihn so weit, dass er zögert. Laz will ihm noch eine Salzzusatzladung zum Pulver empfehlen. Schluckt angeblich die Mündungsflamme wie bei der Ari. Ali knickt jetzt seelisch zusammen, und wir haben dann bei neuen Lagen dunkelrotem Blaufränkischen reuig zu tun, ihm doch beizubringen, dass Ferlach eben Ferlach bleibt und dass er gut gewählt hat.

Bei Meister Just will ich irgendetwas Nebensächliches holen, da steht ein Gewehr vor mir in seinem Schrank, von dem ich bisher nur träumte. Winkler-Bergstutzen aus Ferlach, Notverkauf, etwa ein Jahr alt, .22 Hornet und 7 x 65 R. Ich schaue ihn mir mit Geieraugen an. Der Meister ist skeptisch, denn wer wird hier im Burgenland so ein Gewehr kaufen. Ich! Und ich lasse auch nicht mehr los. Der Preis ist einfach harmlos. Genau ein Viertel dessen, was so eine Waffe heute kostet. Natürlich muss ich Meister Just noch ins Gewissen reden, wie viel ich schon bei ihm gekauft hätte und derlei Mätzchen mehr. Der Bergstutzen hält auf 100 Meter etwa 3,5 Zentimeter zusammen. Das ist einfach ideal. Die Walther-Hornet erbt um wenig Geld ein Freund, ich brauche sie nicht mehr. Ich jage jetzt in Landsee am Pauliberg. Mit dem kleinen Vollmantelgeschoss hole ich mir ein paar Ringeltauben aus den Tannen zwischen Klosterberg und Ruine. Und hier im reinen Waldrevier ist der Anstandhase eine feine Sache. Es mögen zehn oder zwölf derer von Mümmelmann sein, die ich in einem Herbst mit der Hornet in den Hasenhimmel befördere. Keine Wildbretzerstörung und ein sauberer, exakter Schuss. Und eines Abends im Herbst strecke ich mit sauberem Blattschuss aus dem unteren Lauf in 7 x 65 R ein Schmaltier neben dem Ruinentor beim knorrigen Apfelbaum. Das Tier bleibt auf 150 Gänge im Feuer. Daheim am „Stand" setze ich mich bei Vollmond an und erlege mit der Hornet einen starken Dachs, der da in der silbergrünen Wiese sticht. Und zwei Minuten danach, kaum ist der Schuss verhallt, den zweiten, keine fünf Gänge vom ersten entfernt. Der Hannes, dem ich das Winkler-Gewehr zeige, ist so begeistert, dass er richtige Kulleraugen bekommt. Der Verschluss schließt, hauchfein eingeölt, so saugend, dass man vermeint, ein Haar könnte hier stören. Ja, und da will der Hannes jedes Mal, wenn er mich besucht, das Gewehr sehen, und das Glas darauf mit dem Stachel sagt ihm mehr zu als mir, da ich mehr für die drei Balken mit dem feinen Faden schwärme.

Bei Laz bin ich. Er schießt mit der Hornet eine Nebelkrähe auf fantastische Entfernung und haut mir auf die Schulter: „Mann, ist das ein Gewehr!“ Und tags danach komme ich damit, wie schon beschrieben, zu meiner ersten Gans.

Hannes ist wieder einmal bei mir, und ich denke daran, wie wir 1945 gemeinsam Brot gegen Schokoladenkeks getauscht haben. In Hainfeld, beim Bergbauern oben, und ich als Melder. Na ja, und da gebe ich dem Hannes den Bergstutzen für den gleichen Betrag, um den ich ihn kaufte. Zuerst will er nicht recht, weil er nicht weiß, wie er dazu kommt. Ich aber weiß es, und der Hannes hat den Bergstutzen heute noch. Nach -zig und -zig Erfolgen damit. Übrigens bin ich sicher, dass es mir, was den Besitzwechsel betrifft, im umgekehrten Fall gleich ergangen wäre.

Ein besonderes, sozusagen separates Gewehr nur für Nachsuchen zu haben, war immer wieder mein Wunschtraum. Unten in Neckenmarkt führten nicht allein der Ecker Poldl, sondern auch ein paar seiner Mitgesellschafter im heimatlichen riesengroßen Revier, durch Kriegs- und Nachkriegsereignisse bedingt, umgemodelte russische Militärgewehre. Zum Umschleppen in den Dickungen und für Nachsuchen die geeignete Waffe. Man braucht keine Angst zu haben, dass der Puffer irgendeinen Schaden erleidet, wenn er einmal wo hinfällt, und der Schaft selbst wird auch nicht mehr zerkratzt, als er schon ist. Mehr oder weniger sind diese Gewehre ja nur zeitbedingt die Nachfolger des weit und breit geführten Mauser 98 mit seiner bewährten 8 x 57 IS geworden. Die Ballistik der russischen Gewehrpatrone 7,62 x 53 Russian, die etwa der .308 Winchester entspricht, ist vorzüglich. Die von der schwedischen Firma Norma gefertigte Teilmantellaborierung kennzeichnen folgende Daten: V_0 800 m/s, Eo 380 mkg. Das Bleispitzgeschoss wiegt 180 grain, also 11,6 Gramm. Man kann die Sache von mehreren Seiten betrachten, aber dieses Kaliber ist im Ostblock das praktisch einzig geführte stärkere Jagdkaliber. Vermutlich gibt es dort verschiedene Laborierungen der Jagdmunition. Von ungarischen Jägern ist mir bekannt, dass eine Hochleistungslaborierung mit einer V_0 von etwa 1 100 m/s erhältlich ist. Angesichts unserer sich überschneidenden, das Extrem reichlich überschreitenden Kaliber- und Laborierungsangebote kann man da leicht Komplexe bekommen. Natürlich will ich nicht tauschen, aber der Gedanke dieser Rationalisierung ist, finde ich, gut. Rein kostenmäßig übrigens auch nicht ohne.

Aber zurück zur 7,62 x 53 Russian. Poldl selbst hatte, wie gesagt, so eine Kartaune. Spiegelblanker Lauf, aber außen an Pioniertage erinnernd. Auch zum Sauriegeln das ideale Gewehr. Was lag näher, als sich an den russischen Gasdrucklader, den legendären Tokarev-Halbautomaten, zu erinnern. Es dauerte nicht lange, so besaß ich deren zwei. Poldl besuchte mich und bekam Augen wie Wagenräder, ähnlich dem Hund im Märchen vom Soldaten. Das heißt so viel, dass er mir eine der Mitrailleusen gleich abnahm. Der Tokarev hat eine faszinierend einfache Konstruktion. Der Verschlussteil besteht außer dem Schlagbolzen und der Ausziehkralle nur aus zwei Teilen. Vergleichsweise wirkt das Gegenstück dazu, das ehemalige deutsche Gewehr 43, wie eine Fehlkonstruktion. Es wurde geschliffen und gefeilt und lackiert und gesägt, selbst Ferlach musste einspringen, dann sah das Nachsuchengeschütz endlich seiner Vollendung entgegen. Alles war gut und schön, nur jeder, der mich sah, betrachtete misstrauisch das unbekannte Gewehr. Federleicht und fast kein Rückstoß. Leider erwies sich die Waffe nur auf kurze Entfernung richtig brauchbar. Der Lauf war nicht der beste, und im Eifer des Gefechtes habe ich das nicht für so überaus wesentlich gehalten, weil ich den Halbautomaten ja ohnehin nur für Nachsuchen, also bloß auf kurze Entfernungen, verwenden wollte. Reines Jagen mit einem Kugelautomaten ist in unseren Revieren sinnlos – und doch ließ ich mich dazu bewegen, einen weiteren Gasdrucklader anzuschaffen.

Winchester bot nun auch in Österreich sein Modell 100, den 5-Schuss-Gasdrucklader, und Remington den Woodsmaster, die Konkurrenzkonstruktion, an. Wenn ich an den narbengezierten

Lauf meines Russen dachte, bekam ich Magenweh. Also die Sache einmal beaugapfeln. Der Büchsenmacher in Eisenstadt rief mich an, dass beide Modelle zur Wahl bereitlägen. Und am nächsten Tag war ich dort auf dem Schießstand. Und fuhr mit der Winchester, Modell 100, Kaliber .308, heim. Das Aussehen dieser Konstruktion ist ja bestechend, alles glatt, nicht die Spur einer Maschinerie. Gasdrucklader können aber aufgrund ihrer Konstruktion, Gasdruckverlust usw., niemals die Präzision von Repetierern erreichen.

Bei des Pfefferschusters Acker auf den Erbäckern saß ein Reh in der brusthohen Frucht. Als ich dort im Juli vorbeipirschte, wurde der Knöpfler hoch und wollte auch schon auf meiner Seite heraus. Auf 50 Gänge stieg er mithilfe des Winchester Sivertip-Geschosses, etwa unserem H-Mantel-Geschoss vergleichbar, gen Walhall auf. War das ein Gewehr! Ganz berauscht fühlte ich mich ob des haargenauen Blattschusses. Der Rückschlag kam aber bald. Von der gleichen Stelle fehlte ich, keine Woche danach, im Morgengrauen zwei Überläufer glatt. Die Schwarzkittel standen unterhalb, auf etwa 150 Gänge, im Hafer. Als sie im richtigen Schweinsgalopp an mir vorbeidefilierten, gab ich auf sie drei Schuss ab. Mit dem Resultat, drei faustgroße Löcher in die Wiese vor dem Haferacker gerissen zu haben. Trotz der Überzeugung und Bestätigung, dass ich nichts angeflickt, sondern lediglich Flurschaden bereitet hatte, verlor ich mit einem Male die Freude an dieser Waffe.

Was nützte die beste psychologische Vorbereitung, die durchschlagende Wirkung der Firmenprospekte. Der verschämte Gedanke an die Wunderschützen in Amerika. Ad Topperwein zum Beispiel, der in San Antonio in Texas in 17 Tagen 77 500 Schuss abgegeben und nur neunmal sein Ziel verfehlt haben soll. Legende? Von wahrer Jagd sind solche Dinge meilenweit entfernt!

Im Herbst war ich bei Laz in Kreutz auf einen Sauriegler. Nach längerer Zeit hatte ich nun doch die Winchester aus dem Kasten genommen. Der bekannte Afrikajäger Ernst Zwilling war ebenfalls eingeladen. Und in der Mittagspause sah der gute Mann mein Gewehr. Wie beiläufig berichtete er mir, dass solche mehrschüssigen Waffen in den meisten Ländern Afrikas bereits verboten wären. Bei der anschließenden freimütigen Debatte kamen wir beide überein, dass bei solchen Halbautomaten tatsächlich immer nur der erste Schuss im Ziel säße. Durch Rückstoß, vielleicht auch Erregung des Schützen, ist der zweite Schuss dann fast immer entweder eine Fahrkarte oder ein Schlumpschuss. Ich habe mich innerlich ob meiner bisherigen Begeisterung für diese Waffen richtig geschämt.

Den wahren Anstoß für den ruhmlosen Abschied vom Kugelautomaten gab mir aber Poldl. Er hatte mit seinem Hund daheim in der Feniglsutten, dem Sauhimmel, wie die Jäger den Revierteil dort nennen, binnen einiger Minuten drei Sauen erlegt. Eine fast reinweiße dabei. Mit dem Repetierer. Poldl erzählte mir, was niemand wusste. Der Jagdterrier hatte einige Minuten danach eine vierte Sau gestellt, doch Poldl schoss nicht. Es war genug. Nach seiner Meinung könnte man sich mit einem Automaten bei so einer Situation nicht halten. „Und“, sagte er, „jagst du für dich oder für die anderen? Host du vielleicht a Freud, wennst olles z'sammschiaßt? I net! Na, i net!“

Die Winchester soll jetzt irgendwo südlich von Wien ihr unruhiges und aufwühlendes Leben weiterführen. Ich jedenfalls hatte von diesem Tag an keine Verwendung mehr dafür. Hier wäre noch einzufügen, dass ich auch die noch nicht lange auf dem Markt befindliche FN-Selbstladebüchse BAR besaß ... Was so viel heißt, dass auch sie heute nicht mehr in meinem Besitz ist.

Für „schwere Dinger“ habe ich, wie schon erwähnt, die 9,3 x 62, die „Thor“, im Kasten. Und mit der Thor ist der Gedanke an „Dangerhead“ eng verknüpft. Doch alles der Reihe nach ... Natürlich gibt es noch immer kapitale Sauen, wenn sie auch stets weniger werden. Zu viele Rohre lauern überall auf sie, und jeder will wenigstens einmal noch, zum allerletzten Mal, die stärkste Sau der Rotte erlegen. Oder gar bescheidenerweise nur den starken Einzelgänger. Es gibt wenige der einsichtsvollen Grünröcke, die da eventuell noch angesichts der starken Herbstrotten abbremsen können und ein vielleicht kümmerndes Stück herausschießen wollen. Georg hatte beim täglichen Fütterungsgang mit dem Kukuruzkübel zur

Senta hatte den kapitalen Fuchsrüden gestellt

Bei der täglichen Saufütterung

Noch immer die sicherste Art, zu den Fütterungen durchzukommen

Freund Edmund mit seinem Lackenbacher „Fast-100-Kilo-Keiler“

Sauschütte jetzt im Juni im Hohlweg beim großen Stand überraschend eine hochkapitale Saufährte gefunden. Die ganzen 40 oder 50 Gänge, die der tief eingeschnittene und von Baumkronen überwucherte Weg bergauf führte, war der Keiler da bergan zum Wildacker gezogen. Im braunlehmigen Wegstreifen zwischen den Wagenspuren waren seine Schalen wie absichtlich scharf und prägnant abgedrückt. Selbstverständlich musste ich diese Monsterfährte besichtigen, und am nächsten Morgen, als ich die Fütterung übernahm, sah ich mir die „Schuhe“ dort einmal an. Etwa acht Zentimeter breit und fast zehn Zentimeter lang. Heiliger Pepi, eine kapitale, zugewanderte oder durchwechselnde Sau! Oben, bei der ganzjährigen Maisfütterung im Stangenholz, fährtete sie sich aber nicht, so viel wir auch kontrollierten. Nur die üblichen Frösche und die Überläuferbache mit den sechs Frischlingen und das eine kümmernde Reh mit der Äserverletzung, das ich wohl schon einwandfrei angesprochen hatte, auf das ich aber nicht und nicht zu Schuss kam, zogen ihre Fährten. Die starke Sau blieb weg. Bezeichnend war nur, dass wir sie im Waldschatten auf dem Höhweg gefährtet hatten. Ins vollkommene Freie wollte dieser gewitzte Bursche wohl auch bei Nacht nicht.

So Anfang Juli brachte mir Hans seine stolze Neuerwerbung, einen Repetierer im Kaliber 8 x 68 S. Die Marke sei schamhaft verschwiegen. Ich sollte ihm das Glas mit der fertigen Montage befestigen und dann die Waffe eventuell einschießen. Im oberen Gaberlingtal, der Finsterfurt, ist der gegebene Platz für solche Dinge. Die Wiesen sind dort entlang des Baches tief, bis zu 25 Meter eingeschnitten und bilden entlang dem Gaberlingtal große, manchmal 150 bis 200 Meter breite Buchten. Noch dazu ist das ganze Gelände weit vom Ort entfernt. Der ideale Einschussplatz mit richtigem Kugelfang.

Die 8 x 68 S hat genügend Dampf drinnen, dass dort, wo sie hinhaut, 100-prozentig kein Gras mehr wächst. Tatsächlich ist es beim H-Mantel-Geschoss eine V_0 von 970 m/s. Energie an der Mündung 580 m/kg, von 4,75 Gramm Spezialpulver getrieben. Das Kegelspitzgeschoss (14,5 g, V_0 870 m/s, E_0 559 mkg) gab es damals ja noch nicht. Nachts hatte es ganz leicht geregnet, und da Windstille herrschte, stand jetzt am späten Morgen in der Finsterfurt noch überall der nasse Tau auf den Halmen. Hinten in der Bachecke auf der Kraxnerwiese war alles vorbereitet. Den Mantel auf die kleine Erdböschung hingelegt und die Scheibe auf die 150 Meter bis zur gegenüberliegenden Böschung in Stellung gebracht. Jetzt nur nicht fackeln mit dem Supergewehr. Rückstoß – pah, das wäre ja noch schöner. Diesbezüglich war ich, was dicke Brummer anbelangt, von meiner überlangen 9,3 Thor verwöhnt. Sie schoss nämlich butterweich. Der Rückstoß einer Waffe hängt ja von mehreren Faktoren ab, wobei das Waffengewicht eine nicht unbedeutende Rolle spielt.

Was nützt alle Theorie! Mir erging es, obwohl bekanntlich ein Gewehr auf dem Schießstand viel mehr stößt als beim Schuss auf Wild (psychologischer Faktor), im letzten Augenblick ähnlich wie dem Ecker Poldl seinerzeit mit seiner „vom Hofe“ und dem Schießgestell. Angesichts der mulmig dicken Zigarren, die da verwendet wurden, war es mir ein paar Sekunden lang nicht ganz einerlei, was nachher geschehen könnte. Wären doch der Poldl oder der Scharol wenigstens zum Trösten da gewesen!

In dem etwa 1900 erschienenen, seinerzeit sehr bekannten Jagdbuch „Mit der Büchse in fünf Weltteilen“ schreibt Paul Niedieck, dieser heute bereits umstrittene Weltreisende und Schriftsteller, anlässlich eines Gewehrkaufes bei Holland & Holland in London: „Als ich den ersten Schuss auf die Scheibe abgab, stieg mein Hut mehrere Fuß hoch in die Luft und ich verließ den Platz mit einer dicken Lippe. Man muss die schwere Büchse buchstäblich umklammern, um den Stoß, der ja durch die schwere Charge erklärlich ist, zu parieren!“ Mir erging es ähnlich. War ehedem der erste Schuss mit meiner Thor wie die Salve der Aurora, so schien hier die Bismarck mit einer Breitseite zu Wort gekommen zu sein. Über der taunassen Wiese stand eine zarte, lange, durchsichtige blaue Wolke in der unbewegten Luft, und ich, da ich scharf nach Osten gezielt hatte, starrte jetzt, während der Schuss ober mir im Finsterfurtwald nachhallte, das Gewehr immer noch fest umklammert, hart steuerbord, das heißt, in südlicher Richtung. So viel Kraft hatte ich dem Luder gar nicht zugetraut. Der arme Hans! Das Fadenkreuz brachte ich aber nach einigen Schüssen doch in eine brauchbare Lage. Und als ich dann nach getaner Arbeit von den Wiesenmulden dem Weizenfeld entlang hinauf zum Wagen stieg und einen kleinen Umweg ob des Abfährtens machte, prangte da beim oberen Weg zum Waldeck, dem „Schwarzen Zeißel", eine einzelne, tief in den Boden eingedrückte Keilerfährte. Wie ein Pferd musste der Basse hier vorbei und – richtig, dort sah ich es schon – in den Kolbenweizen gezogen sein. Ohne Zweifel, das schien die gleiche Fährte wie die vom Hohlweg drüben. Im Weizen hatte sich die Sau gütlich getan. Zehn bis fünfzehn Gänge breit waren die Lager, wo sich der Keiler umhergewälzt hatte. Wenn die Sauen im Getreide nur nicht so viel zertrampeln und niederwalzen würden, dann wäre der Schaden zumindest um zwei Drittel geringer. Mittags kontrollierte ich oben im Hochwald die ganzjährige Saufütterung neben der Suhle. Alles war wie umgeackert. Im Schlamm der Suhle hatte sich eine mächtige Sau gewälzt. Und am Malbaum daneben fanden sich in etwa ein Meter Höhe drei mächtige frische Narben von den Waffen des starken Keilers.

Die Indianer nennen ihre Kinder immer nach dem ersten Eindruck oder Ereignis nach der Geburt. Ganz zufällig dachte ich daran, und ein klein wenig hallte auch das Schießen mit der störrischen 8 x 68 S unten im Bachgrund in mir nach. Der Name der Sau stand fest: „Dangerhead"! „Gefahrenkopf" auf Deutsch. Warum auch nicht! Die Fährte verriet eine ganz grobe Sau.

Der Weizen leuchtete goldgelb, die Ernte stand bevor. Ich fährtete nächsten Morgen neuerlich ab. Der Keiler war sowohl bei der Suhle als auch auf dem Feld ausgeblieben, obwohl hier ob der baldigen Ernte noch heilige Ruhe herrschte. Als er sich auch am zweiten Tag nicht fährten ließ, stand es für mich fest: Er musste ein ganz gefinkelter alter Basse sein, der trotz des verlockenden goldgelben milchigen Weizens so unstet umherzog.

Neumond war, und so blieb nichts anderes übrig, als sich mit dem Abend- oder Morgenansitz zu begnügen. Am dritten Tag, die

Fährte stand nirgends im Revier, wo einigermaßen mit Sauen zu rechnen war, saß ich abends doch auf der großen Eiche am Schwarzen Zeißel mit der Thor an. Unter mir die am Waldrand von grünen, blumenbestickten Wiesen begrenzten gelben Weizen- und Getreidefelder. Keine Sau, nichts, nur ein Gabler, das reinste Kind, trieb eine Schmalgais durch die Gerste oben beim Föhrenstreifen, der sich längs durch die Äcker zog. Die Dämmerung brach an. Zwei, drei Ziegenmelker knarrten hinter mir im Wald um die Wette. Ein rauschender Schwingenschlag riss mich aus den Träumen. Flach presste ich mich an den mächtigen Eichenstamm im Rücken und hielt den Atem an. Wie ein Schemen stieß ein Graureiher aus dem dunkelabendlichen, blauvioletten Himmel auf die alte mächtige Föhre nebenan und hakte steif und die Gegend aufmerksam musternd auf dem krummen mächtigen Ast, keine 20 Meter vor mir, auf. Da, als ich gerade nach dem Gewehr, die Gedanken schon bei der so seltenen, wie zum Greifen nahen Beute taste, macht der Reiher auf einmal einen langen Hals, wendet seinen Schnabel zu mir her, stürzt auch schon weg und wuchtet mit mächtigen Schwingenschlägen davon nach Norden, in den dort samtdunklen Abendhimmel. Ein Reiher nimmt auch bei tiefer Dämmerung fast alles wahr. Leider! Oder Gott sei Dank! Wie man's nimmt.

Es hat keinen Sinn länger zu bleiben. Von Sauen nichts zu hören und zu sehen. Also baume auch ich ab. Warum soll ich aber zum Wagen beim nahen Woditschgraben unten auf geradem Wege gehen? Magisch zieht es mich, den Umweg zum Waldrand hin zu machen. Ohne wesentliche Absicht, nur um links oben am leicht ansteigenden Waldeck, wo der Wald nach etwa 300 Metern endet, eventuell die Sauen draußen im Feld hören zu können. Auf halbem Weg dorthin, auf der Waldrandwiese, die dem Wiedemannbauern gehört, entlang des großen Weizenfeldes, bleibe ich elektrisiert stehen. Im überbrusthohen Weizen schmatzt auf etwa zehn Gänge eine Sau. Und das hier, wo ich keine Sicht mehr ins Getreide habe. Und der Wind zieht ganz, ganz leise zum Gegner hin. Da hört auch schon das Schmatzen auf und, zwei-, dreimal schlagen deutlich hörbar Waffen zusammen. Teufel noch einmal, das ist ein starkes

Stück, und – so scheint es – auch nicht gut aufgelegt. So angriffslustig kann nur ein grober Keiler sein. „Dangerhead?“ Die Thor mit dem achtfachen Kahles fliegt von der Schulter, und gleichzeitig rauscht die Sau langsam im Bogen um mich herum dem Waldrand zu. Ich höre die mächtigen Tapser und wie sich der Körper durchs Getreide schiebt. Nein, das Zielfernrohr bringe ich nicht mehr herunter. Die Sau muss auf keine 20 Schritt unter mir auf die Wiese herauskommen. Durch das Kahles starre ich auf den jetzt hell bis dunkelbraunen Getreiderand, der unten scharf von der grünschwarzen Wiese begrenzt wird. Da steht es auch schon mächtig schwarz und mit vier Läufen riesengroß im Glas. Die Sau verhofft und klappt noch einmal missmutig die Waffen zusammen. Der Teufel soll es holen, ich kann jetzt den Körper nur schemenhaft ausnehmen. Gerade dort ist der Getreiderand dunkler. Atem angehalten, Fadenkreuz nochmals zurück, da ist der Vorderlauf, jetzt Körper, alles ist schwarz, höher, ja, jetzt ist wieder Getreide, zurück, tiefer. Soll ich, soll ich nicht? Sind doch nur 20 Schritt! Ich höre die Sau den Wind saugend prüfen. Bin im Leben, und „Tschuchhh“ hallt und donnert der gelborange Feuerstrahl aus der Thor der Sau entgegen und über das Finsterfurttal hin. Und die Sau kreischt schrill und gellend auf. Ich höre sie im Kreis herumfahren. „Mensch, Glas ab, die nimmt an.“ Blitzschnell ist das Zielfernrohr von der Thor, liegt zu meinen Füßen, und ich erwarte breitbeinig und die 9,3 blitzschnell repetiert an der Wange den Bassen. Jede Faser in mir ist zum Zerreißen gespannt. Ich atme auf, der Keiler rumpelt dort noch drei, vier Sekunden herum und bläst und wetzt die Waffen. Jetzt ist er still. Anscheinend ist es ein Knochentreffer, denn nur so wäre das schrille Kreischen erklärlich. Reichlich dunkel ist es schon. Wenn es kritisch wird, muss ich nach Gefühl schießen. Gut eine Viertelstunde stehe ich da und höre nur einmal noch das leichte Klappen der Sau mit den Waffen. Der Schuss ist eben bei schlechter Sicht abgegeben worden. Ja, ich bin schuld, habe mich selbst nicht zügeln können. Oder handelte ich richtig?

Ober mir funkeln nun schon über dem schwarzen Waldrand Tausende Sterne, und die gelben Weizenfelder ringsum heben sich hell von der schwarzgrünen, nun so geheimnisvollen Wiese vor mir ab. Das reife Getreide duftet fein und zart, wie nach frischem Brot, und ich kann nichts tun, als mich langsam wegzustehlen wie ein Dieb. Wenn jetzt die Sau hochgemacht wird, ist es aus. Ich muss sie ruhig im Wundbett lassen.

Georg empfängt mich lachend. „Host scho' wieda a Pech g'hobt?" Anscheinend kann er Gedanken lesen. Was sollen wir tun? Bei dem Wetter jetzt im Juli ist die Sau eventuell am Morgen schon anbrüchig.

Drei Stunden warten wir zaghaft bei Rotwein ab. Ist ja doch kein Ruhekissen, so eine Ungewissheit. Aber dann bin ich mir klar. Jetzt muss der Keiler schon verendet sein. Ich kann die Sau nicht anbrüchig werden lassen. Senta, der Spaniel, muss her, und ich tausche daheim die Thor gegen den „Russen", den Nachsuchen-Tokarev. Der Wagen bleibt wieder beim Graben unten, etwa einen halben Kilometer vor dem Anschuss. Wie die Indianer pirschen wir los, den Hund an der Leine. Ich bin sicher, die Sau kann jetzt auf keinen Fall mehr wegbrechen. Bestimmt ist sie schon verendet. Bis zum Anschuss geht es leise, da zerrt der Hund wie verrückt. Senta geschnallt, und in Anschlag gegangen. Und da jifft und jafft der Hund auch schon um den verendeten Keiler bei den Föhren am Wiesenrand. Gleich sind wir die paar Schritt dort. Georg fasst die dunkle Sau am Kopf und so viel können wir erkennen: Das kann nicht Dangerhead sein! Die kurze Entfernung hat getäuscht.

Ein etwa dreijähriger, grausilberner Keiler ist es. Ein Griff in die Waffen, den Spaniel muss ich richtig abwehren, verspricht eine Gewehrlänge von etwa 15 Zentimetern. Die Schalen geben den Ausschlag. Nein, der Basse vom Hohlweg und von der anderen Feldseite beim Schwarzen Zeißel ist es nicht. Der muss noch einmal so stark gewesen sein. Dangerhead lebt.

Das Geschoss hat hoch oben die Blätter gestreift und das Rückgrat zerschmettert. Man soll eben nur bei guter Sicht auf Sauen schießen. Doch ist noch einmal alles gut gegangen.

Ich habe einen Freund. Er ist Chirurg und auf Sauen scharf wie der Teufel. Wahrscheinlich geht es ihm so wie mir, wenn ich tagelang in meiner Ordination wie in den Galeeren schufte und die Gedanken bei Wild und Wald sind. Auf der Trift hatte ich einen Wildacker mit Kolbenweizen. Die Sauen hatten schon fast die Hälfte davon verwüstet. Ich lud Stefan, den großen Herrn der blitzenden Messer, ein. Doch der hörte die Schwarzkittel immer nur. Saß er oben, waren sie unten, saß er unten, waren sie 150 Meter weiter oben, am Ende der Festtafel. Zudem huldigte der Mann auch noch einem für Jäger ungeeigneten Laster. Ein Wort spricht Bände: „Nikotin." Eines Abends nach dem Ansitz kommt er atemlos und mit den Nerven fertig zu mir. „Weißt du, was da eben im Weizen war? Ein Harmonium!" „Warum hast du nicht geschossen?" „War bei mir auf fünfzehn Schritt im Wald. Bis zum Rand ist die Sau gezogen wie ein Pferd. Dann machte sie kehrt und zog im Bogen durch die jungen Föhren in den Weizen. Immer im Schatten!"

Ich weiß alles. Der Mond ist schon über halb und der Himmel klar. Leider, es will nicht klappen. Als ich aber am nächsten Morgen dort die Föhren vor dem Kolbenweizen kontrolliere, ist es sicher. Dangerhead zieht wieder seine Fährte. Und die Losung ist dort so groß, wie ich sie noch nie gesehen habe. Kaliber „Dicke Grete!" Zum Gruß halt. Ich rufe Stefan im Krankenhaus an. „Stefan", sage ich, „mach dich fertig, meine 9,3 kann es nicht erwarten, in einer Woche habe ich dein Harmonium, wenn du es nicht selbst erlegst. Dann kannst du mit mir feiern. Drei Tage ohne Pause und dreizehn Blondinen servieren!" Aber bekanntlich beißen bellende Hunde nicht. Und im Geheimen steigen mir im Grund der Seele Zweifel auf: Ob ich Dangerhead auch jemals bekomme?

Allein, mein Gast, der Chirurg, der doch, so meinte ich ob seiner wilden Jagdpassion, hier reinen Tisch hätte machen sollen, versagte. Es genügt anscheinend nicht, dass man nur vom Wild schwärmt und danach fiebert. Für so einen alterfahrenen Keiler muss man Ausdauer und Erfahrung oder „Riesenglück" haben.

Die Getreideernte war in vollem Gang, die Äcker einer nach dem anderen abgeerntet und kahl. Jetzt sollte sich mein eigener Wildacker mit dem Kolbenweizen in der Waldschneise bezahlt machen. Ich habe, durch bessere Erfahrungen gewitzigt, deren vier angelegt. Alle in Waldrandnähe und auf den besten Wildwechseln. So gelang es mir, da die Sauen doch fast immer die erste Gelegenheit, unmittelbar nach dem Verlassen des schützenden Waldes, wahrnehmen und sich hier im Weizen, Kukuruz und in den Kartoffeln richtig austoben konnten, die sonst üblichen Wildschadenskosten fast auf die Hälfte zu senken. Wenn die Sache beginnt fünfstellig zu werden, so ist das immerhin schon etwas.

Auf der Trift im Kolbenweizen war der grobe Basse wohl alle zwei, drei Tage zu fährten, aber er kam nicht in Anblick. Zum Wochenende hatten wir Vollmond, und mit meinem 14-jährigen Sohn Wolfgang saß ich dort bei fast könnte man sagen Kaiserwetter an. Kein Hauch bewegte sich, der Himmel blank geputzt und mit Sternen übersät, und der blitzhelle Mond rund wie eine Silberscheibe. Punkt neun machen wir es uns auf dem Buchensitz, der gerade für zwei Mann reicht und unten am Rand des Weizenfeldes im Schatten des Waldrandes verborgen steht, gemütlich. Ich erkläre Wolfgang alles, was die Sauen so um diese Zeit treiben, von wo sie anwechseln und natürlich auch, dass vielleicht sogar Dangerhead kommen könnte. Wenn wir „Schwein" hätten oder besser gesagt richtiges Weidmannsheil ...

Es ist eine Bilderbuchangelegenheit. Nach einer Viertelstunde brechen schon die Sauen im Stangenholz rechts ober uns. Das Weizenfeld liegt wie ein riesiges ausgebreitetes gelbes Tuch vor uns. So hell ist es, dass der Hase, der da in den alten Schadstellen umherkraspelt, auf die 30 Meter fast über Kimme und Korn zu erlegen wäre. Wolfgang ist ganz Feuer und Flamme. Ich selbst glaube nach all den Erfahrungen mit Dangerhead, dass er bei solch einem „Tageslicht" nicht so leicht austritt. Die Thor hängt vor uns an einem Aststumpf, und Wolfgang versucht einmal, wie die Gegend durchs Zielfernrohr ausschaut. Er ist überrascht, wie gut man da durch die Balken sieht. Auf 100 Gänge steht jetzt oben eine Sau im Weizenfeld neben dem Waldrand, und Wolfgang spricht schon mit seinem 10 x 50-Glas den am Waldrand sichernden Überläufer gut an. Nun zieht dieser mitten ins Feld. Obwohl wir noch warten, ist von den anderen Sauen nichts mehr zu hören. Sie müssen hinaus auf die weiter entfernten Neuäcker gezogen sein. Ich überlege. Dieser grobe Keiler, auf den ich mit meiner 9,3 passe, geht bestimmt nicht mit einem Überläufer. Also Feuer frei. Wolf hat das Glas vor Augen, und ich taste nach der Thor. Ganz leicht schwankt der Buchenast vor uns. Halt! Pause! Nur nichts übereilen und vergrämen. Wolf ermahne ich, das Schuss-Zeichen gut zu beobachten, und da fliegen die 16,7 Gramm des H-Mantel-Geschosses auch schon aus dem Lauf. Im Nachhall des Schusses sagt Wolf nur noch: „Papsch, die Sau hat einmal mit dem Bürzel gefackelt und ist dann umgefallen wie ein Stück Holz!" Die Wartezeit vergeht unruhig und viel zu langsam. Aber so weit ist Wolfgang schon Jäger, dass er diese Notwendigkeit erkennt. Endlich sind wir da. Ein Überläufer mit etwa 60 Kilo liegt vor uns, und der eine Lauf schlenkert bei der Berührung hin und her; aber sicher ist das vom Tiefblattschuss der 9,3 x 62.

Ich bin stolz, dass gerade heute mit Wolfgang alles so klappte. Die Überraschung erleben wir erst am nächsten Tag. Weil doch mein Sohn zum ersten Male bei einer richtigen Sauerlegung mit dabei war, will ich ihm die Schwarte als Andenken gerben lassen. Beim Abschwarten aber stellt sich heraus, dass der Schwarzkittel bereits fünf etwa einen Monat alte Schüsse intus hatte. Davon zwei glatt durch beide Blätter. Anscheinend müssen es Vollmantelgeschosse gewesen sein, denn es ist unerklärlich, wie die Sau sonst noch am Leben geblieben wäre. Schauderhaft, was die Sauen da alles mitmachen müssen! Lange frage ich umher, wo vielleicht eine Sau angeblitzt wurde. Endlich, im späten Herbst, kommt ein Gerücht aus einem Ort, etwa fünfzehn Kilometer nördlich von uns. Dort soll ein „Jäger" ein Stück in der Schnittzeit, also während der Getreideernte, beschossen haben. Sogar berührt hätte er die Sau dann, da das Stück im Feuer lag. Und als der „Leichentransport" anrückte, war der Überläufer weg. Ob es meiner war? Jedenfalls habe ich keine rechte Lust mehr, auf Sauen zu jagen. Diese Erkenntnis hat mich ganz verbittert. Dangerhead aber ist nicht zu fährten.

Oktober, November, nirgends in der Umgebung hört man etwas von einer kapitalen Sau. Beim Akaziegraben fällt eines Abends überraschend der kranke, irgendwo angeblitzte Achterhirsch mit der einen angebrochenen Stange durch die 9,3 im Feuer. Nur noch 85 Kilo wiegt der etwa dreijährige Hirsch. Unerwartet, wie ein Schemen, war er im Revier aufgetaucht. Das Krachen der Detonation reißt ihn auf 100 Gänge förmlich von den Läufen. Ja, Thor bleibt Thor! Sauen sind in Hülle und Fülle da. Franz erlegt drüben in Ritzing tagsüber zwei Überläufer aus einer Rotte mit 25 Stück. Mir kommt eine sehr starke Rotte eine Woche später bei Mond, sternklarem Himmel und orkanartigem Sturm auf den Hasenäckern. 26 Sauen zähle ich, alles Überläufer. Obwohl der Nachthimmel nicht die kleinste Wolke zeigt, donnert der Sturm durch den benachbarten stöhnenden Wald, und ich kann über das freie, abgeerntete Feld nicht an die Sauen heran. Einmal stehen sie plötzlich mitten auf dem großen Feld alle still, um im Handumdrehen wie die Stare in gleicher Formation links und dann alle auf einmal wieder rechts schwenkend im Kreise wie auf ein geheimnisvolles Kommando hin wegzubrechen. Erneut stehen sie abrupt still und verhoffen. Der heulende Sturm und das Rauschen im dürren, abgeernteten Kukuruzstroh des einzigen noch nicht geackerten Feldes ist es, was sie so verwirrt und nervös macht. Bis auf etwa 150 Meter komme ich am Waldrand heran. Die 9,3 habe ich mit, aber trotz besten Schusslichtes wage ich nicht zu schießen. Jedes Mal stehen mindestens zwei oder drei Überläufer hintereinander da. Doch bin ich auch mit dem Anblick zufrieden, der sich mir da in dieser tosenden Herbstnacht bietet. Daheim berichte ich Georg, und bei gleichem Wetter in der nächsten Nacht erlebt er das Gleiche. Wieder kommt die Rotte zum Kukuruzstroh. Auch er vermag keinen Schuss loszuwerden, trotz fantastischen Anblicks. Aber nach einem Monat, die Rauschzeit beginnt so langsam, kommen ihm am „Standfeld“, dem Waldeinschnitt, am Abend überraschend siebzehn brave Sauen. Wie die Grenadiere defilieren sie vor ihm auf 30 Schritt vorbei. Als ob er nicht da wäre. Sein .308 Repetierer mit dem Winchester-Silvertip-Geschoss, 11,6 Gramm schwer, spricht, und ein braver Basse liegt mit Blattschuss. Als Georg mich holt, will ich schon jubeln, aber Dangerhead kann es aufgrund der schwachen Schalen nicht sein. Dieser Keiler hat nur gute 100 Kilo und 18-Zentimeter-Waffen. Wir sind zufrieden.

Der Winter kommt, und meine 9,3, die Thor, wartet auf die geheimnisvolle starke Sau. Aber die bleibt verschollen. Das Schrecklichste für mich Jäger passiert da aus blauem Himmel. Unerwartet verliere ich meinen Hund. Der für unser Gebiet unerwartete, verheerende, frühzeitige Wintereinbruch hatte mich um den so liebgewonnenen Spaniel, der mir sechs Jahre Freund und zuverlässiger Jagdgefährte war, gebracht. Alles Suchen, Rückfragen bei Nachbarn, Zollwache und Gendarmerie blieb erfolglos. So wie täglich, fuhr ich an diesem verhangenen Wintertag noch vor der täglichen Ordination ins Revier füttern. Nun hatten wir jetzt im Dezember wohl schon Kältegrade, aber noch keine Spur von Schnee. Senta war, wie täglich, schon bereit und sprang lauthals vor mir umher, als ich aus dem Haus wollte. Meine Frau rief mir noch nach, ob ich die Leine hätte. „Bin bald zurück, gehe heute nur nach den Sauen schauen, da brauche ich sie nicht!" rief ich zwischen Tür und Angel. Wozu sollte ich auch eine Leine benötigen? Der Spaniel war doch täglich mit beim Saufüttern.

Beim Landschargraben stellte ich den Wagen ab, nahm meinen Kukuruzsack und strebte, als ich den Bach überquert hatte, durch die Neuäckerstauden in Richtung Sauschütte. Der Hund bei Fuß. Der Wind jagte Wolken über den grauen Himmel, als ich nun schon schweißgebadet durch den Friedl-Lois-Mais stapfte. Der Spaniel, zehn Schritt vor mir, gab plötzlich Laut und sprang auch schon, bevor ich noch darauf achten konnte, mit Jiff und Jaff in die Brombeerstauden. Die ließen sich leicht übersehen, und ich war auf den Lampe neugierig, der nun wohl auf 20 Schritt drüben hinaussausen würde. Doch der Teufel soll es holen, ein einzelner Frischling stiebt dort heraus, und der Hund hinterdrein! Bis heute ist mir nicht klar, wie der dort um diese Tageszeit hingekommen ist. Das hatte ich nun davon. Ein Kommando war in dieser Situation sinnlos. Na ja, wir würden uns bald wiedersehen, Senta und ich. Das Läuten verlor sich im Urbarialwald. Eine Weile wartete ich noch, dann stapfte ich weiter zur Schütte. Wie all die Tage, fand ich sie auch heute leer. Die Sauen hatten nachts das letzte Körnchen herausgesucht. Der Hund musste nun bald auf meiner Fährte nachkommen. Und als er sich, wie mir schien, doch reichlich Zeit ließ, schlug ich nach einigem Warten wieder den Weg zurück zum Wagen ein. Senta würde schon nachkommen. Ich hätte wirklich die Leine mitnehmen sollen. Den Friedl-Lois-Mais hinunter zur Selitza, rüber über den Bach, und ich stand bald vor dem abgestellten Wagen. Und der Hund immer noch nicht da. Nun hatte es wohl zwei oder drei Jahre gedauert, bis ich Senta ihre diversen Unarten abgewöhnen konnte. Aber seit gut einem Jahr zeigte sich die Hündin nach vielen gemeinsamen Abenteuern brav wie ein Lamm. Sorgen machte ich mir da überhaupt keine. Am Wagen angelehnt, wartete ich nun. Nach fast einer Stunde stand ich noch immer allein da. Das war nicht alltäglich. Fröstelnd blickte ich auf die Uhr. Ich musste heim. Den Hubertusmantel hängte ich dort, wo wir den Bach überquert hatten, auf einen bodennahen Ast. Als ich aber mittags daheim missmutig in den Wagen stieg, um den Mantel und selbstverständlich die dort wartende Senta zu holen, war der Himmel düster und grau. Etwas braute sich zusammen. Einzelne Flocken wirbelten herab.

Der Platz war leer. Es blieb vergebens. Der Hund war wider Erwarten nicht da. Gegen zwei Uhr nachmittags begann der Schneesturm wie ein Blizzard, dass es nur so heulte. Über Nacht waren wir bereits von den Nachbarorten abgeschnitten. Zwei Tage stapfte ich mit Wolfi und einmal mit der Gattin durch den im pausenlosen Schneesturm tobenden Winterwald. Den „Russen“ hatte ich mit und schoss da und dort. Vergebens. Aus! Als mir in einer Pause jäh zum Bewusstsein kam, dass der Hund nicht mehr heimkönnte, lehnte ich mich dort im Gemeindewald an eine der starken im Toben der Naturgewalten stöhnenden Buchen. Erschöpft und nass bis auf die Haut. Schoss das ganze Magazin leer und heulte verstohlen wie ein Kind. Mein bester Freund, mit dem ich so viele Schlachten geschlagen hatte, war verloren! Zu Weihnachten musste ich meinem Jüngsten, der so gerne Jäger werden möchte, beibringen, dass Senta in Ungarn drüben weiterjagt. Für immer!

Jetzt im Jänner zeigt sich der große Wert einer ganzjährigen Saufütterung im Bestand. Der Schnee ist kniehoch, und bei der Schütte neben der Gemeindewaldallee steht eine Saufährte neben der anderen. Von überall kommen die Schwarzkittel hierher. Und ab und zu ist sogar eine riesige Fährte dabei, aber immer nur am Rand der Fütterung. Dangerhead? Beruflich habe ich so viel zu tun, dass für die Jagd, außer der Fütterung, keine rechte Zeit bleibt. Die Kieferorthopädie frisst mich scheint's mit Haut und Haar. Aber eines Tages halte ich es nicht mehr aus. Mond ist, und ich will die Sauen sehen. Muss sie sehen! Auf dem Anwechsel zur Schütte sitze ich mit Schlafsack und schwerem Wachpelz aus anno 1945 an. Die 9,3 habe ich mit. Ich will nicht schießen, aber erstens habe ich einen weiten Anmarsch. Und da ohne Gewehr? Was man sich doch alles selbst so vorlügt. Der dunkle Winterwald liegt ganz ruhig, wie gespenstisch da. Der weiße Schneeboden wird jedes Lebewesen ohne Glas erkennen lassen. Nach Einbruch der Dämmerung bricht es rechts neben mir im Hochwald, und als ich mit pochendem Herzen hinstarre, kommen da fünf Überläufer bei bestem Wind, so wie ich sie erwartet habe, durch den Schnee gepflügt. Wie die Dachse, so grausilbern scheinen sie, und auch nicht höher, nur einige Male so lang und breit. Das Gebrech und sogar der Kamm sind weiß vom Schnee, und tief seufzend denke ich, wie die armen Teufel doch den ganzen Tag bei den rund 20 Grad Kälte, die wir jetzt täglich haben, auf die Fütterung warten. Ich habe Glück und sie nehmen mich nicht wahr, obwohl sie mehrmals minutenlang und auf keine 25 Schritt zu mir her sichern. Das Beobachten an der nahen Fütterung ist ein glückliches Erlebnis. Nach fast einer Stunde ziehen sie auf dem gleichen Wechsel zurück. Hinüber in die große Dickung im Nordosten. Und ich stapfe stolz und mühsam heim.

Noch ein Monat vergeht, der Schnee ist weniger geworden, die Kälte hat nachgelassen. Auch Schnee fällt keiner mehr. Aber brechen können die Sauen nicht, dafür war es vorher zu kalt. Der Boden ist noch immer tief gefroren. Beim Mond sitze ich diesmal an der Schütte selbst an. Keine 30 Gänge davor ist ein Behelfssitz, auf dem immer der Kukuruzsack liegt. Und nach einer Stunde, noch am Abend, kommt ein armseliger Kümmerer von Überläufer, den Wurf dünn und lang wie eine Waldspitzmaus. Er bricht an dem täglich hingeschütteten Fraß, Druschabfall, den wir im Sommer gehamstert haben, und Kukuruzkolben. Jedes Mal, wenn er einen Kolben fasst, prescht er damit an die 20 Gänge davon, in die Fichtendickung oberhalb, und nach einigen Minuten kehrt er wieder, und es folgt das gleiche Schauspiel. Jetzt ist er aufs Neue mitten auf der Futterstelle in der kleinen Waldlichtung, da bricht rechts im dicken Unterwuchs daneben ein dürrer Ast. Was ist los? Der Überläufer steht doch ruhig. Von ihm kam der Laut nicht. Das Glas sucht die niederen Fichten dort ab, und ein mächtiger schwarzer Kasten steht da und rührt sich nicht. Windet nur immer zur nahen Fütterung hin. Und geht nicht aus der Deckung heraus. Ich bin keine 50 Gänge davon entfernt. Da durchzuckt es mich: „Das kann nur der grobe, geheimnisvolle Basse vom Sommer sein. Dangerhead!“ Was muss der alles schon erlebt haben, dass er jetzt, in der Notzeit, den Fraß witternd, die Deckung nicht verlässt. Bald ziehen die beiden wieder ab. Zwischen den dunklen Fichtenstämmen im Hochwald kann ich das ungleiche Paar gut ansprechen. Der König mit seinem Kundschafter. Ein beklemmendes Gefühl ist es, das mich dann wochenlang nicht loslässt. Ich füttere mitten in die Dickung hinein und es scheint nach den Fährten, dass der Basse auch das Dargereichte annimmt. Und als die Stare im Frühling singen, bin ich richtig froh, mich mit Georg und dem zweiten treuen Helfer, dem Edmund, so für die Sauen abgeplagt zu haben. Natürlich ist aber jetzt die starke Sau wieder weg.

Wenn ich mit Bekannten davon jetzt im Frühjahr und Sommer palavere, bekomme ich richtiges Verlangen, doch endlich diesen Keiler, der nun wieder alle zwei, drei Wochen im Revier gastiert, zu strecken. Es will nicht sein. Die Thor, die ich immer mitgeschleppt habe, ist praktisch tatenlos geblieben.

Der Sommer vergeht. Es will noch immer nicht sein! Und einmal, im Herbst, ich habe einen braven Jungjäger im Ort, der mir bei Revierarbeiten immer gerne hilft, da fährte ich in der Früh plötzlich Dangerhead im Gemeindewald auf der Allee. Und setze am Abend den jungen Jäger, der auch Georg heißt, dort an. Er sitzt genau eine Viertelstunde neben dem Gemeindeschlag, und mit der 8 x 57 liegt eine Riesensau im Feuer. Die erste, die er je sah und beschoss. Den Hämmern nach ist es Dangerhead. Die Schalen sind nicht zu verwechseln, aber aufgebrochen wiegt er überraschenderweise nur 141 Kilo. Die Sehnsucht nach dem urigen Bassen ist zu Ende ...

Poldl hat die neueste Errungenschaft, den Steyr-Mannlicher 5,6 x 57. Die Katzen und Füchse sind damit, da ja auch der rechte Mann am Steuerrad – sprich Abzug – steht, nur noch kurzlebig. Eine äsende Gans erlegt er auf freiem Feld, und gar nicht nah, damit. Da ruft sein Begleiter, der mit dem Glas dabei zusah, dass es nicht eine, sondern zwei wären, die da trotz des Schusses unbekümmert die Hälse in die Höhe streckten. Poldl lächelt, es sind nämlich die nach oben ragenden Ruder der einen beschossenen Gans; sie liegt auf dem Rücken. Die 5,6 x 57 ist bestechend und ich kann nicht widerstehen. Sie muss her. 2,7 Gramm Spezialpulver treiben das 4,8 Gramm schwere Kegelspitzgeschoss auf eine Vo von 1 040 m/s mit einer Energie von 265 mkg an der Mündung. Auf Rehe ist sie die Sache, und ein paar Katzen steigen auf wahre Weitschussentfernung in den verdienten Miezenhimmel. Der Adapter für die .22 Magnum, man versucht eben alles, erweist sich aber als Enttäuschung. Auf 50 Meter streut das Ding gut fünf Zentimeter. Also unbrauchbar. Der Steyr-Mannlicher mit dem spiralig gehämmerten Lauf ist dessen ungeachtet aber Spitze. Die Leistung der gehämmerten Läufe ein Traum. Wir können stolz sein, dass dieses Erzeugnis aus unserer Heimat kommt. Mit der 5,6 x 57 habe ich im Frühsommer meinen besten abnormen Bock erlegt. Der Form nach ein naher Verwandter von „Black man“ aus dem zwölf Kilometer entfernten Neudorf. Nur viel stärker. Mächtige Rosen mit 21 Zentimetern Umfang. Am Ende des Fuchsengrabens im Pekovitsklee beim sich grollend zusammenziehenden Gewitter unter fauchenden blauen und nach Ozon riechenden Blitzen geschah es. Den kapitalen Bock hatte ich noch nie zuvor gesehen. Eine

Überraschung also, wie selten eine. Eigentlich wollte ich angesichts des grauschwarz heraufziehenden Gewitters nur noch die 200, 300 Meter hinaufpirschen. Zwischen den Weizenfeldern am Rand des einzigen saftiggrünen Kleeackers steht ein großer Heckenrosenstrauch gegen den Horizont. Und just, als ich mit dem Glas das leere Feld absuche, zeigt sich mir ein, trotz Blitzes und Donners, zauberhaftes Schauspiel. Genau hinter dem Heckenrosenstrauch ist ein ganz kleines, hellblaues Loch im bleidüsteren, tief hängenden, schwarz wogenden Himmel, und wie im Märchen sitzt dort ein Vogel in den dürren Rosenästen, ein Würger in seinem Reich. Und das Ganze hebt sich durch das Glas auf die 50 Meter bei der dunkeldüsteren Umrahmung so fantastisch ab, dass ich gebannt hinstarre. Jeder Dorn ist zu erkennen, wie bei einem traumhaften Scherenschnitt. Wenn ich meinen Feldstecher-Rundblick beendet habe, muss ich hingehen zu dem Heckenrosenstrauch und nachsehen, was der Würger in seiner „Folterkammer" alles aufgespießt hat. Das Schaudern kommt einem da, und man wähnt sich ins tiefe Mittelalter mit seinen Torturen versetzt. Aber damals waren es Menschen, die geschunden wurden! Von anderen Menschen! Waren das überhaupt Menschen? Angst und Schrecken muss damals der armen Leute Alltagsgast gewesen sein. Tägliches Bangen, ob man dem „Würger" und seinen Henkersknechten nicht verfalle, weil Hagel den Großteil der Ernte vernichtet hatte und man sein „Liefersoll" nicht erfüllen konnte. Oder so. Unvorstellbar heute! Wirklich? Bangte nicht vor 30 Jahren noch so mancher, weil er zu wenig „lieferte". Und gar erst, wenn er von seinem Vieh, das ihm allein und sonst niemand gehörte, einmal ein Stück schlachten wollte. Wie ein Dieb musste er da tun, wie ein Wilderer im eigenen Revier.

Etwas Rötlichfahles blendet mich da aber unterhalb. Ein Bock mit starkem Träger und gedrückter, doch mächtiger, irgendwie verdrehter Krone. Träume ich? Das ist eine Begegnung wie noch nie zuvor. Er verhofft zu mir her. Gesicht weiß wie ein Geist. Jetzt oder nie! Das aufziehende mächtige Gewitter mit seinen rollenden Blitzen und seinem Donner ist mein Glück. Und da sehe ich ihn auch

Meine Ferlacher Bockbüchsflinte Kaliber 7 x 65 R/16 ließ mich nie im Stich.

Ein Schneesturm brachte mich um Senta, meine jagderprobte Spanielhündin.

Mögen auch Jahre vergehen, sie bringen die Erinnerung an so manchen Jagdtag immer wieder zurück.

schon durch die drei Balken, während der nächste Blitz meinen Schuss verschlingt. Nichts kann mich halten. Kaum bin ich bei ihm und greife in die fantastisch gebogene, verkrümmte, nie erahnte Krone, faucht keine 50 Meter ein Blitz mit ohrenbetäubender Detonation und dem nachhallenden Donner neben mir nieder. Der Boden scheint bei jedem Donner zu vibrieren. Jetzt wird mir doch unheimlich. Den Mannlicher lasse ich, als ich mir schier einbilde, am Lauf wären kleine blaue, tanzende Flämmchen, liegen. Aber den Traumbock mit der pechschwarzen verschnörkelten Achterkrone lasse ich nicht mehr los, auch nicht als unmittelbar danach, kaum habe ich ins knuffige Geweih gegriffen, der schwarzdüstere Himmel seine Schleusen wie selten einmal öffnet und ich in Sekunden bis zur allerletzten Faser durchnässt bin.

Später, als der Regen nachließ und die Blitze schon verebbten, holte ich den Mannlicher zur Hütte, vor der der Bock im Gras lag. Schon in trockener Wäsche und durch den plätschernden Regen in die Dämmerung sinniert, konnte ich es noch immer nicht ganz fassen, was mir da in den Schoß gefallen war. Aber da lag ja der kapitale Achter vor mir. Es war kein Traum gewesen. Und ich dachte an Hans, der da, wenn er dabeigewesen wäre, mir bestimmt wieder wie ein Korsar auf die Schulter gehauen und gesagt hätte: „Poldl, des woa hoit wieda amoi wos noch unsera Oart!“

Vor meiner Jagdhütte

In all meinen Jägerjahren beseelte mich der Wunsch, eine Jagdhütte mein Eigen nennen zu können. An einem Platzerl sollte sie stehen, das in jeder Weise entsprach – und der Grund sollte mir gehören. Beides wurde Wirklichkeit, ja, die Hütte ist inzwischen über sich hinausgewachsen, schickt sich eben an, ein – wenn auch bescheidenes – Jagdhaus zu werden.

Warum davon hier und jetzt die Rede ist? Weil ich davor auf dem zur Hälfte waldumgebenen Wiesengrund auf einem rohen Birkenholzsessel an dem zugehörigen Tisch sitze und mein Blick von den letzten Buchseiten hinausgleitet ins weite Land. In die Reviere von ehedem. Wenn ich den Blick dann senke, bin ich gleichsam wieder daheim, im eigenen Revier, in Lackenbach. Ich will nicht elegisch werden, aber just dieser Augenblick bietet sich wie kaum einer einmal zu Rückblick und Vorschau an.

Immer verschwommener wird die rote Waldameise, die da geschäftig über die Tischmitte hastet, bis sie für mich nicht mehr da ist. Dafür sehe ich anderes nun vor mir. Vergangenes, Gegenwärtiges, Zukünftiges. Wie es gestern war, wissen wir, haben es erlebt und jeder für sich getrachtet, das Beste herauszuholen. Im Beruf, im Privaten, beim Grünen Handwerk. Wie weit es uns gelungen ist, wissen wir. Mitunter genauer als uns lieb! Sehen, dass wir da eine Chance nicht genützt oder dort in eine Hektik geraten sind. Und wenn wir in die Gegenwart blenden, dann müssen wir mit Schauern erkennen, dass die damalige „Hektik“ unser heutiger Alltag ist! Was aber mag wohl sein, wenn wir in 20 Jahren wieder einen solchen Rückblick halten würden? Kann das Verhältnis Zukunft – Gegenwart überhaupt noch so werden wie das von Vergangenheit und Jetztzeit? Würde der Mensch das durchstehen, verkraften können?

Mein Gott – und die Menschen, von denen in diesem Buch die Rede ist? Ja, wir allesamt sind älter geworden, haben in unserem Erdendasein eine bestimmte Position inne – wobei ich unter „Position“ nun wieder auch nicht meine, dass wir allesamt hohem Einkommen leistungslos gegenüberstehen, sondern es so verstanden haben will: Jeder von uns steht an jenem Platz, den er entweder angestrebt hat oder wohin ihn ein mehr oder weniger gütiges Geschick stellte. Und in unserem gehobenen Mittelalter wird sich da kaum noch viel ändern. Was soll es auch? Unsere Sturm- und Drangjahre sind vorüber, der Glaube, dass wir die Welt durch unseren persönlichen Einsatz ändern könnten, vorbei. Wir haben uns angepasst, wurden abgeschliffen, wie die Steine und Steinchen, die am Fuße des Bergbaches liegen. Ihre Kanten, mit denen sie dereinst überall „aneckten“, sind poliert, verschwunden. Ging es jedem Einzelnen von uns nicht auch so? Haben wir uns nicht aus all den Eindrücken, die auf uns einstürmten – und wir sind nun einmal eine dermaßen besonders belastete Generation –, haben wir uns also aus diesen Eindrücken nicht ein Weltbild geschaffen – und uns auch ein eigenes Königreich eingerichtet? Königreich mag nur vier Wände heißen, mit einem kleinen Eckerl drinnen, wo der Drilling, „die Bock“ oder die Bockflinte steht, wo der Rucksack zusammengerollt – um nicht allzu viel Platz einzunehmen – auf der Hutablage liegt. Muss man deswegen ein weniger glücklicher Jäger als jener sein, dem alles und jedes in Hülle und Fülle zur Verfügung steht, der die Böcke nummeriert und mit der Hirtenberger einen Separatliefervertrag abgeschlossen hat?

Nein, Freund, das ist ja gerade das Schöne an uns Grünen, dass uns keinerlei Standesdünkel belasten, dass alles und jedes einzig und allein vom jagdlichen Können her sich ableitet. Da nutzt kein Scheckbuch, das heißt eigentlich doch, aber nur, solange sich der Betreffende nicht umdreht. Es könnte ja leicht sein, dass man die vorne, an der Brust, so überdick aufgetragene grüne Farbe nicht mehr so recht sieht und jener Mensch zum Vorschein kommt, den wir in unseren Reihen nicht mögen: der jagdliche Snob. Gerade der Jäger, der wirkliche, wahrhafte Jäger, hat sich seinen Instinkt noch bewahrt und weiß zu unterscheiden, versteht Grün und Grün auseinanderzuhalten. Jetzt ist die Ameise von dem aufragenden Manuskriptblatt, das ich in Händen halte, auf den Tisch geplumpst. An die 20 Zentimeter tief. Nicht einmal so hoch, wie wir uns unsere besseren Böcke wünschen. Und doch: Würde einer von uns so 20 mal die Körperlänge hinunterstürzen ins Nichts ...

Die Ameise aber krabbelt weiter, als ob überhaupt nichts geschehen wäre. Und so müssen auch wir tun, wenn wir uns selbst die Treue halten wollen. Ja, so müssen auch wir tun. Und mag kommen, was da will, wir müssen einstehen für Wild und Jagd in unserem schönen Heimatland.

Die Ameise, immer in meinem Blickfeld, krabbelt schon wieder das Manuskriptblatt hinauf. Beschwerlich, aber sie schafft es. Ich bewundere sie.

Machen auch wir Jäger es immer so? Geben wir auf Anhieb verloren, was verloren scheint? Oder versuchen wir, das Beste aus der aussichtslos scheinenden Situation herauszuholen?

Nun, immer sind wir nicht alle so dieser Ameise gleich. Aber viele die meiste Zeit ihres Lebens. Obwohl es mitunter ausweglos scheint. Sie wissen nicht, was ich meine? Dann gehen Sie doch heute einmal in ein Revier, wo Sie gestern jagten. Und „Gestern" muss nicht einmal 20 Jahre zurückliegen! Vielleicht hängen ein paar Böcke an Ihrer Jagdzimmerwand, die dort allabendlich zur Äsung zogen, wo heute eine Siedlung steht. Und wo damals der Bock seine Kräutlein und Hähnchen aus dem Wiesengrün zupfte, schmeißt heute die fettleibige Kräutlerin ein halbes Kilo Sauerkraut nach dem anderen auf die Waage. Unter dem Motto: Darf's ein bisserl mehr sein? Muss man da nicht ins Denken kommen? Ins Sinnieren? Doch halt – zu spinnen dürfen wir deswegen nicht anfangen. Allzu viele nennen uns Grüne sowieso schon seit Langem Spinner. Sind wir wirklich verrückt? Wenn ja, warum? Weil wir uns an etwas klammern, das die Menschheit zur Menschheit machte, das dereinst überleben ließ und dem Tüchtigen vorbehalten war?

Tüchtig müssen wir Jäger heute wie ehedem sein. Denn sonst können wir es nicht schaffen, das Verbliebene für die Nachwelt zu erhalten.

Ob da, wo meine Hütte steht, in jenen Tagen, wenn mein Jüngster zur Flinte greifen will und dabei flugs noch einmal in die Brieftasche schaut, ob er die brandneue Jagdkarte auch in der Tat eingesteckt hat, rundum auch noch fruchtschweres Ackerland ist?

Und damit hebt sich mein Blick, gleitet über die Felder und den bergigen Horizont ins Himmelblau, ins Morgen.

Schön wäre es, wenn der Jüngste mein jagdliches Erbe antreten würde, um weiterjagen zu können mit den Söhnen all jener, die mit mir jagten und jagen. Oder anders gesagt, mit der neuen Jägergeneration.

Dann könnten sie sagen: Jäger aus Jägern geworden. Und wenn sie einmal beim Schüsseltrieb beisammensitzen und ebenso palavern, wie wir es heute tun, und vielleicht ein Bild in Händen halten, das eine Treibjagdstrecke samt Schützen und Treibern aus dem Jahre 1972 zeigt, und es betrachten. Ob sie da lachen, weil wir so komisch angezogen waren, sich wundern, dass man mit solchen „Prügeln" überhaupt schießen konnte – ob sie das wohl wirklich sagen werden? –, oder ob sie am Ende gar mit einem grundtiefen Seufzer wehklagen: Ja, das waren damals noch Zeiten, da gab es noch Wild, da konnte man noch jagen, da ... Aber halt, tun wir das heute nicht ebenso?

Lächeln wir nicht auch über jene Treibjagdfotos, wo die Schützen stolz ihre langen Pfeifen rauchten, ihre starkledernen Gamaschen trugen, mit denen man sich nicht einmal so recht bücken konnte, weil sie einem die „Kniekehle abschnürten", und über die Schulter die „Rosendamastene" trugen, die Schwarzpulverkartaune also? Ob wir dann nicht trotz all des Neuen doch lieber bei unseren heutigen Waffen bleiben werden? Mögen sie auch schon die Brünierung abgewetzt haben, mag es auch nur noch die Patronen dazu wie anno 1945 im Schleich geben. Ich würde sagen, wir bleiben dabei. Wie wir ebenso bei unserem jagdlichen System, bei unserer jagdlichen Organisation, bei unserem Hegewillen verharren.

Und bei der Tatsache, dass wir – ja wir – die ersten und viele Jahre auch die einzigen wirklichen Naturschützer waren.

Umweltschutz. Wer kannte dieses Wort vor ein paar Jahren? Haben wir aber damals nicht schon getrachtet, die Welt um uns rein und sauber zu halten? Mag nun keiner sagen, wir hätten versagt, weil da und dort der Dreck zum Himmel stinkt. Möge uns keiner diesen Vorwurf machen. Denn vielleicht war gerade er es, der nicht unwesentlich dazu beigetragen hat, dass die Zustände so wurden, wie sie heute sattsam bekannt nun einmal sind. Hätten wir wenigstens einen Teil davon verhindern können? Uns fehlte die Macht, die Stärke. Was nützt das stärkste Rückgrat, wenn ein Stärkerer kommt und es biegt wie einen Strohhalm. Der so bis zur Hilflosigkeit Zusammengeschnürte ist froh, wenn er so weit frei wird, um atmen zu können – und setzt im nächsten Augenblick sein Werk, wenn auch recht aussichtslos, fort.

Sind wir schon so weit? Nein, noch nicht! Gottlob! Noch atme ich die frische Luft um meine Hütte, noch zieht das Wild im Revier Österreich seine Fährte, seine Spur, sein Geläuf.

Drüben, also jenseits des Stacheldrahtes, auch. Aber dort herrschen andere Verhältnisse. Doch im westlichen Europa, gibt es da ein Wildvorkommen wie in unserem kleinen Österreich? Unser Land ist wahrhaft eine grüne Großmacht! Hab' ich mir den Mund da jetzt gar zu voll genommen? Nein, bei Gott nicht! Wer könnte sich noch so glücklich schätzen, diese Wildbestände, diesen Artenreichtum zu besitzen? Wer? Ich weiß es nicht.

Und diese Gedanken wieder machen glücklich. Vielleicht werden wir doch so vernünftig, die düsteren Wolken, die da über uns allen, Mensch und Tier, heraufziehen, zu zerschießen. Müsste doch möglich sein. Chemie! Verkehr! Verbauung! Das wären so einige der schwärzesten Wolkenzentren. Ob sich da einer findet, der so eine wirkungsvolle Kanone sein Eigen nennt, dass wir nicht mehr fürchten müssen, mit allem Gift und wieder Gift in uns hineinzuschlingen? Und wenn ja, ob er es versteht, das Zentrum der Wolkenballung zu treffen? Vielleicht, wenn er ein Jäger ist. Nicht des Schießens wegen – aber weil ihm da mehr an all dem liegt.

Jetzt hat sie's aufgegeben, die Ameise. Eilig hastet sie über die Tischfläche hin und ist über die Kante hinab verschwunden. Wollte sie mir sagen: „Lass ab, hat doch alles keinen Sinn, wer nimmt dich schon ernst, hat doch keiner Zeit dafür." Oder war es die Erkenntnis, dass das Manuskriptblatt nun wirklich nichts für sie ist? Oder, am plausibelsten, war sie müde von der vielen und zudem unnützen – wie es scheint – Arbeit? Wer weiß es zu sagen.

Auch wir können nur mit Tatsachen argumentieren. So reiße ich mich aus meiner Sinnerei – und sehe mit großen Optimistenaugen, wie schön die Welt doch ist und hoffentlich noch lange bleiben wird! Und wenn ich an einem Herbstmorgen in meinen Hegering nach Neckenmarkt, in die Burgstall, fahre, dann ist überhaupt jeder Trübsinn vorbei. Von dort sieht man den Neusiedler See so herrlich vor sich liegen, und im ersten flammenden Morgenrot werden mich die hoch in den Lüften schlängelnden Gänsekeile heiser rufend begrüßen. Und im Revier daheim und in den Revieren rundum die Schwarzen. Ihre Fährten bringen die Grünen in Wallung.

Darum eben, gestern wie heute und hoffentlich auch noch morgen: Gänseruf und Keilerfährte ...

Bildnachweis

Mit 31 Schwarzweißfotografien des Verfassers

Impressum

Umschlaggestaltung von eStudio Calamar unter Verwendung einer Farbfotografie von Karl-Heinz Volkmar

Mit 31 Schwarzweißfotografien

MIX
Papier aus verantwortungsvollen Quellen
FSC® C005833

Gedruckt auf chlorfrei gebleichtem Papier

ISBN 978-3-440-12338-6
Redaktion: Ekkehard Ophoven
Produktion: Die Herstellung, Korntal
Printed in The Czech Republic / Imprimé en République Tchèque